中国科学院科学出版基金资助出版

现代物理基础丛书·典藏版

狭义相对论

（第二版）

刘　辽　费保俊　张允中　编著

科学出版社

北京

内 容 简 介

本书在1987年初版基础上作了全面修订和扩充，较系统地叙述了狭义相对论的基本内容. 全书共6章，分别讨论狭义相对论的产生背景，狭义相对论的基本原理和时空观，四维闵可夫斯基时空几何及其四维张量，电动力学的相对论形式，相对论质点运动学、质点动力学和连续介质力学以及相对论的拉格朗日和哈密顿表述，并附有颇具争议的“时间机器”简介和狭义相对论发展简史.

本书可作为高等学校理工科本科生、研究生以及有关科技工作者和教师的参考用书.

图书在版编目(CIP)数据

狭义相对论/刘辽，费保俊，张允中编著 .—2版. —北京：科学出版社，2008

(现代物理基础丛书・典藏版)

ISBN 978-7-03-022615-0

Ⅰ. 狭 Ⅱ. ①刘…②费…③张… Ⅲ. 狭义相对论 Ⅳ. O412. 1

中国版本图书馆CIP数据核字（2008）第113308号

责任编辑：胡 凯 刘凤娟/责任校对：彭 涛

责任印制：赵 博/封面设计：陈 敬

科学出版社出版

北京东黄城根北街16号

邮政编码：100717

http://www.sciencep.com

北京凌奇印刷有限责任公司印刷

科学出版社发行 各地新华书店经销

*

2008年7月第二版 开本：B5（720×1000）

2025年1月印 刷 印张：13

字数：242 000

定价：78.00元

（如有印装质量问题，我社负责调换）

第 二 版 序

第一版“序”仍在，然“序”的作者张允中教授和初版审校者冯麟保教授均已不幸离世，而我本人亦已年近耄耋，垂垂老矣. 我的学生费保俊教授有意助我汰旧纳新出一个新版，感谢黄超光研究员对新版提出的修改意见，在陆埮院士、李惕碚院士和科学出版社的大力支持和协助下，本书第二版才得以问世.

刘　辽

2007 年 12 月

第一版序

刘辽先生是我国知名的物理学教授，在相对论方面的造诣颇深. 一九八三年五月，我有幸参加在南京师范学院举办的“相对论讨论会”. 刘先生在会上讲学，并印发了一份《狭义相对论》讲义. 我也把我写的有关狭义相对论的文章拿给刘先生审阅. 在讨论中我们深切感到，由我国自己培养的物理学工作者，在相对论领域著书立说，对于发展我国的基础理论研究工作，是十分必要的. 共同的理想和信念，促使我们愉快合作，当即商定以刘先生的讲义为基础，编写一本《狭义相对论》. 我们定下的宗旨是要有自己的特色：第一，深入浅出，简明扼要. 第二，把概念讲透，特别在相对论的历史背景、洛伦兹变换的意义以及相对论时空观方面，作重点论述. 第三，把研究方法交代清楚，因而有必要利用张量作为工具，来展开相对论电学和相对论力学的主要内容. 至于本书的实际内容是否体现了这一宗旨，尚有待读者检验.

书稿几经修改与补充，在去年完稿以后刘先生即赴美做研究工作，这篇序言就只好由我独自捉刀了. 在这里，我们由衷地感谢冯麟保教授，他仔细地审阅了书稿，提出了许多极为有益的意见和建议. 另外，本书难免还有错误或不妥之处，敬请同行赐教.

张允中

1986 年 5 月

引　言

在当代，“相对论”已经是一个家喻户晓的名词了．如果我们问相对论的基本精神是什么？不少人大概会这样回答：一根棒的长短和一座钟的快慢是相对的，不同运动状态的观测者，测量同一根棒的长度和同一座钟的快慢是不同的，这就是相对论．

然而，我们要着重指出，虽然相对论确实告诉我们棒的长短和钟的快慢是相对的，但是相对论的基本精神却是认为一切真实的物理规律应当具有绝对性，或者说一切真实的物理规律不应当因为观测者采用了不同运动状态的参照系而有所不同．用数学术语来说，相对论断言：一切真实的物理规律在一定种类的时空坐标变换下，其数学形式应当不变，亦即具有某种协变性．

为了测定物体在空间的位置以及它的大小，必须采用一根标准尺来度量，标准尺可以是任意约定的刚体．为了测定物体运动所经历时间的久暂，必须采用一坐标准钟来度量，标准钟可以是任意约定的物体的运动或变化．为了方便起见，一般都采用周期运动．上述物理度量若用数学语言来表述，就是采用一定的空间坐标和时间坐标来对物体的位置、大小、运动和变化来进行描述．

经典物理学认为空间和时间是独立无关的．相对论否定了这种直觉的经验观念．1908 年闵可夫斯基把空间和时间构成的四维集合叫做“世界”，后人遂把四维时空叫做闵可夫斯基时空．

时空坐标系是参考系的数学表示．原则上，任何物体均可以用作参考系．不过宇宙中的物体受到多种作用，它的机械运动是十分复杂的．有时在一段时间内，它受到的各种作用极微弱，以至于认为它是自由的．这种自由质点的机械运动是最简单的，它做惯性运动．用自由质点做参照物所建立的时空坐标系就是惯性系．原则上说，自由质点是无限多的，而且它们之间也没有相互作用．所以宇宙中可能的惯性系是无限多的，它们之间互相作惯性运动．站在某一惯性系上观测，另外的惯性系（或者自由质点）做匀速直线运动．

显然，惯性系是一种理想的坐标系，因为物质间至少存在着引力作用．只有当某一质点离开其他物体非常遥远时，它才有资格充当惯性系．这样一来，惯性原理实在含有循环论证的漏洞．因为确定质点是否很孤立，需要观测它是否做惯性运动；而是否做惯性运动又以它是否很孤立为前提．说到底，惯性系是个定义问题．不过深入讨论惯性系的意义不是我们的任务．在这里只指出，在局部范围和一段时间内，惯性系的确是具有实际意义的最简单的时空坐标系．

惯性运动在时空图上的世界线是直线. 在四维时空中做直线运动的质点群，构造成一群互相等价的惯性系群. 在狭义相对论中，就采用惯性坐标系，它们之间的时空坐标变换就是洛伦兹变换. 在广义相对论中，采用任意参照物，它们之间的变换是广义坐标变换.

以电磁现象为例. 我们知道，地球带着我们的实验室在其公转轨道上以每小时约十万七千公里（大约九十倍声速）的巨大速度运动着. 地球在夏季和冬季的运动方向恰好相反，可以近似看作处在相互做匀速直线运动的两个惯性系中. 假如电磁规律因观测者所在的惯性系不同而异，我们又怎么可能发现经受住实践考验的电磁规律——麦克斯韦方程组呢?

由此可见，任何一个物理学规律之所以能被人类发现，或者说它配称为规律，正是由于它在某种时空坐标变换下具有某种不变性，亦即具有绝对性. 可以这样说，没有不变性就没有物理现象的规律性. 相对论就是研究物理规律在某种时空坐标变换下的不变性或协变性的学科.

爱因斯坦和英费尔德在《物理学的进化》一书中谈到："相对论的兴起……是由于旧理论中严重的深刻的矛盾已经无法避免了." 相对论并不是某个人或者某几个天才学者的自由创造. 大家知道，从光的波动理论建立初期开始到 1905 年为止，物理学家对"以太"探寻了将近两个世纪之久. 正是在许多物理学家长期工作的基础之上，伟大的物理学家爱因斯坦才最终创立了相对论.

在 1905 年以前，经典电动力学有两个重要问题尚未解决. 第一个问题是，电磁波究竟只是某种弹性介质的运动形式呢? 抑或它本身就是某种运动实体? 以太论者认为电磁波应该是名为"以太"的某种弹性介质的运动形式. 从 1678 年开始的对以太的探寻是导致发现狭义相对论的原因之一. 第二个问题是，麦克斯韦电动力学规律在不同惯性系中是否同样成立? 就是说尽管物理现象具有相对性，物理规律是否应当具有绝对性? 对于这个问题的探索是导致发现狭义相对论的原因之二.

最容易被人们接受的常识往往并不一定就是真理，而真理又往往离开常识较远，相对论就是这样的. 为了使读者容易接受，我们先迁就常识，看看遵循常识所能接受的牛顿力学究竟能够走到多远. 我们最终会发现牛顿时空观和牛顿力学的破绽，而唯一的出路就是接受相对论.

狭义相对论和量子论是 20 世纪初物理学理论基础的两大革命. 前者大大改变了我们的时空观，而后者则使我们开始认识到物质的微观结构. 从 20 世纪 20 年代末开始，狭义相对论和量子论相结合又产生了相对论量子力学和量子场论. 迄今为止，它们一直是我们探寻微观世界物理规律的强有力工具.

目　录

绝对的、真正的数学的时间，由其特性决定，自身均匀地流逝，与一切外界事物无关……绝对空间：其自身特性与一切外界事物无关，处处均匀，永不移动.

——牛顿《自然哲学的数学原理》

第1章　经典时空观及其危机

1　经典物理的时空观

时间和空间是物质的基本属性，也是认识论中最根本的概念之一. 如果我们仔细分析一下这两个概念就会发现，时间概念来自事物运动变化的顺序性；空间概念则来自物质实体的广延性. 显然，没有物质的存在，就不会有抽象的位置排列、运动和变化，时间和空间两个概念也就失去它们存在的前提了.

可是 20 世纪以前的经典物理学(牛顿力学)却认为时间和空间与运动着的物质没有任何联系，它们是先验地存在于人的意识之中的. 只是在建立了相对论以后，人们才认识到时间和空间与运动着的物质密切相关.

经典时空观首先由牛顿明确提出，牛顿在他的名著《自然哲学的数学原理》一书中，对绝对时间和绝对空间作了明确的表述(见本章“题记”)，因此又叫做牛顿时空观. 所谓绝对，是指时间和空间与观测者的运动状态无关. 实际上，绝对时空观是人们在低速状态下的经验总结. 例如我国唐代大诗人李白的著名诗句：“夫天地者，万物之逆旅；光阴者，百代之过客”，就是对绝对空间和绝对时间的形象比喻.

1.1　伽利略变换

以自由质点为参照物所定义的惯性坐标系，仅仅要求时间和空间构成四维连续域，并没有先验地认定时间和空间是否存在着联系. 以经典时空观为前提，亦即认为时间空间独立无关，反映不同惯性系之间变换关系的公式，是所谓伽利略变换.

如图 1.1 所示，设 S 和 S' 是两个惯性坐标系，取 x 和 x' 轴沿两者的相对速度 $\boldsymbol{v}$ 方向，而且在开始时，两坐标系的原点重合. 每个坐标系中均备有完全相同的标准尺和完全同步的标准钟. 又设开始时，两个标准钟均校准为零. 牛

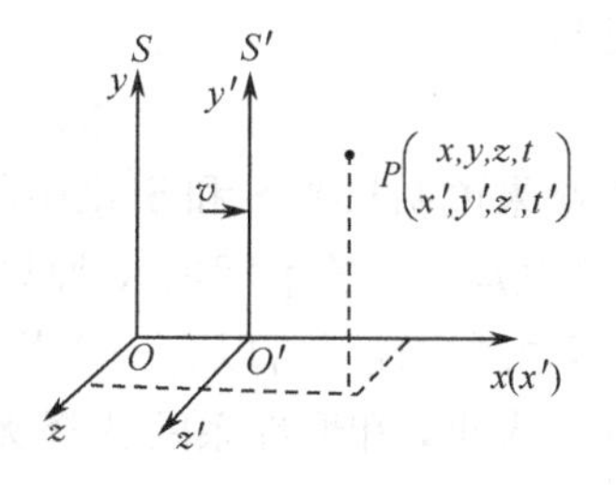

图 1.1　惯性系 S 和 S' 的坐标设置

顿力学告诉我们，上述两个时空坐标系之间应当存在如下的变换关系：

$$\begin{cases} x' = x - vt, \\ y' = y, \\ z' = z, \\ t' = t. \end{cases} \tag{1.1}$$

这就是著名的**伽利略变换**. 由此可得**伽利略速度变换**：

$$\begin{cases} u'_x = u_x - v, \\ u'_y = u_y, \\ u_z = u_z. \end{cases} \tag{1.2}$$

或者写成矢量形式：

$$\boldsymbol{u}' = \boldsymbol{u} - \boldsymbol{v}. \tag{1.2$'$}$$

式中

$$\boldsymbol{u}' = \frac{\mathrm{d}\boldsymbol{x}'}{\mathrm{d}t'}, \quad \boldsymbol{u} = \frac{\mathrm{d}\boldsymbol{x}}{\mathrm{d}t},$$

分别表示粒子在 S' 和 S 中的速度,不同于惯性系的相对速度 $\boldsymbol{v}$.

伽利略变换虽然通俗易懂，却包含着深邃的物理含义.

首先,从(1.1)式的最后一个等式立即得到

$$\Delta t' = \Delta t = t_2 - t_1. \tag{1.3}$$

这个结果说明只要预先把 S 和 S' 系中的两个标准钟调整同步，并且保证机件不失灵的话(这只是一个技术问题，原则上总是可以办到的)，那么牛顿力学以及我们的常识都确信:不同的惯性系可以有一个共同的时间度量标准,时钟的快慢或时间过程的久暂，与惯性系的选择无关，也和被研究的物体的匀速运动状态无关. 对于一个非惯性系来说，在任意一个无限小时间内，都可以看成是一个特定速度 $\boldsymbol{v}(t)$ 的惯性系. 那么，上述结果意味着，时间和空间坐标系的任意选择或者和物体的运动状态无关,时间是绝对的.

再看空间的度量. 设在 x 轴上有两点,它们在 S 系中的坐标是 x_1 和 x_2,在 S' 系中的坐标是 x'_1 和 x'_2. 根据(1.1)和(1.3)式

$$x'_1 = x_1 - vt_1, \quad x'_2 = x_2 - vt_2,$$

相减得

$$\Delta x' = \Delta x, \quad \Delta t' = \Delta t = 0. \tag{1.4}$$

这个结果说明只要 S 和 S' 系中的标准尺完全相同，并且保证不受外界条件影响的话(这也是一个技术问题 ，原则上总可以办到)，那么牛顿力学和我们的常识确信:不同的惯性系可以有一个共同的空间度量标准,标准尺的长度或者物体所占据空间的大小，和惯性系的选择无关，也和物体的匀速运动状态无关. 基于同样的考虑，长度的度量和坐标系的任意选择无关，也和物体的任意运动无关,因而空

间也是绝对的.

绝对的时间、空间和伽利略变换是水乳交融的. 由绝对时空观得到的伽利略变换式，反过来也可以看作绝对时间、空间的定义. 也就是说，伽利略变换是绝对时空观的数学表述.

1.2　伽利略相对性原理

大家知道，经典力学仅在惯性系中才成立.

地面坐标系对于地面上大多数力学现象而言，可以近似地看做是"不错"的惯性系(忽略惯性离心力和科里奥利力效应的话)，但是对于天文现象来说，它就是一个很"糟糕"的惯性系了. 哥白尼的伟大贡献就在于他指明了在描绘天体运动方面，日心坐标系才是一个比较好的惯性系. 事实上，太阳也以大约每秒钟二百五十公里的巨大速度绕银河系中心公转. 天文学上往往认为与全体恒星的平均位置相对静止的坐标系才是较理想的惯性系. 但是严格说来，恒星之间也有相对运动. 20 世纪以前的物理学家于是假定宇宙间存在一个"绝对静止的原始惯性系"，牛顿力学对于它才是绝对正确的.

但是牛顿力学毕竟是居住在地球上的人类发现的. 我们自然要问，何以处在相对于原始惯性系以如此巨大速度运动着的地球上，竟能发现牛顿定律呢?

1632 年伽利略首先通过实验观察指出，相对于原始惯性系做匀速直线运动的任一坐标系(即惯性系)，力学规律是完全相同的. 这就是**伽利略相对性原理**或力学相对性原理. 更明确地说，在伽利略变换下，牛顿运动定律的形式不变.

设在 S 系中牛顿运动定律的形式为

$$\boldsymbol{F} = m\frac{\mathrm{d}^2\boldsymbol{x}}{\mathrm{d}t^2},$$

由伽利略速度变换(1.2)式可以得出加速度不变:

$$\frac{\mathrm{d}^2\boldsymbol{x}'}{\mathrm{d}t'^2} = \frac{\mathrm{d}^2\boldsymbol{x}}{\mathrm{d}t^2}. \tag{1.5}$$

至于质量 m，则可用同一个弹簧来度量，设弹簧的弹性系数为 k，伸长为 Δx，此弹性力使待测质量的物体产生加速度. 若测得加速度大小为 $\boldsymbol{a}$，则物体的质量为

$$m = \frac{F}{a} = \frac{k\Delta x}{a},$$

这样一来，质量的度量就化为加速度和长度的度量，由(1.4)和(1.5)式可知长度和加速度与惯性系无关，那么质量就是不变量了，即 $m'=m$. 于是得到

$$m'\frac{\mathrm{d}^2\boldsymbol{x}'}{\mathrm{d}t'^2} = m\frac{\mathrm{d}^2\boldsymbol{x}}{\mathrm{d}t^2}. \tag{1.6}$$

可见在 S' 系中牛顿运动定律具有和 S 系完全相同的形式.

我们约定，如果某一物理规律在伽利略变换下形式不变(协变性)，就说此物

理规律遵从伽利略相对性原理. 正是由于力学现象服从伽利略相对性原理，以及对于某些力学现象而言，地球可以近似地认为是惯性系，才使得我们有可能在地球上发现牛顿力学规律.

总之，我们分析了 20 世纪以前的力学，可以得到如下两条结论：

(1) 牛顿力学的时空观是绝对时空观；

(2) 牛顿力学服从伽利略相对性原理.

在 20 世纪以前，物理学家们已经意识到任何一个真实的物理理论都应当满足一个必要条件，这就是在一切惯性系中，该理论所描述的自然规律的数学形式应当完全相同. 通常我们把满足这种要求的理论叫做服从相对性原理. 由于力学的成功以及囿于经验，人们往往想当然地认为满足伽利略不变性和服从相对性原理是等同的. 其实两者是有区别的. 相对性原理是对各种物理定律的总的要求，它体现着自然理论的客观性和普适性. 至于规律的不变性则依赖于具体的时空坐标变换；不同的时空坐标结构，满足相对性原理的具体变换形式亦不同. 只有爱因斯坦敏锐地揭示了两者的区别.

既然 20 世纪以前的物理学家把伽利略不变性和相对性原理等同起来，因而认为牛顿力学是符合相对性原理的. 人们自然要问：麦克斯韦的电磁理论也符合相对性原理吗？经典物理学家对于这个问题的回答是去考察它是否满足伽利略不变性.

设在 S 系真空中的电磁现象服从麦克斯韦电动力学. 我们知道，电磁矢势 $\boldsymbol{A}$ 和标势 φ 表示的真空电磁场方程为

$$\begin{cases} \nabla^2\boldsymbol{A} - \dfrac{1}{c^2}\dfrac{\partial^2\boldsymbol{A}}{\partial t^2} = 0, \\ \nabla^2\varphi - \dfrac{1}{c^2}\dfrac{\partial^2\varphi}{\partial t^2} = 0. \end{cases}$$

这是一组波动方程，表明电磁波在真空中的传播速度为

$$c = \frac{1}{\sqrt{\varepsilon_0\mu_0}} = 2.997\,924\,85 \times 10^8 \text{m/s}, \tag{1.7}$$

式中 ε_0 和 μ_0 是由实验决定的真空电容率和磁导率，均为常值.

由伽利略速度变换(1.2)式，得 S'系的真空中光速应该是

$$c' = c - v. \tag{1.8}$$

可见在 S'系中，光速 c'不再由 ε_0 和 μ_0 所决定. 这说明在 S'系中电磁现象不再服从麦氏电动力学. 20 世纪以前的经典物理学认为伽利略变换以及由它导出的经典速度变换是不容怀疑的. 因此他们把麦氏电动力学在伽利略变换下并非形式不变看成是麦氏电动力学不符合相对性原理的有力证据.

这样一来，似乎麦氏电动力学便没有绝对性了：它仅在某一特殊惯性系中才

成立. 换句话说,只有在某一特殊惯性系中,真空中的光速才是 c. 那么,这个特殊惯性系是什么呢? 于是人们不得不求助于以太假说.

1.3 以太假说

以太的观念是在古希腊形成的,当时人们想像空间弥漫着某种介质,称作"**以太**",相当于我国古代元气说中的"气". 真正明确赋予以太物理意义的是法国数学和物理学家笛卡儿. 在 17 世纪,笛卡儿为了否定牛顿力学的超距作用,认为物体间的相互作用(例如万有引力)是通过以太这种介质传播的. 但是,用他提出的以太观念解释物理现象时,暴露出许多矛盾,不能自圆其说,并且牛顿力学在各个领域获得了巨大成功,以太假说没有被人们接受.

直到 19 世纪,人们一致认为光是由极小的微粒组成的,即牛顿的微粒说. 随着对电磁现象的深入研究,又提出了光的波动说. 菲涅尔在 1918 年用光的波动说解释光行差现象时,再次引入了以太的观念. 当时人们认为和所有机械波一样,光波的传播也需要有介质——就是所谓的**光以太**,当赫兹证明光是电磁波后,光以太和电磁以太就统一起来了. 光波需要借助于以太传播,在绝对静止以太中真空的光速等于 c. 若在以太中浸入某个相对于以太绝对静止的介质,则在其中光速等于 c/n(n 是介质的折射率). 于是绝对静止的以太就充当了特殊惯性系的角色.

实际上,地球上的测量仪器总是处于地球的大气层介质之内,所以在测量光速以便探索以太的存在之前,必须首先回答相对于绝对静止以太运动的介质中的光速是多少,这就牵涉运动介质和以太之间的关系. 在 19 世纪曾经提出过三种假说(实际上也就是三种可能),即

(a) 介质完全不拖动以太说;

(b) 介质完全拖动以太说(斯托克斯,1845);

(c) 介质部分拖动以太说(菲涅尔,1818).

详细讨论如下:

在图 1.2 中,S 代表绝对静止的以太,S'代表以速度 v 相对于 S 运动的介质,斜线代表被拖动的以太.

图 1.2(a)表示介质完全不拖动以太,以太永远静止. 前面已经说过,当介质相对于以太静止时,光在其中的速度是 c/n ,故在 S 中静止介质中的光速是

$$c_S = \frac{c}{n}, \tag{1.9}$$

今介质相对于以太的速度是 v,由(1.8)式知光在 S'系中的速度是

$$c'_S = \frac{c}{n} - v. \tag{1.10}$$

图 1.2(b)表示介质完全拖动以太. 在 S'系中以太和介质相对静止,光在 S'系

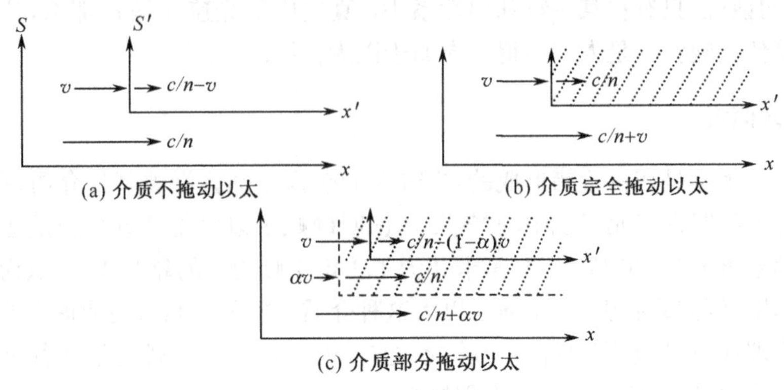

图 1.2　三种以太假说示意图

中的速度是

$$c_S' = \frac{c}{n}, \tag{1.11}$$

在 S 系中的速度则是

$$c_S = \frac{c}{n} + v. \tag{1.12}$$

图 1.2(c)表示以太被运动介质部分拖动，相对于 S 的速度为 $\alpha v(0<\alpha<1)$，α 叫做**拖曳系数**. 因光在运动介质的速度等于 c/n，故光在 S 系中的速度是

$$c_S = \frac{c}{n} + \alpha v, \tag{1.13}$$

在 S' 系中的速度则是

$$c_S' = \frac{c}{n} + \alpha v - v = \frac{c}{n} - (1-\alpha)v. \tag{1.14}$$

究竟哪一种说法正确或者都不正确，唯有通过实验来加以检验.

2　几个重要的经典实验

如果宇宙中真的布满了绝对静止的以太，那么地球就相当于在以太海中航行. 我们略去地球的自转，只计公转速度(前者只及后者的百分之一)，打算通过地面实验来判定地面介质究竟是完全拖动、还是完全不拖动、抑或部分地拖动以太. 证实了任意一种学说，无疑也就证实了以太的存在.

实验可以分为两类：第一类是一阶效应实验，其结果与 v/c 的一次方成正比，例如霍克实验和斐佐实验. 第二类是二阶效应实验，其结果与 v/c 的二次方成正比，例如迈克耳孙-莫雷实验和特鲁顿-诺伯尔实验. 下面分别介绍这四个实验.

2.1　霍克实验

霍克实验的目的是测定地球相对于以太的绝对速度(Hoek M, 1868).

如图 2.1, 光源 S 发出的光经半透明镜 P 分成透射光 (1)(图中实线)和反射光 (2)(图中虚线). 两束光经反射镜反射, 最后在照相底片 Q 上形成干涉像. 在光路 AB 段上放置一个长为 l 的管子, 管内充以折射率为 n 的透明介质. 整个装置放置得使 AB 管与地球的公转速度 v 相平行. 实验中将装置转动 180°, 观看干涉条纹的移动数, 以此求出地球的绝对速度. 两束光仅在介质 AB 和真空段 CD 两段所需时间不等, 其他线段完全相同, 故我们只求两束光在这两段的时间差.

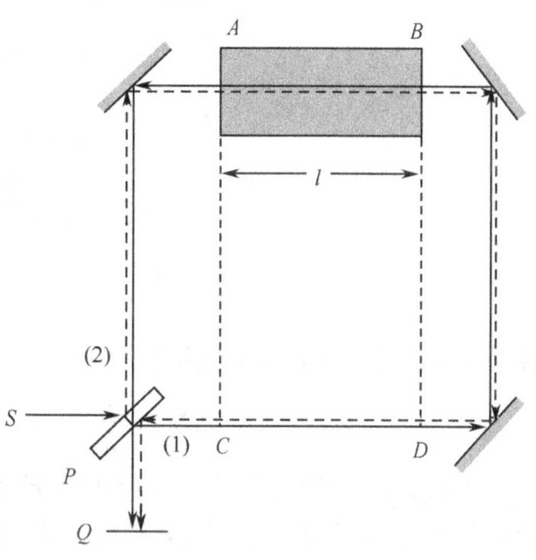

图 2.1　霍克实验

按照完全拖动说的(1.12)式, 光线 1 和 2 所用时间分别为

$$t_1 = \frac{l}{c-v} + \frac{l}{c/n},$$

$$t_2 = \frac{l}{c+v} + \frac{l}{c/n},$$

二者的时间差为

$$t_1 - t_2 = \frac{2lv}{c^2 - v^2} \approx \frac{2lv}{c^2}.$$

转动 180°以后, 干涉条纹移动数:

$$\Delta N = 2\nu(t_1 - t_2) \approx \frac{4l}{\lambda} \cdot \frac{v}{c}. \tag{2.1}$$

式中 ν,λ 是光波的频率和波长.

按照完全不拖动说的(1.10)式,光线 1 和 2 所用时间及其二者差值分别为

$$t_1 = \frac{l}{c-v} + \frac{l}{(c/n)+v},$$

$$t_2 = \frac{l}{c+v} + \frac{l}{(c/n)-v},$$

$$t_2 - t_1 = 2lv\left(\frac{1}{(c/n)^2 - v^2} - \frac{1}{c^2 - v^2}\right) \approx \frac{2lv}{c^2}(n^2 - 1).$$

转动 180°以后, 干涉条纹移动数:

$$\Delta N \approx \frac{4l}{\lambda} \cdot \frac{v}{c}(n^2 - 1). \tag{2.2}$$

按照部分拖动说的(1.14)式，光线 1 和 2 所用时间及其二者差值分别为

$$t_1 = \frac{l}{c - v} + \frac{l}{(c/n) + (1 - \alpha)v},$$

$$t_2 = \frac{l}{c + v} + \frac{l}{(c/n) - (1 - \alpha)v},$$

$$t_2 - t_1 = 2lv\left[\frac{1 - \alpha}{(c/n)^2 - (1 - \alpha)^2 v^2} - \frac{1}{c^2 - v^2}\right]$$

$$\approx \frac{2lv}{c^2}\left[n^2(1 - \alpha) - 1\right].$$

转动 180°以后，干涉条纹移动数：

$$\Delta N \approx \frac{4l}{\lambda} \cdot \frac{v}{c}\left[n^2(1 - \alpha) - 1\right]. \tag{2.3}$$

不管按哪种以太假说，条纹的移动都应当和 v/c 成正比. 但是实验结果却未发现任何条纹移动. 这个结果只能解释为，在 v/c 的一阶精度内否定了完全拖动说和完全不拖动说，但并不排除部分拖动说. 如果令拖曳系数

$$\alpha = 1 - \frac{1}{n^2}. \tag{2.4}$$

则(2.3)式的 ΔN 自然为零，当然也就不会出现条纹的移动了.

总之，霍克实验说明，在 v/c 一阶精度内，地球的绝对速度对实验结果无影响，和地球处于绝对静止时的情况一样. 可以认为在 v/c 的一阶精度内地球是绝对静止的.

2.2 斐佐实验

斐佐实验的目的是确定在绝对静止的地面上运动介质对以太的影响，其装置和霍克实验类似(Fizeau H，1859).

如图 2.2 所示，在 $ABCD$ 段放置通有流水的管子，AB 和 CD 两臂总长为 l，流水速度为 u. 由图可见，在管中光线 1(实线)逆流传播，光线 2 (虚线)顺流传播. 下面求两束光的时间差. 我们已经知道，霍克实验否定了完全拖动说和完全不拖动说. 按照部分拖动说流水应当部分拖动以太. 又根据霍克实验认为地球绝对静止，因而以太对地面观测者的速度为 αu.

光线 1 是逆流传播. 光对以太的速度是 c/n，以太对观察者的速度是 αu，两者方向相反，因而在地面实验室坐标系(静止系)中的传播时间为

$$t_1 = \frac{l}{(c/n) - \alpha u},$$

同理得光线 2 在水中的传播时间

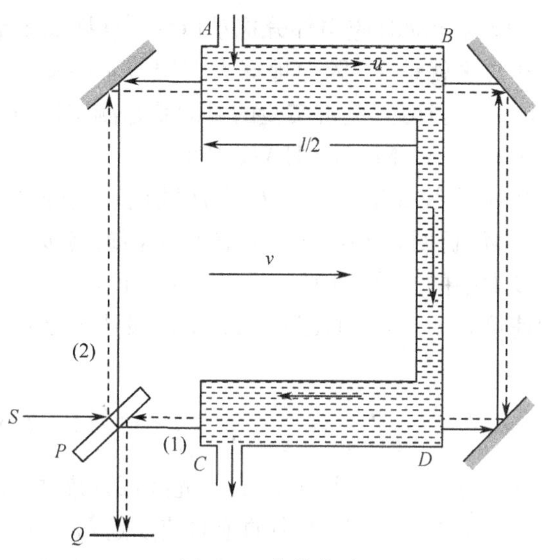

图 2.2　斐佐实验

$$t_2 = \frac{l}{(c/n) + \alpha u}.$$

两束光的时间差是

$$t_1 - t_2 = \frac{2lu}{(c/n)^2 - \alpha^2 u^2}.$$

实验时令水流反向，则条纹移动数应为

$$\Delta N = 2\nu(t_1 - t_2) \approx \frac{4lcu}{\lambda} \cdot \frac{\alpha}{(c/n)^2 - \alpha^2 u^2},$$

按照霍克实验的结果，将拖曳系数代入后得到

$$\Delta N \approx \frac{4lu}{\lambda c}(n^2 - 1). \tag{2.5}$$

斐佐实验所用的数据为：$l = 148.7\text{cm}$，$u = 705.9\text{cm/s}$，$n = 1.33$，黄光波长 $\lambda = 5.26 \times 10^{-5}\text{cm}$. 理论计算和实验观测值分别为

$$\Delta N_{\text{theo}} = 0.2022,\quad \Delta N_{\text{expe}} = 0.23,$$

两者符合的很好. 这表示斐佐实验以 v/c 的一阶精度再次肯定了部分拖动说并证实了(2.4)式.

但是考虑到折射率和波长有关，α 也将是光波波长的函数，其结论只能是不同波长的光对应着不同的以太. 我们根本无法断定究竟相对于哪种以太的参考系才是电动力学严格成立的参考系. 显然，部分拖动说并没有使以太论摆脱困境.

2.3　迈克耳孙-莫雷实验

不管怎样，以上两个实验总算证实了在 v/c 的一阶精度内地球的绝对速度对实验无影响，介质在以太运动时应当部分拖动以太，且拖曳系数 $\alpha=1-1/n^2$. 由于地球大气的折射率几乎就是 1，因而地球大气层应不拖动以太，地球相对于静止以太必有相对速度. 迈克耳孙-莫雷实验的目的就是测定地球在绝对静止以太中的绝对速度(Michelson A A, Morley E W, 1887).

实验装置如图 2.3. 光线被半透明镜 P 分成两束光，它们再分别被距离都是 l 的两个反射镜 M_1 和 M_2 折回，在屏 Q 上形成干涉条纹. 令 $\boldsymbol{v}$ 是地球公转速度，近似等于地球在静止以太中的速度. 实验时先令光线(1)(实线) 平行于 $\boldsymbol{v}$，在 PM_1 段光相对于地球的速度是 $c-v$，而在返回的 M_1P 段速度是 $c+v$. 所以光线 1 往返一次所用时间：

$$t_1=\frac{l}{c-v}+\frac{l}{c+v}=\frac{2l}{c}\cdot\frac{1}{1-\beta^2}\approx\frac{2l}{c}(1+\beta^2),$$

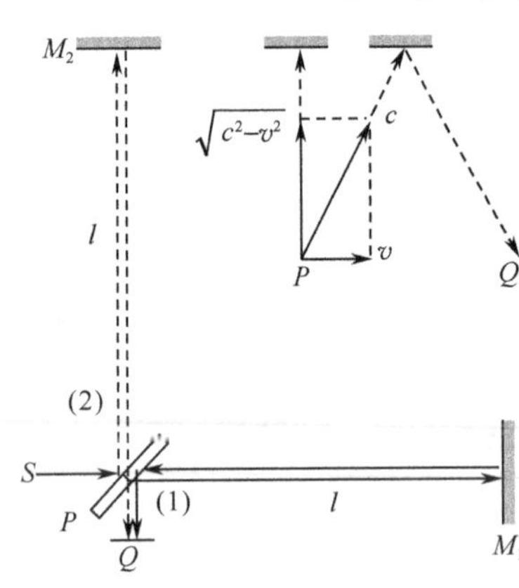

图 2.3 迈克耳孙-莫雷实验

式中 $\beta=v/c$. 光线(2)(虚线)垂直于 $\boldsymbol{v}$. 光在静止以太中的绝对速度是 c，实验室系的牵连速度是 v，根据经典速度合成法则，光相对于实验室系的速度是 $\sqrt{c^2-v^2}$，所以光线(2)所用时间为

$$t_2=\frac{2l}{\sqrt{c^2-v^2}}\approx\frac{2l}{c}\left(1+\frac{\beta^2}{2}\right).$$

两束光线的时间差为

$$\Delta t_1=t_1-t_2=\frac{l}{c}\beta^2.$$

现在使仪器绕铅直轴转动 90°，两束光刚好交换位置，时间差为

$$\Delta t_2=t_2-t_1=-\frac{l}{c}\beta^2,$$

结果条纹的移动数应当是

$$\Delta N=\nu(\Delta t_1-\Delta t_2)\approx\frac{2l}{\lambda}\beta^2. \tag{2.6}$$

1887 年迈克耳孙和莫雷实验所用的数据为：$\lambda=5890\times10^{-10}\,\mathrm{m}$，$l=11\mathrm{m}$，$v=3\times10^8\mathrm{m/s}$. 理论期望值和实际测量值分别为

$$\Delta N_{\text{theo}}=0.40,\quad \Delta N_{\text{expe}}<0.01,$$

二者绝不符合. 这个实验以后又重复了多次，从 1887～1930 年至少做了 12 次，每一次的结果都是否定的.

2.4 特鲁顿-诺伯尔实验

1903 年，特鲁顿和诺伯尔试图测定地球的绝对速度，设计了著名的特鲁顿-诺伯尔实验(Trouton F T, Noble H R, 1903).

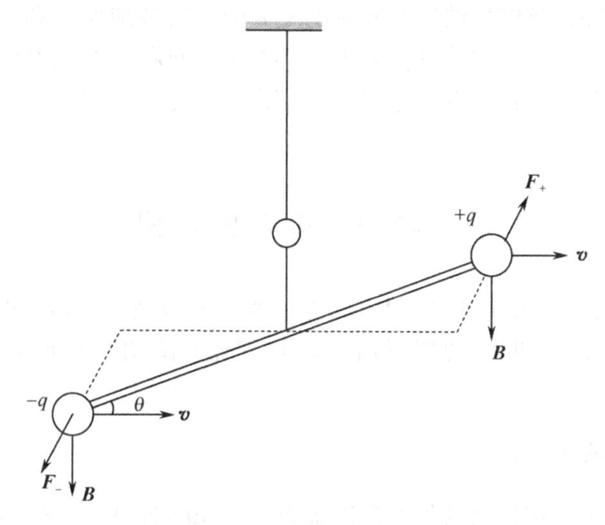

图 2.4　特鲁顿-诺伯尔实验

如图 2.4，在地面上用悬丝悬挂两个相距为 r 的金属球，球上带等量而异号的电荷. 电荷随同地球在以太中运动，速度为 v，方向和连杆成 θ 角. 两个运动电荷除去相互的库仑力之外，还有洛伦兹力的作用. $+q$ 在 $-q$ 处产生的磁感应强度为

$$B=\frac{qv\sin\theta}{r^2},$$

方向垂直向下. $-q$ 受到的洛伦兹力的绝对值是

$$F=qvB=\frac{q^2v^2\sin\theta}{r^2}.$$

同理，$+q$ 亦受到一大小相等但方向相反的力，因而双电荷系统受到一个力偶作用

$$M=Fr\cos\theta=\frac{q^2c^2\sin2\theta}{2r}\left(\frac{v}{c}\right)^2. \tag{2.7}$$

在此力偶作用下系统将扭转. 实际的实验装置是采用荷电的平板电容器，代替荷电金属球. 结果未发现任何转动，即 $M=0$，实测值和理论预期值再次不符. 1926年，Tomaschek 和 Chase 将实验进行了改进，但仍然得到零结果（Tomaschek B, 1926; Chase C T, 1926).

综合以上四个实验，我们发现所有一阶效应实验都肯定部分拖动说. 如果部分拖动说是对的，那么拖曳系数 $\alpha=1-1/n^2$，按此，地面实验室应当完全不拖动以太($n\approx1$)而所有二阶效应实验的零结果又要求地面实验室应当完全拖动以太，因为只有当实验室和以太之间没有相对速度的时候($\beta=0$)，才能解释迈克耳孙实验和特鲁顿实验的零结果.结果是所有的 v/c 的一阶效应实验和二阶效应实验彼此矛盾.但是这两类实验的精确性是无可怀疑的，问题显然是根据以太论所得到的理论解释互相矛盾.正是以太论引导我们走入了绝境，唯一的出路是从根本上修改或抛弃以太论.

3 经典时空观的危机

要想从理论上解决前述实验上的矛盾，需要弄清楚光源、光、以太和观测者四者之间的关系.在 20 世纪初期提出过两种理论，试图解释迈克耳孙实验的零结果.

3.1 洛伦兹的收缩理论

洛伦兹在 1895 年提出的收缩理论认为(Lorentz H A,1892，1895,1904)：

(a) 宇宙中弥漫着一种绝对静止、完全不被拖动的以太(以太参考系)；

(b) 真空中光对以太的速度恒为 c；

(c) 承认绝对时空观,伽利略变换是正确的.

实质上,这种理论认为麦氏电动力学不符合相对性原理，因为根据伽利略变换，对于不同的惯性系而言，真空中的光速不恒为 c.

为了解释迈克耳孙实验的零结果，洛伦兹进一步假设:在绝对静止以太中运动的物体(例如介质、仪器等)，由于内部所发生的真实的物理变化(可以用洛伦兹电子论阐明)，在运动方向将出现洛伦兹收缩.设物体在以太中的静止长度是 l_0，则由于运动发生收缩后的长度是

$$l = l_0\sqrt{1-\beta^2}. \tag{3.1}$$

在迈克耳孙实验中(参见图 2.3)，由于臂长收缩的缘故，光线(1)传播的时间将是

$$t_1 = \frac{2l}{c}\cdot\frac{1}{1-\beta^2} = \frac{2l_0}{c}\cdot\frac{1}{\sqrt{1-\beta^2}},$$

和光线(2)所需的时间 t_2 相同.转动 90°以后，当然不会出现条纹的移动.

这样一来，虽然实质上电动力学不符合相对性原理，可是由于运动长度的缩短，人们便无法测量出不同惯性系的真空光速和 c 有什么差别，因而在表观上电动力学是符合相对性原理的.正是从这里出发，使得洛伦兹早在相对论诞生之前的 1904 年,就得到了洛伦兹变换公式

$$t' = \frac{1}{\sqrt{1-\beta^2}}\left(t-\frac{v}{c^2}x\right),\quad x' = \frac{1}{\sqrt{1-\beta^2}}(x-vt). \tag{3.2}$$

遗憾的是,他并没有认识到此式的物理意义,他认为式中的 t' 并没有实际意义,只是为了对运动物体进行计算时使麦克斯韦方程简化的一种数学技巧,并称作所谓

“地方时间”；而式中的 t 才是“真实时间”——以太参考系中观测到的时间，具有实际的物理意义. 直到爱因斯坦建立起相对论后，洛伦兹变换的物理意义才彻底清楚. 这个问题对洛伦兹来说，不能不说是一大憾事.

洛伦兹理论是不正确的，因为它遇到了以下的困难：

首先，洛伦兹电子论的局限性. 洛伦兹假设物体由荷电粒子组成. 当物体在以太中运动时，的确可以按照电磁理论导出收缩公式来. 不过电磁力并非物质内部唯一起作用的力. 一个由非电磁力构成的体系如原子核、电子所发生的洛伦兹收缩就不是洛伦兹电子论所能解释得了的.

另外，洛伦兹电子论和肯尼迪-桑代克实验相矛盾. 1932 年肯尼迪和桑代克用不等臂干涉仪进一步否定了洛伦兹理论(Kennedy R J, Thorndike E M, 1932). 在迈克耳孙实验中精确说来需要考虑地球的自转、公转以及太阳系的运动. 设某时刻仪器在以太海中的绝对速度是 v

$$v = c\beta = |\boldsymbol{v}_{\text{rot}} + \boldsymbol{v}_{\text{rev}} + \boldsymbol{v}_{\text{sun}}|.$$

在 24 小时内，太阳系的速度矢量 $\boldsymbol{v}_{\text{sun}}$ 以及地球公转速度矢量 $\boldsymbol{v}_{\text{rev}}$ 不会发生显著变化，但是自转速度 $\boldsymbol{v}_{\text{rot}}$ 的方向会发生很大变化，特别是 12 小时以后自转速度方向与原来相反，因此仪器的绝对速度发生日变化. 设此时是 $v'=c\beta'$. 又在 6 个月以后，公转速度方向与原来相反，此时仪器绝对速度是 $v''=c\beta''$.

参见图 2.3，设水平臂长 l_{10}，因收缩变为 $l_1=l_{10}\sqrt{1-\beta^2}$；垂直臂长为 l_{20}，不收缩 $l_2=l_{20}$. 光沿两臂传播的时间差为

$$\Delta t = t_1 - t_2 = \frac{2l_1}{c}\cdot\frac{1}{1-\beta^2} - \frac{2l_2}{c}\cdot\frac{1}{\sqrt{1-\beta^2}}$$

$$= \frac{2}{c\sqrt{1-\beta^2}}(l_{10} - l_{20}).$$

经 12 小时后，β 变为 β'(或经 6 个月以后变为 β'')，第一臂转到和初速度方向垂直，不收缩 $l_1'=l_{10}$，第二臂和速度平行，收缩为 $l_2'=l_{20}\sqrt{1-\beta'^2}$，这时的时间差为

$$\Delta t' = t_1' - t_2' = \frac{2l_1'}{c}\cdot\frac{1}{\sqrt{1-\beta'^2}} - \frac{2l_2'}{c}\cdot\frac{1}{1-\beta'^2}$$

$$= \frac{2}{c\sqrt{1-\beta'^2}}(l_{10} - l_{20}).$$

这两个时间差不相等，故应当有条纹移动：

$$\Delta N = \nu(\Delta t' - \Delta t) = \frac{l_{10} - l_{20}}{\lambda}(\beta'^2 - \beta^2).$$

但实验结果仍然是否定的.

3.2 里兹的发射理论

里兹在 1908 年提出了一个发射理论，它是在相对论诞生之后提出来的，由于在当时有一定影响，我们也作一简单分析（Ritz W，1908a，1908b，1908c）. 该理论认为：

(a) 根本不存在以太；

(b) 真空中光对光源的速度恒为 c；

(c) 承认绝对时空观，伽利略变换是正确的.

在里兹理论中，不论光源速度如何，光对光源的速度恒为 c. 这实质是假设光是光源发射出来的，并不需要借助于以太介质来传播，好像机枪发射子弹一样. 故对于不同惯性系的观测者而言，真空中电磁波的速度不恒为 c. 再加上保留伽利略变换，这就从根本上否认了麦氏电动力学的协变性（指伽利略协变性），为此必须修改麦氏电动力学.

里兹理论可以解释迈克耳孙实验的零结果. 在迈克耳孙干涉仪中，光源对仪器是静止的. 根据里兹的假设(b)，两束光的速度一样，没有时间差，自然不会有条纹的移动.

里兹理论也遇到难以克服的困难.

(1) 承认光传播的超距作用. 按照里兹假设(b)，光源的随意运动必使得传播出去的光随之做同时的改变. 这显然是超距作用.

(2) 不符合德西特的双星观测. 所谓“双星”，是两颗星体围绕它们的共同质心运动. 根据里兹假设(b)和(c)，双星发射的光速相对于地球说来说应当是 $c+kv$，v 是双星之一相对于地球的速度，当星体向着（或背离）地球运动时，$k=+1$（或 $k=-1$），但德西特观测的结果得出 $k<0.002$，后来有人又进一步得到 $k<10^{-6}$. 观测结果说明光速与光源的速度无关，因而否定了里兹假设. 另外，现代的实验已经证明 $k<10^{-9}$（De Sitter W，1913；Zurhellen W，1914；Brecher K，1977）.

(3) 和米勒实验矛盾. 米勒于 1933 年利用太阳光源作迈克耳孙实验，太阳相对于地球有运动，按照里兹理论应当得到干涉条纹的移动，实验经人分析是否定的（Miller D C，1933；Shankland R S et al.，1955）.

3.3 庞加莱对相对论的贡献

综合前面几节的讨论，我们可以看出，以太假说已经陷入了深刻的危机，彻底抛弃以太已经是势在必行. 然而，要改变人们认为“天经地义”的经典时空观念并不是一件容易的事. 无论是洛伦兹理论还是里兹理论，都认为伽利略变换是正确的. 特别是洛伦兹，尽管已经导出了洛伦兹变换，却不认为此式应该取代伽利略变换.

值得一提的是著名的法国数学家和物理学家庞加莱.

(1) 庞加莱认为迈克耳孙-莫雷实验以及其他相关实验的零结果,实际上证明了“绝对运动不可能是自然界的普遍规律”,因为作为相对性原理的要求,观测者不可能知道自己是静止或运动着. 所以一切寻找绝对参考系的努力都不可能成功.

(2) 当时他已经意识到洛伦兹变换所包含的深刻含义,认识到参考系在数学描述上的等价性实际上就意味着相对性原理的正确性,而不必相信存在一个特殊的参考系. 他进一步提出,洛伦兹变换加上空间转动和时空平移变换的集合构成一个群,这就是我们现在常用的庞加莱变换群.

(3) 他还认为“应该建立一个全新的力学,在这个力学中,惯性将随着速度而增大,而光速将变成不可逾越的极限”.

虽然这些观点与相对论一致,但是,庞加莱坚持认为存在绝对静止的以太,并始终没有承认相对论(Poincaré H,1904,1905,1906).

可以说,洛伦兹和庞加莱两人已经走到相对论的边缘,一只脚已经迈进了相对论的门槛,但完成这一划时代突破却是伟大的德国物理学家爱因斯坦.

在力学方程成立的一切坐标系中，对于电动力学和光学的定律都同样适用，我们要把这个猜想提升为公设，并且还要引入另一条在表面上看来同它不相容的公设：光在空虚空间里总是以一确定的速度传播着，这速度同发射体的运动状态无关.

——爱因斯坦《论运动物体的电动力学》

第2章　狭义相对论时空观

4　狭义相对论的基本原理

爱因斯坦分析了以太假说的矛盾解释，断然否定了以太的存在，并认为迈克耳孙实验的零结果，说明真空中光对观测者的速度与其传播方向无关，应恒为 c. 这样一来，不论用什么光源都不会引起干涉条纹的移动. 不仅如此，这个重要实验的深刻意义还在于它表明麦克斯韦电动力学是符合相对性原理的，亦即无法通过电磁学实验来区分不同的惯性系. 爱因斯坦第一个敏锐地察觉到"麦克斯韦电动力学符合相对性原理"和"麦克斯韦场方程在伽利略变换下为不变式"并不等价. 他选择了一条正确的道路，亦即不去修改麦克斯韦电动力学，而是重新审查绝对时空观和与之相适应的伽利略时空坐标变换关系. 一句话，修改牛顿力学.

1905年，爱因斯坦在著名的《论运动物体的电动力学》一文中首次提出了本章题记的论断，概括出下述两条原理，并据此建立了新的理论——狭义相对论(Einstein A, 1905a).

(1) **狭义相对性原理**：任何真实的物理规律在所有惯性系中应形式不变. 或者说，一切惯性系都是平权的、不可分辨的. 可以看出，狭义相对性原理是伽利略相对性原理的推广，实质上是肯定了在所有惯性系中，不仅仅是力学规律而是所有的物理规律的绝对性.

这条原理理所当然地否定了宇宙中存在着一个优越的所谓绝对静止的原始惯性系，虽然如此，它却肯定了宇宙中应当存在着一群优越的坐标系，即全部惯性系. 只有以后发展起来的广义相对论才彻底否定了任何坐标系的优越性，从而在任何坐标系中肯定了物理规律的绝对性，但是这时却需要考虑引力场的作用.

(2) **光速不变原理**：任意一个惯性系中的观测者所测得的真空中光速恒为 c.

这条原理实质上说明麦克斯韦电动力学在一切惯性系中的形式不变性，亦即肯定了麦克斯韦电动力学的正确性和绝对性. 需要修改的不是麦克斯韦电动力学而是牛顿力学. 为什么需要修改的不是电动力学而恰恰是牛顿力学呢? 这并不奇怪. 真空中电磁波的传播速度只有一个唯一的速度，就是 c. 地球上测得的值，只能是这个自然界中普适的常数. 在客观世界中不存在什么低速光近似下的电磁波理论. 所以早在狭义相对论被发现以前，人们就得到了正确的麦克斯韦方程. 牛顿力学则不然，人们经常接触的力学现象是远小于光速的速度，由此总结出来的力学规律也就是在低速形式下的力学规律——牛顿力学，所以在高速情况下必须修改它.

有两点必须指出:第一，这两条原理是互相独立的，就是说不可能从一条原理直接导出另一条原理. 当然，如果我们另外假定麦克斯韦方程是正确的并认为它服从狭义相对性原理，是可以导出光速不变原理的. 第二，这两条原理在狭义相对论中是作为公理提出来的，它们不能为逻辑所证明，只能由实验来验证. 迄今为止，所有的实验都是支持这两条原理的.

为了看清狭义相对论基本原理的数学意义，首先定义一个重要概念——**事件**:它是指在 t 时刻、(x,y,z)处发生某件事，一般将时间和空间坐标合在一起表示为 $P(t,x,y,z)$. 事实上，这个概念是从我们生活中使用的同一名词提炼出来的，我们说某月某日在某地发生一起"事件"，就必须指出它的时间和地点.

对于任意的两个事件 $P_0(t_0,x_0,y_0,z_0)$和 $P(t,x,y,z)$，其时间间隔和空间间隔分别为

$$\Delta t = t - t_0,$$

$$\Delta l = [(x-x_0)^2+(y-y_0)^2+(z-z_0)^2]^{1/2}.$$

根据绝对时空观，这两个间隔分别都是绝对的，即两个观察者 S 和 S'测量的时间间隔和空间间隔分别相同

$$\Delta t = \Delta t', \quad \Delta l = \Delta l'.$$

但在相对论中，空间和时间是相互关联的. 我们构造两个事件的时间间隔 Δt 与空间间隔 Δl 的平方差

$$\Delta s^2 = c^2\Delta t^2 - (\Delta x^2+\Delta y^2+\Delta z^2). \tag{4.1}$$

如果取事件 P_0 的时空坐标为(0,0,0,0)，则(4.1)式变成

$$s^2 = c^2t^2 - (x^2+y^2+z^2). \tag{4.2}$$

这里定义的 Δs 或 s 就称作**时空间隔**(简称**间隔**). 它是相对论中非常重要的物理量.

我们之所以强调事件和时空间隔的概念，是因为它们将时间和空间联系成一个整体. 在本质上讲，这两个概念是从经典物理到相对论时空理论的重要转折!

下面我们根据爱因斯坦的两条基本原理来证明，对相互作匀速运动的两个观察者 S 和 S'，测量两事件的时间间隔和空间间隔一般不相同，而时空间隔却相同，即 $\Delta s^2=\Delta s'^2$，这与经典时空观是完全不相同的.

考察在开始时刻($t=t'=0$),自重合的原点$O(O')$发出的一个光信号. 按照光速不变原理，光在两个系统中的波阵面方程：

$$s^2 = c^2t^2 - (x^2 + y^2 + z^2) = 0,$$
$$s'^2 = c^2t'^2 - (x'^2 + y'^2 + z'^2) = 0$$

应同时成立. 即

$$s^2 = 0 \quad \Leftrightarrow \quad s'^2 = 0. \tag{4.3}$$

这实际上是光速不变原理的数学表述. 因此任意事件对在两个坐标系中的间隔s^2和s'^2之间应当有如下形式的一般关系：

$$s'^2 = k(v)(s^2)^{\lambda(v)},$$

其中$k(v)$,$\lambda(v)$为v的函数. 只有这才能保证光信号的间隔同时为0.

按照狭义相对性原理，惯性系S和S'应该是平权的；相对于S做匀速直线运动的物体，相对于S'亦应做匀速直线运动. 保持匀速直线运动方程形式不变的变换只能是线性变换(详见附录A). 而线性变换要求指数函数$\lambda(v)=1$,所以有

$$s'^2 = k(v)s^2.$$

由于S和S'是平权的,交换S和S'后应有

$$s^2 = k(v)s'^2,$$

代入前一式可知$k(v)=\pm 1$,取负值将违反因果律(见第9节),故

$$k(v) = 1.$$

这样间隔s和s'的关系为

$$s^2 = s'^2.$$

于是我们得到

$$s^2 = c^2t^2 - (x^2 + y^2 + z^2) = \text{inv.}\ (\text{不变量}). \tag{4.4}$$

对于任意两个相邻事件,如果它们的时空间隔相差无穷小,即$P_0(t_0, x_0, y_0, z_0)$和$P(t_0+\mathrm{d}t, x_0+\mathrm{d}x, y_0+\mathrm{d}y, z_0+\mathrm{d}z)$,一般地有

$$\mathrm{d}s^2 = c^2\mathrm{d}t^2 - (\mathrm{d}x^2 + \mathrm{d}y^2 + \mathrm{d}z^2) = \text{inv.}. \tag{4.5}$$

此即**(时空)间隔不变性**,它是爱因斯坦两个基本原理的数学表述.

5　洛伦兹变换

5.1　洛伦兹时空变换

下面求图1.1所示两个惯性系之间具体的坐标变换.

首先研究y和z坐标的变换. 为此考虑S系的y平面，即$y=a$. 由空间的均匀性,知道S系的平面在S'系中亦必是平面，即$y'=a'$. 在一般情况下，平面的两个坐标之间的关系应该是

$$a' = K(v)a.$$

根据狭义相对性原理，交换 S 和 S' 的记号，还应该有

$$a = K(v)a',$$

故 $K^2(v)=1$. 又因为 y 和 y' 的方向相同，故 a 和 a' 符号相同. 最后得 y 坐标的关系为

$$y' = y.$$

同理求得 z 坐标的关系：

$$z' = z.$$

接下来根据间隔不变性求 x 和 t 的变换关系. 根据上两式，(4.4)式成为

$$c^2t'^2 - x'^2 = c^2t^2 - x^2. \tag{a}$$

因为线性变换保持二次齐式不变，上式说明 x' 和 t' 只能是 x，t 的线性函数. 假设其形式为

$$t' = a_{00}t + a_{01}x, \tag{b}$$

$$x' = a_{10}t + a_{11}x, \tag{c}$$

其中的变换系数 a_{00}，a_{01}，…均为常值. 将它们代入(a)式，得

$$x^2 - c^2t^2 = (c^2a_{01}^2 + a_{11}^2)x^2 + (a_{10}^2 - c^2a_{00}^2)t^2 + (a_{10}a_{11} - c^2a_{01}a_{00})xt,$$

由于 x，t 的任意性，比较两边系数得到

$$c^2a_{01}^2 + a_{11}^2 = 1, \tag{d}$$

$$a_{10}a_{11} - c^2a_{01}a_{00} = 0, \tag{e}$$

$$a_{10}^2 - c^2a_{00}^2 = -c^2. \tag{f}$$

另外，在 S 系中测得 S' 系的原点 $x'=0$ 以速度 v 运动，此原点在 S 系中的坐标是 $x=vt$，代入(c)式得

$$a_{10} = -va_{11}. \tag{g}$$

将(g)代入(e)和(f)式消去 a_{10}，利用符号 $\beta=v/c$，可得

$$\beta a_{11}^2 - ca_{01}a_{00} = 0, \tag{h}$$

$$\beta^2a_{11}^2 - a_{00}^2 = -1. \tag{i}$$

由(d)，(h)和(i)三式即可求得

$$a_{00} = \pm\frac{1}{\sqrt{1-\beta^2}} \equiv \pm\gamma, \quad a_{11} = \pm\gamma.$$

如果要求变换不改变时间的方向，则 $a_{00}>0$. 如果还要求变换不改变 x 轴的正方向(如图 1.1)，则 $a_{11}>0$. 由此即可解得另外两个变换系数：

$$a_{10} = -\gamma v, \quad a_{01} = -\frac{\gamma v}{c^2}.$$

综合上面的结果，将变换系数写成矩阵形式：

$$A(v)=(a_{\mu\nu})=\begin{bmatrix}\gamma & -\gamma v/c^2 & 0 & 0\\ -\gamma v & \gamma & 0 & 0\\ 0 & 0 & 1 & 0\\ 0 & 0 & 0 & 1\end{bmatrix}, \qquad (5.1)$$

式中的下标 $\mu,\nu=0,1,2,3$ 是矩阵的行和列的标号,对应于坐标 t,x,y,z,并采用了惯用的符号:

$$\gamma=\frac{1}{\sqrt{1-\beta^2}}, \quad \beta=\frac{v}{c}. \qquad (5.2)$$

于是有

$$\begin{cases} t'=\gamma\left(t-\dfrac{v}{c^2}x\right), \\ x'=\gamma(x-vt), \\ y'=y, \\ z'=z, \end{cases} \qquad (5.3)$$

这就是著名的特殊洛伦兹变换,简称**洛伦兹变换**.

已知事件在 S 系的时空坐标,通过(5.1)式就可以求得事件在 S'系的时空坐标. 反过来,已知事件在 S'系的时空坐标,欲求其在 S 系的坐标,只需求(5.3)式的逆变换即可,其结果是

$$\begin{cases} t=\gamma\left(t'+\dfrac{v}{c^2}x'\right), \\ x=\gamma(x'+vt'), \\ y=y', \\ z=z', \end{cases} \qquad (5.4)$$

可见洛伦兹逆变换仍然是一个速度参量为 $-v$ 的洛伦兹变换.

洛伦兹变换的最重要意义是否定了绝对时间和绝对空间观念. 时间和空间不再是彼此独立无关的,它们通过(5.3)式紧密联系着,并且还和惯性系的具体特性——速度 v 有关. 我们将在以后几节逐步说明.

比较伽利略变换(1.1)式和洛伦兹变换(5.3)式,即可看出两者的差别很大. 虽然如此,两者仍然有一定的联系. 如果 S 和 S'之间的相对速度远小于光速,即 $\beta\ll 1$,则(5.3)式即过渡为(1.1)式. 在这个意义上,我们说洛伦兹变换包含了伽利略变换,后者是前者当 $\beta\to 0$ 时的极限.

5.2 洛伦兹速度变换

既然伽利略时空变换不再成立,作为其推论的伽利略速度变换式也自然失效,必须代之以相对论速度变换式.

设运动质点相对于 S 系和 S' 系的速度分别是 (u_x, u_y, u_z) 和 (u'_x, u'_y, u'_z)，将(5.3)式后三式求得的微分 dx', dy', dz' 除以第一式的微分 dt'，稍加整理后即得

$$\begin{cases} u'_x = \dfrac{u_x - v}{1 - u_x v/c^2}, \\ u'_y = \dfrac{u_y}{\gamma(1 - u_x v/c^2)}, \\ u'_z = \dfrac{u_z}{\gamma(1 - u_x v/c^2)}. \end{cases} \tag{5.5}$$

其逆变换为

$$\begin{cases} u_x = \dfrac{u'_x + v}{1 + u'_x v/c^2}, \\ u_y = \dfrac{u'_y}{\gamma(1 + u'_x v/c^2)}, \\ u_z = \dfrac{u'_z}{\gamma(1 + u'_x v/c^2)}. \end{cases} \tag{5.6}$$

上两式即为**洛伦兹速度变换**.

不难验证，洛伦兹速度变换保证光速不变. 设在 S' 系中沿 x 轴方向发射一个光讯号，$u'_x = c$，根据上式可知

$$u_x = \frac{c + v}{1 + cv/c^2} = c.$$

就是说在 S 系中测量光讯号的速度仍然是 c，这正是我们所预期的.

洛伦兹速度变换在极坐标 $\{u, \theta\}$ 下的表达式也是很实用的. 设质点的速度在 S 和 S' 中的速度分别为 (u, θ) 和 (u', θ')，其中 u, u' 是速度大小，θ、θ' 是速度与 $x(x')$ 轴的夹角，即有

$$u = \sqrt{u_x^2 + u_y^2 + u_z^2}, \quad \cos\theta = \frac{u_x}{u},$$

$$u' = \sqrt{u'^2_x + u'^2_y + u'^2_z}, \quad \cos\theta' = \frac{u'_x}{u'}.$$

由(5.5)和(5.6)式，可得洛伦兹速度变换的极坐标表示为

$$\begin{cases} u' = c\left(1 - \dfrac{(1 - u^2/c^2)(1 - v^2/c^2)}{(1 - uv\cos\theta/c^2)^2}\right)^{1/2}, \\ \cot\theta' = \gamma\left(\cot\theta - \dfrac{v}{u}\csc\theta\right). \end{cases} \tag{5.7}$$

如果定义

$$\gamma_u = \frac{1}{\sqrt{1 - u^2/c^2}}, \quad \gamma'_u = \frac{1}{\sqrt{1 - u'^2/c^2}},$$

式(5.7)的第一式可以写成

$$\gamma'_u = \gamma\gamma_u\left(1 - \frac{\boldsymbol{v}\cdot\boldsymbol{u}}{c^2}\right). \tag{5.8}$$

该式在一些复杂运算中是很有用的.

利用洛伦兹速度变换式,可以统一而完满地解释第 2 节中有关光速的一切实验.例如迈克耳孙实验,按照光速不变原理,无论对仪器、对太阳还是其他惯性参考系,真空中光速都是 c,因此两臂没有光程差(设臂长相等),当然不会出现条纹移动.

再例如在斐佐实验中,设流水为 S'系,在其中光速是 $u'_1 = c/n$.观测者(仪器)为 S 系,在 S 系中流水速度为 v.光线(2)顺水传播,它在 S 系中的速度据(5.5)式是

$$u_2 = \frac{(c/n)+v}{1+v/(cn)} \approx \frac{c}{n} + v\left(1-\frac{1}{n^2}\right).$$

光线(1)是逆水传播,在 S'系中是 $u'_1 = -c/n$,所以在 S 系中的速度为

$$u_1 = \frac{-(c/n)+v}{1+v/(cn)} \approx -\frac{c}{n} + v\left(1-\frac{1}{n^2}\right).$$

光线(1)和(2)的传播时间分别取决于 u_2 和 $|u_1|$,故两束光的时间差为

$$t_1 - t_2 = \frac{l}{|u_1|} - \frac{l}{u_2} \approx \frac{2lv}{c}(n^2-1).$$

所以流水方向改变后,条纹移动数是

$$\Delta N = 2\nu(t_1 - t_2) \approx \frac{4lv}{\lambda c}(n^2-1).$$

可以看出,在 v/c 的一阶近似下,狭义相对论的结果与以太论的部分拖动说相同[参见(3.5)式].当然,这并不说明以太部分拖动说正确,而是说斐佐流水实验是洛伦兹速度变换的必然结果.

5.3 洛伦兹变换群

下面我们证明,所有洛伦兹变换构成一个群,叫做**洛伦兹群**.

所谓"群",是指一个集合(例如坐标变换),其中的元素满足以下的条件:

(1) 存在单位元素(恒等变换);

(2) 存在逆元素(逆变换);

(3) 任意二元素之积(连续二次变换)仍属于该集合;

(4) 任意元素之积满足结合律.

我们来证明洛伦兹变换满足上述 4 个性质.

(1) 当 $v=0$ 时,(5.3)或(5.4)式化为恒等变换.这说明洛伦兹变换也包含恒等变换,即变换系数构成单位矩阵

$$A(0) = I. \tag{5.9}$$

(2) 如图 1.1,从 S 系观测,S'系的原点以速度 v 沿 x 正向运动;反之,从 S'系观测,S 系的原点以速度 v 沿 x'反向运动,也就是以 $v'=-v$ 正向运动. 把这一结果代入(5.4)式,可得

$$\begin{cases} t = \gamma\left(t' - \dfrac{v'}{c^2}x'\right), \\ x = \gamma(x' - v't'), \\ y = y', \\ z = z', \end{cases}$$

我们看到这仍然是一个洛伦兹变换. 将洛伦兹变换矩阵 $A(v)$的逆变换矩阵记为 $A^{-1}(v)$,洛伦兹变换的这个性质就记作

$$A^{-1}(v) = A(-v). \tag{5.10}$$

(3) 我们再求依次进行两次洛伦兹变换的结果. 除了前述 S 和 S'系以外,再设一个惯性系 S'',它以速度 v'相对于 S'系运动,以 v''相对于 S 系运动(均沿 x 正向). 为简单起见,只研究 x 和 t 两个坐标,并把变换写成矩阵形式. 根据(5.3)式,由 $S(t,x)$到 $S'(t',x')$的变换是

$$\begin{bmatrix} t' \\ x' \end{bmatrix} = \gamma \begin{bmatrix} 1 & -v/c^2 \\ -v & 1 \end{bmatrix} \begin{bmatrix} t \\ x \end{bmatrix}.$$

由 $S'(t',x')$系到 $S''(t'',x'')$系的变换是

$$\begin{aligned} \begin{bmatrix} t'' \\ x'' \end{bmatrix} &= \gamma' \begin{bmatrix} 1 & -v'/c^2 \\ -v' & 1 \end{bmatrix} \begin{bmatrix} t' \\ x' \end{bmatrix} \\ &= \gamma\gamma' \begin{bmatrix} 1 & -v'/c^2 \\ -v' & 1 \end{bmatrix} \begin{bmatrix} 1 & -v/c^2 \\ -v & 1 \end{bmatrix} \begin{bmatrix} t \\ x \end{bmatrix} \\ &= \gamma\gamma' \begin{bmatrix} 1 + vv'/c^2 & -(v+v')/c^2 \\ -(v+v') & 1 + vv'/c^2 \end{bmatrix} \begin{bmatrix} t \\ x \end{bmatrix}, \end{aligned} \tag{5.11}$$

式中 $\gamma' = (1 - v'^2/c^2)^{-1/2}$. 但是根据洛伦兹速度变换式(5.6)可得

$$v'' = \frac{v + v'}{1 + vv'/c^2},$$

经过简单运算即可得到

$$\gamma\gamma'\left(1 + \frac{vv'}{c^2}\right) = \frac{1}{\sqrt{1 - v''^2/c^2}} = \gamma'',$$

$$\gamma\gamma'(v + v') = \frac{v''}{\sqrt{1 - v''^2/c^2}} = \gamma'' v''.$$

于是(5.11)式可以写成

$$\begin{bmatrix} t'' \\ x'' \end{bmatrix} = \gamma'' \begin{bmatrix} 1 & -v''/c^2 \\ -v'' & 1 \end{bmatrix} \begin{bmatrix} t \\ x \end{bmatrix}. \tag{5.12}$$

以上结果证明，依次进行两次洛伦兹变换的结果等效于一个洛伦兹变换，用矩阵表示为

$$A(v)A(v') = A(v''). \tag{5.13}$$

(4) 直接验算可以证明，依次进行三次洛伦兹变换，亦等效于一个洛伦兹变换. 而且三次变换满足结合律，即

$$A(v_1)[A(v_2)A(v_3)] = [A(v_1)A(v_2)]A(v_3). \tag{5.14}$$

我们把变换写成矩阵形式，由于矩阵运算满足结合律，马上看出(5.14)式是成立的.

根据(5.9)，(5.10)，(5.13)和(5.14)式，可知洛伦兹变换确实构成一个群. 我们还将在 13.2 节讨论这一问题，并在 17.4 节介绍固有洛伦兹变换群以及庞加莱变换群.

6 同时的相对性

相对论整个地改变了人类几千年中形成的时空观念. 从伽利略变换被洛伦兹变换所取代这一点，已经看出经典的时空观必须摒弃，而代之以相对论的时空观. 相对论时空观是洛伦兹变换的必然结果，我们以洛伦兹变换为基础，在下面四节系统地讨论狭义相对论的时空观.

假设有两个事件 P_1 和 P_2，它们在 S 系的时空坐标分别是(t_1, x_1)和(t_2, x_2)，空间距离和时间间隔分别是

$$\Delta x = x_2 - x_1, \quad \Delta t = t_2 - t_1.$$

利用(5.3)式可以得到两事件在 S'系中的空间距离和时间间隔分别为

$$\begin{cases} \Delta t' = \gamma\left(\Delta t - \dfrac{v}{c^2}\Delta x\right), \\ \Delta x' = \gamma(\Delta x - v\Delta t). \end{cases} \tag{6.1}$$

或者，已知两事件在 S'系的距离和间隔，利用(5.4)式可求得 S 系的距离和间隔为

$$\begin{cases} \Delta t = \gamma\left(\Delta t' + \dfrac{v}{c^2}\Delta x'\right), \\ \Delta x = \gamma(\Delta x' + v\Delta t'). \end{cases} \tag{6.2}$$

设 S 系观测者观测到两个异地同时事件，我们问从 S'系观测，这两个事件是否同时发生呢？把 S 系的异地同时条件：

$$\Delta x \neq 0, \quad \Delta t = 0$$

代入(6.1)的第 1 式得

$$\Delta t' = -\frac{\gamma v}{c^2}\Delta x \neq 0 \quad (\Delta t = 0). \tag{6.3}$$

因此,S 系的异地同时事件在 S' 中观测是不同时的. 同样, 从 S' 系的 A' 和 B' 两处同时发生的两件事($\Delta t'=0$), 从 S 系观测也不会是同时的,根据(6.2)的第 1 式,时间差是

$$\Delta t = \frac{\gamma v}{c^2}\Delta x' \neq 0 \quad (\Delta t' = 0). \tag{6.4}$$

上面的讨论说明异地同时性是相对的,即所谓**同时的相对性**. 仅在低速运动情形下, 即当 $v \ll c$ 时, (6.3)式或(6.4)式才等于零, 异地事件的同时性才可以近似看做是绝对的. 由此可见, 只有绝对时空观, 才会有同时的绝对性, 也才承认有无限大的速度. 而在相对论中, 同时观念仅在特定的惯性系中有意义. 或者说, 各个惯性系有各自的同时概念, 不能用于其他的惯性系. 显然, 同时的相对性和真空中的光速不是无穷大有关.

容易看出, 同时同地发生的两个事件, 其同时性是绝对的. 因为同地同时意味着

$$\Delta x = 0, \quad \Delta t = 0,$$

从(6.1)式必有

$$\Delta x' = 0, \quad \Delta t' = 0.$$

反之亦然. 例如甲乙二人相约在电影院看电影. 不同惯性系观测的时间可能不同, 但两人在电影院见面这件事是任何坐标系都承认的.

同时概念是时间概念的基础. 既然同时是相对的,两个异地事件的同时性究竟意味什么呢? 如何定义或测量两个异地事件的同时呢? 这是一个定义问题! 爱因斯坦首先指出, 任何一个物理学上的定义, 只要它不是没有实际意义的空谈, 就必须能够提供一个原则上可行的测量方案.

设在 S 系中 A 和 B 两处分别放置两个标准钟 C_A 和 C_B, 它们分别用来记录这两处所发生事件的时刻. 考察 A 和 B 两处所发生的事件的同时性就归结为比较 C_A 和 C_B 是否同步, 因此定义两个异地事件的同时性就相当于调整两个异地时钟的同步.

调整或比较两个异地时钟最普通的方法当然是移动时钟法, 也就是把 A 处的钟 C_A 移到 B 处与 C_B 校准后再移回 A 处. 仔细分析这种方法有严重缺点. 时钟的运动可能对钟的快慢有影响,当然极其缓慢地移动时钟总还可以尽量消除这种影响. 可是, 当比较两个不同惯性系中的时钟时, 原则上不能采用这种移动时钟的办法. 定义同时性最可行的方法是信号法. 原则上采用任何信号均可, 但是由光速不变原理知道,最好采用光信号(电磁信号),因为它是宇宙中不变的极限速度. 用

光信号调整两地的时钟有两种方法，即中点校准法和端点校准法，它们是等价的：

(1) 中点校准法：从两个时钟的空间距离的中点通过光信号进行观测.

(2) 端点校准法：当 C_A 为 $t_A^{(1)}$ 时刻时，从 A 向 B 发出一个光信号，设它到达 B 时 C_B 所示的时刻为 t_B. 光信号被 B 反射回到 A 时，C_A 上的读数为 $t_A^{(2)}$. 若

$$t_B = \frac{1}{2}(t_A^{(1)} + t_A^{(2)}), \tag{6.5}$$

则定义 C_A 与 C_B 为同步或者同时.

了解了同时性概念以后，就可以解释同时的相对性了，我们以**爱因斯坦火车**为例来说明.

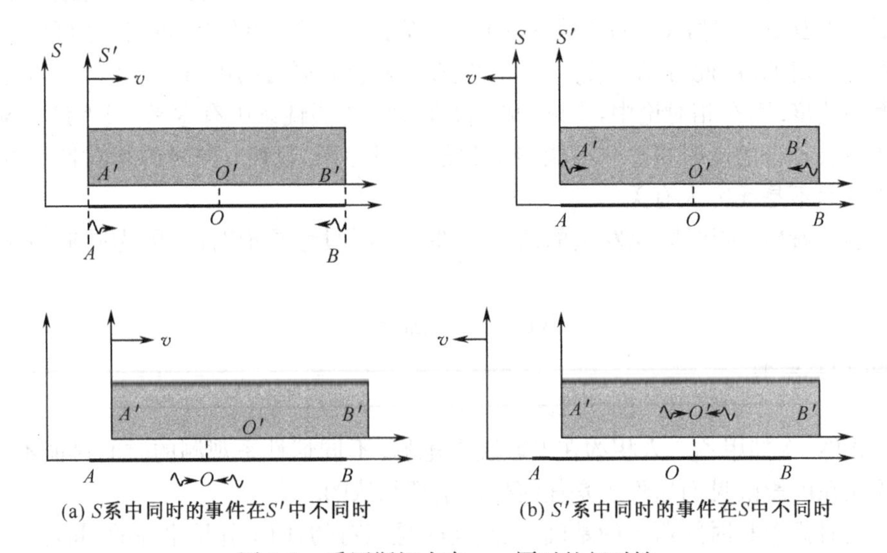

图 6.1　爱因斯坦火车——同时的相对性

如图 6.1(a)，站台上有两点 A 和 B，站长站在中点 O. 当车厢的两端同时经过 A 和 B 时，A 和 B 两处的信号灯同时闪光. 两个闪光将在 O 点相遇，同时到达站长的眼睛. 由于站台和站长都是静止的，所以站长认为信号灯是同时发光的，或者车厢的两端 A',B' 与 A,B 是同时重合的. 在 A,B 发光的瞬间，坐在车厢中点 O' 处的车长正好经过站长身旁. 他不会同意站长关于两灯同时发光的结论. 坐在火车里的车长看到站台向左移动. 由于 A,B 灯光在 O 点相遇是同地同时事件，是绝对的，所以车长也看到信号灯光在 O 点相遇，不过这时站台中点早已移到左边去了. 这样一来，向右运动的火车车长必然先遇上 B 灯的灯光，而后才看到 A 灯的灯光. 所以车长认为 B 灯发光在前，A 灯发光在后. 用(6.3)式解释就是

$$t'_B - t'_A = -\frac{\gamma v}{c^2}(x_B - x_A) < 0.$$

反过来，如图 6.2(b)，如果车长观测到车尾 A' 处和车头 B' 处的两个车灯同

时闪光，两光将同时到达车长 O' 处．这对站长来说当然也是同地同时事件. 由于站长看到火车向右运动，两光相遇以前，A' 灯光必先于 B' 灯光射入他的眼睛，所以他认为 A' 灯发光在前，B' 灯发光在后. 或者利用(6.4)式得出

$$t_B - t_A = \frac{\gamma v}{c^2}(x'_B - x'_A) > 0.$$

这个假想实验说明各个惯性系各有自己的同时标准，相对运动使得同时性失去绝对的意义，同时只能是相对的. 同时的相对性正是爱因斯坦建立狭义相对论时空观的突破点. 在经典力学中时间是绝对的，因而同时也是绝对的：在一个惯性系中同时发生的两事件，在所有惯性系中都是同时的. 爱因斯坦指出，这意味着存在速度为无穷大的信号传播速度，可以利用它来校准不同惯性系的不同时钟. 但是这不过是一种先验的假设，根本不存在这样的信号，实际上传递信号的光波的速度是有限的，并且信号的传播速度不可能大于光速(详见 9.2 节). 正是在这一点上，人们认为天经地义、理所当然的"同时性"实际上存在着深刻危机，导致了绝对时间和绝对空间观念的否定，使得时间和空间统一在一个四维连续体中.

7　空间距离的相对性

相对论时空观最为人熟知的变革，恐怕就是空间距离和时间间隔的相对性，其实这种变革来源于同时概念的相对性. 通过赋予"测量"这个概念以更精确的含义和更鲜明的物理特色，相对论第一次把时间和空间作为客观的物理量加以定量的研究. 从此以后，时间和空间就再也不是单纯的直觉观念了.

我们约定不同惯性系中都用相同的物理规律作为定义时间间隔和空间距离的基础. 例如都采用铯(Cs^{135})原子基态的跃迁频率作为时间基准，都采用氪(K^{86})的橙色辐射线波长作为长度基准，这就是标准钟和标准尺. 绝对时空观断言长度基准和时间基准是绝对的，不因惯性系的运动而改变，因而两个事件的空间距离和时间间隔是不因惯性系的不同而改变的. 相对论则与之相反. 相对论的讨论表明，不同惯性系各自拥有自己的标准尺和标准钟. 当他们彼此比较时，总是发现做相对运动的对方"尺缩钟慢".

本节和下节分别讨论"尺缩"和"钟慢"效应.

首先分析空间坐标系的意义：所谓空间坐标，是指在空间的每一点 P 存在一组代号 (x_p, y_p, z_p)，任意两个不同的空间点不可能具有相同的值. 当一个物体 P_1P_2 放置在这个空间坐标网中，两个端点 P_1，P_2 就自然具有了两组坐标值 $\boldsymbol{x}_1(x_1, y_1, z_1)$ 和 $\boldsymbol{x}_2(x_2, y_2, z_2)$.

如果物体相对于坐标系静止(或者将坐标系建立在物体上)，这两个坐标值不随时间改变，我们可以在任意时间读取这两个值，并将它们差值的欧氏几何长度称

作**原长**或**固有长度**：

$$l_0 = |\boldsymbol{x}_2(x_2, y_2, z_2) - \boldsymbol{x}_1(x_1, y_1, z_1)|,$$

其中的 $\boldsymbol{x}(x, y, z)$不含时间坐标，表示物体的位置与时间无关，l_0 是相对于物体静止的观测者测量的静止长度.

但如果观测者相对于物体是运动的，我们必须在同一时刻($t_2 = t_1$)读取两端点的坐标，这时的长度称作动长或**坐标长度**：

$$l = |\boldsymbol{x}_2(t_1, x_2, y_2, z_2) - \boldsymbol{x}_1(t_1, x_1, y_1, z_1)|,$$

这里的 $\boldsymbol{x}(t, x, y, z)$表示在 t 时刻读取的空间坐标. 注意两端点的坐标值是对同一时刻. 实际上，经典物理中的长度测量也是这样操作的. 假如我们要在地面上测量飞速行驶的火车长度，只能是在同一时刻记下车头和车尾的空间位置，由此测得的是火车的动长. 但是，经典物理认定这个结果与在火车上的观测者测量的长度(原长)相同，这与相对论不一致.

设 S'系相对于 S 系以速度 v 沿 x 轴方向运动，其上静置一根刚尺 $A'B'$(“刚尺”或“标准尺”是指相对于尺静止的观测者，测量棒上任意两点的距离不变)，其长度为

$$\Delta x' = x'_B - x'_A.$$

我们问，S 系中的观察者测量这根尺的长度是否也是 $\Delta x'$呢？

首先要明白，由于在 S 系中观测 $A'B'$以速度 v 运动，所以观测者在测量过程中必须先记下尺的两端 A'和 B'在 x 轴上同时重合的位置 A 和 B，这两个事件是同时异地的，然后用相对于观测者静止的标准尺去测量 AB 的长度为

$$\Delta x = x_A - x_B, \quad (t_A = t_B).$$

可见 S 系中的测量过程是在“同时”条件下进行的，把此条件代入(6.2)式的第 2 式，即得 S 系测量的长度为

$$\Delta x = \Delta x' \sqrt{1-\beta^2} < \Delta x', \quad (\Delta t = 0). \tag{7.1}$$

(7.1)式说明在运动方向上长度缩短了.

长度收缩是相对的. 设在 S 系中静置一根长度为 Δx 的刚尺 AB. S'系中的观察者来测量它会怎样呢？S'系的观察者测量时一定要同时记下尺两端的位置A'和 B'. 尺的两端相对于 S'系运动，唯方向与前相反. 把 S'系的同时条件 $\Delta t' = 0$ 代入(6.1)式的第 2 式，可得 S'系测量的长度也缩短了，即

$$\Delta x' = \Delta x \sqrt{1-\beta^2} < \Delta x, \quad (\Delta t' = 0). \tag{7.2}$$

狭义相对论得出结论，从两个不同的惯性系测量同一根尺的长度，所测得的结果不同. 从相对于尺为静止的惯性系测量，测得的长度最长，这时的尺长即为固有长度 l_0. 从相对于尺运动着的惯性系测量，沿运动方向的长度缩短，其值为

$$l = l_0\sqrt{1-\beta^2} = l_0/\gamma. \tag{7.3}$$

例如宇宙飞船的速度为 $0.98c$，如果宇航员测得飞船的长度是 20m，地面上的指挥人员测得的飞船长度将是 $l=20\times\sqrt{1-0.98^2}=4\text{m}$. 此即著名的长度收缩. 由于在相对论诞生之前，洛伦兹和菲茨杰拉德(FitzGerald)各自独立地提出过这个假设，故也称作洛伦兹-菲茨杰拉德收缩或**洛伦兹收缩**(FitzGerald G F，1888；Lorentz H A，1895).

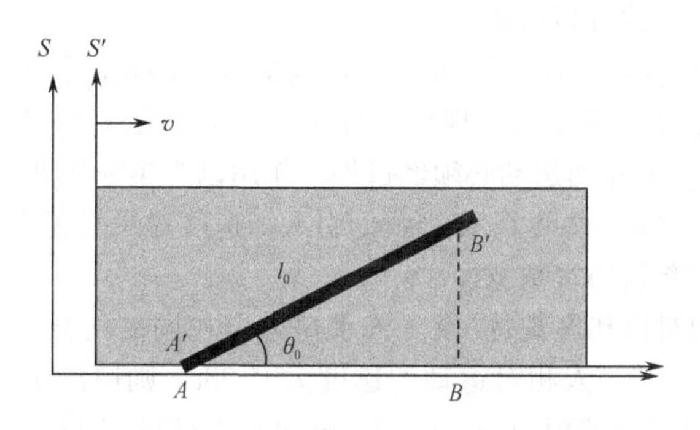

图 7.1　爱因斯坦火车——长度收缩

如图 7.1 所示，考虑尺的放置不是沿惯性系相对运动方向，而是与相对速度成一定夹角. 在二维空间 $\{x, y\}$ 中，我们设尺静止于 S' 系，在 S' 和 S 系中观测，尺的长度分别为 $l'=l_0$ 和 l，与相对速度的夹角为 $\theta'=\theta_0$ 和 θ(注意 $\theta'\neq\theta$). 根据洛伦兹变换(5.3)式，长度收缩效应只发生在运动的方向上，在垂直于运动方向上的长度没有收缩效应

$$\Delta x=\Delta x'\sqrt{1-\beta^2},\quad \Delta y=\Delta y',$$

即

$$\begin{cases} l\cos\theta=l_0\cos\theta_0\sqrt{1-\beta^2}, \\ l\sin\theta=l_0\sin\theta_0. \end{cases}$$

于是得到

$$\begin{cases} l=l_0\sqrt{1-\beta^2\cos^2\theta_0}, \\ \tan\theta=\dfrac{\tan\theta_0}{\sqrt{1-\beta^2}}. \end{cases} \tag{7.4}$$

这是(7.3)式的推广.

为什么长度的测量会不同呢？我们仍以爱因斯坦火车为例作定性说明. 如图 6.1(a)，站长站在路轨上(S 系)的 O 点观测，他测得两次闪电同时击在车厢和路轨上，即 A' 与 A 以及 B' 与 B 为同时重合点，站长认为

$$A'B'=AB.$$

根据同时的相对性，站在车厢(S' 系) 上中点 O' 的车长则观测到 B' 与 B 的重合早

于A'与A的重合.当A'与A重合时，站台的B点已经向左运动，离开了B'一段距离,故他认为

$$A'B' > AB.$$

总之，空间距离的测定实质上是一对同时异地事件，同时的相对性必然导致空间距离的相对性.

有几点值得提出来加以说明：

(1) 狭义相对论虽然指出同一根尺从不同惯性系测量所得到的长度不同，但并没有说自同一个惯性系测量一根尺由静止而运动会在运动方向出现洛伦兹收缩.理由是一根尺由静止而运动必须经过外界作用以产生加速度，这就使得“静止尺”和“运动尺”不是同一根尺了.仅当我们引入加速度对尺长无影响的假设时，对洛伦兹收缩的通常解释方能成立.

(2) 空间的相对性和客观性.设二人手持完全相同的两根尺，当二人相对静止时的尺长为20m.若二人相对运动的速度为0.98c，则甲测量乙的尺长缩短为4m，乙测量甲的尺长也缩短为4m.甲和乙谁的看法对呢？回答是二人的看法都是客观真实的，都是对的.问题在于空间两点的距离不是绝对的、不变的，而是一个相对量.

(3) 关于“观测(测量)”与“观看(看见)”的区别.在狭义相对论的发展过程中，有一件值得人们深思的事情:自1905年狭义相对论诞生之后的50多年里,人们一直将长度收缩误认为“高速运动的物体看起来会比静止时短些”.直到1959年，Terrell在一篇文章中指出(Terrell J,1959):长度收缩是“看”不到的！原因是这样的:所谓“观看”就好像照相机,是对物体发出的光线在同一时刻到达我们的瞳孔时所成的像,但这些光线并不是物体各部位在同一时刻发出来的,离我们远一些的部位发出的光必定先于近处部位所发的光.而长度收缩是指同一时刻对运动物体进行的测量[见(7.1)或(7.2)式],我们称之为“观测”,所以与“观看”不是一回事.正因为如此,在我们的叙述中将尽量避免使用“观看”和“看见”等词.这个问题将在20.4节详细讨论.

8　时间间隔的相对性

在经典物理中,坐标系的坐标只表示物体的空间位置,时间与物体的位置和运动无关.而在相对论中,时间和空间构成一个连续的统一体,当我们建立空间坐标系时,必须建立相应的时间系统.它的意思是这样的:设想在坐标系的每一个空间点均放置一个时钟,它们的时间零点和走时率(频率)完全相同(称作标准钟),但不能在该坐标系中运动,正如空间坐标不能移动一样.每一个时钟记录当地事件的发生时间,两个空间点发生两事件的坐标时间差Δt,是由两个空间点的两个时钟分

别记录的时间的差值，称作**坐标时间**：

$$\Delta t = t_2(x_2, y_2, z_2) - t_1(x_1, y_1, z_1).$$

$t(x, y, z)$表示放置在(x, y, z)处的时钟指示的时间. 对于任意一个坐标系的同一个空间点发生两事件的坐标时间差，是同一个时钟记录的，称之为**固有时间**或**原时**

$$\Delta \tau = t_2(x_1, y_1, z_1) - t_1(x_1, y_1, z_1).$$

固有时与参考系的选取无关，而坐标时与参考系有关，因为在一个参考系中静止的时钟在其他参考系中就不是静止的.

设在 S 系中观测到两个"同地异时"事件，这意味着发生事件的物体相对于 S 系是静止的. 例如某处先后发生的两次闪光，它们的时间间隔为 Δt，两事件的时空坐标间距是

$$\Delta x = 0, \qquad \Delta t \neq 0.$$

我们问 S'系中的观测者测得两次闪光的时间间隔是否也是 Δt 呢?

从(6.1)式的第2式很容易看出来，被测物体所发生的两次事件在 S'系中不是同地事件 $\Delta x' \neq 0$，因为发生事件的物体相对于 S'系来说以速度 v 运动着. 把 S 系同地条件代入(6.1)式的第1式，得 S'系中测得的时间间隔为

$$\Delta t' = \frac{\Delta t}{\sqrt{1-\beta^2}} > \Delta t, \quad (\Delta x = 0). \tag{8.1}$$

该式表示 S'系测量的两个事件的时间间隔大于 S 系测量同样两个事件的时间间隔.

同理，如果在 S'系中同地发生的两个事件的时间间隔为 $\Delta t'$. 将同地异时条件

$$\Delta x' = 0, \quad \Delta t' \neq 0,$$

代入(6.2)式的第1式，即得两事件在 S 系的时间间隔是

$$\Delta t = \frac{\Delta t'}{\sqrt{1-\beta^2}} > \Delta t', \quad (\Delta x' = 0). \tag{8.2}$$

综合上面的分析，(8.1)式中的 Δt 和(8.2)式中的 $\Delta t'$是固有时，这两式可以统一表示为

$$\Delta t = \frac{\Delta \tau}{\sqrt{1-\beta^2}} = \gamma \Delta \tau. \tag{8.3}$$

相对速度越大，坐标时间越长；特别是当 $v \to c$ 时，$\Delta t \to \infty$. 这就是著名的爱因斯坦**时间延缓**或**时间膨胀**.

(8.3)式表明时间不是绝对量. 时间作为一个基本的物理量(或者物质的基本属性)是不能脱离物质及其运动形态的. 同一个事件的演变过程，例如基本粒子的衰变，在不同的惯性系测量，其寿命是不同的. 在相对于物体为静止的惯性系($v=0$)中测量，两个事件的时间间隔最短. 例如宇宙飞船以速度 $v=0.9998c$ 飞行. 飞船上有人举了一下手，从飞船上测量花了 2s，从地球上测量却花了

$$\Delta t=\frac{2}{\sqrt{1-0.9998^2}}=100\text{s}.$$

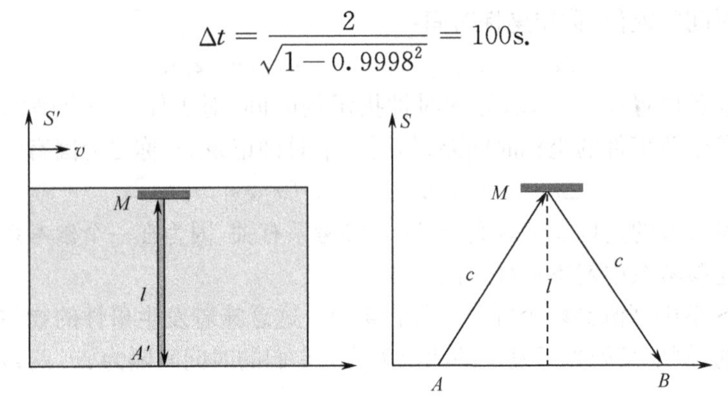

图 8.1 爱因斯坦火车——时间延缓

时间延缓也可以用爱因斯坦火车来说明. 如图 8.1 所示，设在火车(S'系)中固定一个反射镜 M，在其下方 A'处的光源发出一个光脉冲信号. 闪光发生时光源在 S 系的 A 点，且 A 和 A'重合. 在 S'系看，光讯号经 M 反射后又回到 A'点，是同地($\Delta x'=0$)异时两个事件，测量它们的时间间隔是固有时 $\Delta\tau$，则 $A'M$ 的距离为

$$l_0=\frac{1}{2}c\Delta\tau=l,$$

其中 l 是 S 系中测量的长度，因为此长度不发生"收缩". 在相对于 M 运动的 S 系中测量，光脉冲自 A 沿折线反射至 B 点，测量经过的时间是 Δt. 当 A'与 B 重合时，S'系已经运动了距离 $v\Delta t$，故

$$\left(\frac{c\Delta t}{2}\right)^2=\left(\frac{v\Delta t}{2}\right)^2+l^2.$$

把前面得到的 l 值代入，即得

$$\Delta t=\frac{\Delta\tau}{\sqrt{1-\beta^2}}>\Delta\tau.$$

这说明在相对静止系(S'系)中测量的时间最短，而在相对运动系(S 系)中测量时间延缓了. 从这里可以看出，时间间隔的相对性乃是光信号的速度并非无限大的结果.

有几点必须指出：

(1) 时间延缓与长度收缩是相互关联的. 为了明显地看出两者的关系，我们直接由长度收缩导出时间延缓公式.

参见图 6.1(a)，以火车为 S'系，A'和 B'是静止于火车的车头和车尾的两点，当 S'相对于 S 以速度 v 运动时，B'和 A'相继与 S 系固定点 B 相遇，在 B 点的时钟记录这两个事件的时间为 t_1 和 t_2，而 S'系测量这两事件的时间 t_1' 和 t_2' 是由 B'和 A'两钟分别记录的. 因 $A'B'$静止于 S'系，在 S'系中测量火车的长度为原长

$$l_0 = v(t_2' - t_1') = v\Delta t'.$$

因为 t_1 与 t_2 是在 S 系的同一点 B 测量的时间，是为固有时，位于 S 系的观察者测量的长度则是

$$l = v(t_2 - t_1) = v\Delta\tau.$$

根据长度收缩公式(7.3)

$$l = l_0\sqrt{1-\beta^2},$$

我们得到时间延缓公式(8.3)

$$\Delta t' = \frac{\Delta\tau}{\sqrt{1-\beta^2}}.$$

反过来，也可以由时间延缓求得长度收缩公式.

(2) 狭义相对论得出结论，同一个标准钟从两个不同的惯性系观测其快慢不同：从相对于钟为静止的惯性系进行测量，钟走得最快；从相对于钟为运动的惯性系测量，钟变得慢了. 然而要注意，相对论并没有说自同一个惯性系测量一个标准钟由静止而运动会出现变慢效应. 理由是钟由静止而运动必须经过外界作用以产生加速度，这就使"静止钟"和"运动钟" 不是同一个钟了. 仅当我们引入加速度对标准钟的快慢无影响这一假设时，对时钟延缓的通常解释才成立. 这个假设已为实验所证实. 1967 年，Foley 等人利用欧洲联合核子中心的存储环，测量沿圆形轨道高速($0.9998c$)飞行的 μ 子寿命，约为 11×10^{-5}s，与 μ 子的加速度无关，正好和按(8.3)式所计算的结果一致，是低速时寿命的 50 倍(Foley K J et al. ,1967).

(3) 时间度量既具有相对性也具有客观性. 设二人各执完全相同的标准钟，当二人相对静止时，时钟的快慢相同(同步)；当二人做相对运动时，甲看乙的钟走得慢了，乙看甲的钟也走得慢了. 上述二人的看法都是客观真实的. 时间流逝的快慢不是绝对的、不变的，而是一个相对量.

时间延缓效应经多次实验已被精确证实. 除了上述关于 μ 介子的实验外，另一个实验是测量发光原子横向运动时引起的谱线红移. 发光原子的横向运动使得实验室观察到的振动周期延长，从而引起频率减小，发生所谓横向红移(详见 20.2 节)：

$$\nu = \nu_0\sqrt{1-\beta^2}.$$

此式实际上就是时间延缓效应，其中 $\nu_0 \propto \frac{1}{\Delta\tau}$ 为光的固有频率，$\nu \propto \frac{1}{\Delta t}$ 是实验室观测到的频率. 利用穆斯堡尔效应进行的多次实验，证实了上述结果.

最后，我们将 6～8 节作一个小结. 狭义相对论认为时间过程的快慢和空间距离的长短，是依赖于运动着的物体的. 物质和运动以及物质和空间、时间的内在联系，首次被狭义相对论揭示出来.

由洛伦兹变换知道，当 $v \ll c$ 时，洛伦兹变换过渡为伽利略变换. 只有在这时，

同时性概念以及时间的快慢、空间距离的长短才是绝对的，而与物体的运动状态无关. 经典物理学的绝对时空观仅在速度远小于光速时才近似成立. 当速度接近于光速时，必须代之以狭义相对论的时空观.

9 因果律和光速极值原理

9.1 事件的时间序列性

虽然空间距离和时间间隔是相对的，但是由它们一起构成的时空间隔却是绝对的，不因惯性系的改变而改变. 根据(4.5)式，两事件在 S 系和 S' 系的时空间隔为不变量

$$\begin{aligned}\Delta s^2 &= c^2\Delta t^2 - (\Delta x^2 + \Delta y^2 + \Delta z^2) \\ &= c^2\Delta t'^2 - (\Delta x'^2 + \Delta y'^2 + \Delta z'^2).\end{aligned} \tag{9.1}$$

下面我们就来对事件的时间序列性问题作定量研究.

设有事件 P_1 和事件 P_2，构成一组事件对. 它们在 S 系的时空坐标分别是 (x_1,t_1) 和 (x_2,t_2)，而在 S' 系的时空坐标分别是 (x_1',t_1') 和 (x_2',t_2'). 事件对的时间、空间坐标差在 S 系和 S' 系中分别是

$$S\text{：}\Delta t = t_2 - t_1,\quad \Delta x = x_2 - x_1;$$
$$S'\text{：}\Delta t' = t_2' - t_1',\quad \Delta x' = x_2' - x_1'.$$

根据(6.1)式，事件对在两个坐标系中的时间差的变换关系是

$$\Delta t' = \gamma\left(\Delta t - \frac{v}{c^2}\Delta x\right) = \gamma\Delta t\left(1 - \frac{v}{c^2}\frac{\Delta x}{\Delta t}\right). \tag{9.2}$$

为明确起见，假设在 S 系中

$$\Delta x > 0,\quad \Delta t > 0,$$

即事件 P_1 在事件 P_2 之前发生. 我们问：从 S' 系测量，此组事件对的时序能否颠倒？

由(9.2)式可知，在 S' 系中事件对 P_1 和 P_2 的时间顺序取决于以下的条件：

$$v\frac{\Delta x}{\Delta t} < c^2 \Rightarrow \Delta t' > 0, \tag{9.3}$$

事件对的时序不会发生颠倒，即在 S' 系中观测，P_1 仍在 P_2 之前发生；

$$v\frac{\Delta x}{\Delta t} > c^2 \Rightarrow \Delta t' < 0, \tag{9.4}$$

事件对的时序可以发生颠倒，即在 S' 系中观测，P_1 在 P_2 之后发生.

通过洛伦兹变换能够把一部分事件对的时序颠倒，但不能把所有事件对的时序都颠倒过来，这全看条件(9.3)或(9.4)如何，下面就来分析这两个条件的物理意义.

9.2　因果律和光速极值原理

所谓**因果律**是指存在因果关系的两个事件中，作为原因的事件必定早于作为结果的事件，这种时间上的先后关系是不能颠倒的，是绝对的. 科学家认为因果律是凌驾于物理规律之上的自然界普遍规律，是任何科学都必须遵循的. 因为我们根本无法想像导弹先爆炸后发射、小孩先出生妈妈后出生、电灯先发光后闭合开关这一类有悖常理的奇怪现象.

任意的两个事件，总可以分为因果事件对和非因果事件对.

因果事件对是指两事件之间本来就存在某种因果联系(例如炮弹的发射和爆炸)，或者此两事件之间虽然本来没有因果联系但却可以人为地建立某种联系(例如建立某种信号联系). 因果事件对之间的时序不允许颠倒，因而是绝对的.

非因果事件对是指两事件之间本来就没有因果联系(例如炮弹甲的发射和炮弹乙的爆炸)，而且也不可能在它们之间人为地建立某种因果联系. 非因果事件对的时序是相对的，是可以颠倒的.

欲使事件对的时序颠倒，亦即欲使(9.3)式得到满足，则 $\Delta x/\Delta t$ 和 v 两者之中至少应有一个大于真空中的光速 c. 假如承认信号速度(群速、能流速度)可能大于真空中光速，则事件 P_1 和 P_2 恒可以用信号来联系或者恒可以把 $\Delta x/\Delta t$ 看作某种信号的速度. 这样一来，任意两个虽无因果联系的事件，总可以用信号加以联系，而把它们看作因果事件对. 又如果允许 S'系对 S 系的速度大于光速，则 S 系的一切因果事件对的时序(特别是那些本来就存在因果关系的事件对)总是可以颠倒的：结果在前，原因在后. 这就混淆了因果事件对和非因果事件对的原则界限，是违背因果律的！在人类已有的观念中，因果律是绝对的. 我们不允许哪一种理论包括相对论在内破坏因果律. 因此只能假定任何信号速度以及物体运动速度都不可能大于真空中的光速，即

$$v \leqslant c. \tag{9.5}$$

此即著名的**光速极值原理**，真空中的光速也称作**极限信号速度**.

这样，狭义相对论从因果律出发，第一次定量地研究了事件对的时序问题. 最后归结为 $\Delta x/\Delta t$ 和光速 c 的比较，有 3 种可能：

(1) $\dfrac{\Delta x}{\Delta t}>c$ 表示事件对 P_1 和 P_2 之间不可能用信号来联系，事件 P_1 和 P_2 构成非因果事件对. 由(9.1)式，这类事件对的时空间隔

$$\Delta s^2 = c^2\Delta t^2\left(1-\frac{1}{c^2}\frac{\Delta x^2}{\Delta t^2}\right)<0, \tag{9.6}$$

间隔 Δs 是虚数，称作**类空间隔**，这类事件对又叫做类空事件对. 从(9.2)式可以得到，适当选择一个惯性系，使得相对速度满足

$$c^2 \frac{\Delta t}{\Delta x} < v < c,$$

总可以通过洛伦兹变换把上述类空的非因果事件对的时序颠倒过来.

(2) $\frac{\Delta x}{\Delta t} < c$ 表示事件 P_1 和 P_2 之间恒可以用信号联系,据(9.1)式其间隔是实数

$$\Delta s^2 > 0. \tag{9.7}$$

称作**类时间隔**,这类事件对叫类时事件对.

(3) $\frac{\Delta x}{\Delta t} = c$ 表示事件 P_1 和 P_2 之间是用光信号联系的,其间隔为零

$$\Delta s^2 = 0. \tag{9.8}$$

称作**类光间隔**(或零间隔),这类事件对叫类光事件对.

按照光速极值原理,不可能存在大于光速 c 的相对速度 v,因此我们不可能找到一个惯性系,通过洛伦兹变换把非类空的(即类时或者类光的)因果事件对的时序颠倒.而非因果事件对(类空事件对)的时序是可以颠倒的.

真空中光速为一切信号速度的上限,乃是因果律对狭义相对论的限制.或者说,光速的极限性并不是仅由相对论得出的,它是相对论与因果律结合产生的必然结论.如果我们承认光速不变原理,又要保证不违背因果律,则自然界必定存在一个极限速度 c.科学家一直认为,因果律是自然界中任何现象都不可能违反的普遍规律.事实上,科学家的任务就是探索自然现象之所以如此的原因,探索"上帝"的秘密,因此我们必须首先承认结果是有因可究、有规可循的,否则也就无所谓科学了.

反过来说,正是因为光速极值原理才保证了因果的绝对性.而在经典力学中不存在极限速度,信号的传播可以是无穷大,反而导致因果律的破缺.例如,在 A 处的电灯点亮后照亮了物体 B,因光速的有限性,A 处亮灯在前(因),B 被照亮在后(果).如果光速是无穷大,则两事件同时发生,也就不存在因果关系了.

在实验上,迄今未找到超光速的确切证据.光速的极限性已经经过了许多实验的证实,其中最著名的是贝托齐在 1962 年所作的实验.该实验设计电子通过直线加速器获得动能 E_k,直接测量电子飞越一段固定长度 l 的时间 t,得到电子的运动速度 $u=l/t$,从而得到 E_k-u^2 曲线,如图 9.1 所示(Bertozzi W,1964).

按照经典力学,粒子速度的平方与动能是线性关系

$$u^2 = 2E_k/m,$$

但是,实验结果明显偏离该直线.当动能持续增加时,电子的速度趋近于真空中的光速,证实了电子的速度不可能超过光速.

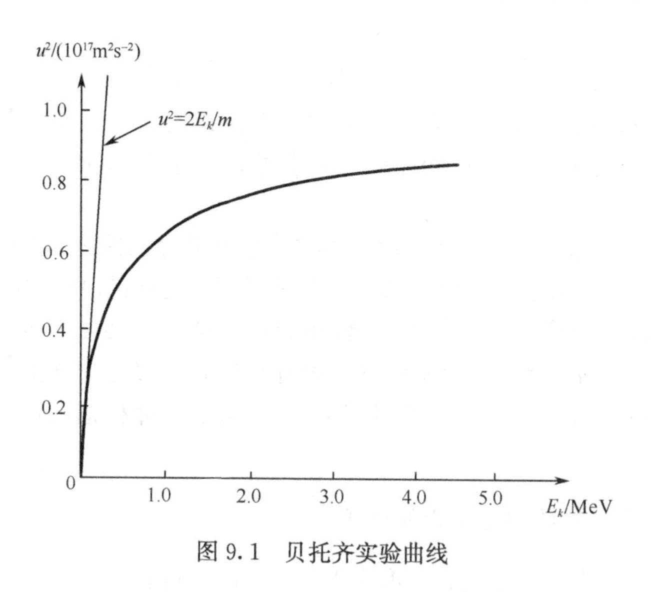

图 9.1　贝托齐实验曲线

9.3　关于光速极限原理的说明

自从狭义相对论诞生以来，关于光速极值原理的争议比较多(例如 Feinberg G，1967). 限于篇幅，我们不可能对此进行详细讨论，仅做一些简要说明. 光速极限原理是指对于任意一个惯性观测者，测量任意物体的运动速度和任意信号的传播速度不能超过真空中的光速，并不是指任意的速度都不能超光速，以下的情况是需要澄清的.

(1) 波的相速度和群速度

信号的传播伴随着能量的转移，可以利用运动物体也可以通过场的传递，但波的传播有多种速度，最主要的是相速度和群速度(Brillouin L，1960).

所谓**相速度**是某一频率 ν 或波长 λ 的单色波在传播过程中等相位点(波阵面)的移动速度：

$$u_{\mathrm{p}} = \lambda\nu = \frac{\omega}{k}, \tag{9.9}$$

式中 $\omega=2\pi\nu$ 和 $k=2\pi/\lambda$ 分别为角频率和波矢. 但是对于实际的波，往往是许多种频率($\omega-\Delta\omega\rightarrow\omega+\Delta\omega$)的单色波的合成，合成波波型包络面(波包)上等相位点的速度就是所谓的**群速度**，利用傅里叶积分可以证明

$$u_{\mathrm{g}} = \frac{\mathrm{d}\omega}{\mathrm{d}k}. \tag{9.10}$$

将(9.9)式代入(9.10)式，得到相速度与群速度的关系为

$$u_g = u_p + k\frac{du_p}{dk} = u_p - \lambda\frac{du_p}{d\lambda}, \tag{9.11}$$

式中的λ是合成波波包中心对应的波长.如果相速度与波长或频率有关(如色散介质中的光波或德布罗意波),则相速度与群速度是不同的.对于真空中的光波,显然有$u_g = u_p = c$.

波的群速度是信号和能量传播的速度(反常色散介质除外),因此光速极限原理是指波的群速度不能超光速,而相速度是可以超过光速的.例如我们后面将介绍的德布罗意波的相速度u_p就大于光速,而群速度即粒子运动速度$u_g = u$小于光速,二者的关系是$u_p u_g = c^2$.再例如,拿一根杆在灯光下移动,杆端的影子在地面移动的速度就有可能超过光速,这个速度可以看成是一种相速度而并非能量传播速度!

(2) 介质中光波的相速度和群速度

我们知道,光在介质中的相速度小于真空中的速度:

$$u_p = \frac{c}{n}, \qquad n = \sqrt{\varepsilon_r \mu_r}, \tag{9.12}$$

ε_r, μ_r是介质的相对电容率和磁导率,$n > 1$是介质的折射率(或折射指数).因为(9.11)式在介质中也成立,式中的波长是指介质中波长

$$\lambda = \frac{u_p}{\nu} = \frac{c}{n\nu},$$

光波的频率ν与介质无关.将上两式代入(9.11)式,可知光在介质中的群速度为

$$u_g = \frac{c}{n_g}, \qquad n_g = n + \nu\frac{dn}{d\nu}. \tag{9.13}$$

n_g称作群速度折射指数.按照介质的折射指数与频率的函数关系$n(\nu)$对介质进行分类,则有:

(a) 无色散介质($dn/d\nu = 0$),$u_g = u_p$;

(b) 正常色散介质($dn/d\nu > 0$),$u_g < u_p$;

(c) 反常色散介质($dn/d\nu < 0$),$u_g > u_p$.

在无色散和正常色散介质中,波包的群速度表示信号的传播,但反常介质中则不是.

光速极限原理是说在无色散和正常色散介质中,粒子或信号的速度不能超过真空中的光速c但可以超过介质中光速.例如,著名的切连科夫效应就是电子在介质中以速度$u > c/n$运动产生的.

(3) 反常色散介质中的"超光速"问题简介

在反常色散介质中,光波的传播现象比较复杂,我们仅作简单介绍.从(9.13)

式可以看出，由于 $\mathrm{d}n/\mathrm{d}\nu<0$ 使得 u_g 有可能大于 c，即波包的群速度是可以超光速的，但有以下的特性：

(a) 波包的波前速度(波包上所有解析点的速度)都不会超过光速；

(b) 波包的形变不可忽略，特别地，波包在移动波包宽度的距离之前就会解体；

(c) 群速度描述解析波峰的空间位置变化率，由于波包的形变不能忽略，群速度不足以描述波包的运动.

简言之，反常色散介质中的群速度并不表示信号和能量的传播速度，因此并不违反光速极值原理. 关于这个问题的详细讨论，读者可以参考有关文献(例如 Huang C G, Zhang Y Z, 2002a, 2002b; Wang L J et al., 2000).

(4) 相对速度和洛伦兹速度变换

物体运动的速度不能超光速，也包括两个惯性系的相对速度. 因为惯性系是指相对静止的无数观测者的总和，惯性参考系必须附着在运动物体之上. 任意物体相对于任意惯性系的速度不能超光速，但在同一惯性系中(或者相对于同一惯性观测者)，两个物体的相对速度可以超光速.

例如在一维情况下，观测者 O 测量物体 A 和 B 的速度分别是 $0.9c$ 和 $-0.9c$，则 O 测量 A 与 B 的相对速度是 $1.8c$. 但 $A(B)$ 测量 $B(A)$ 的速度不可能超光速. 以 O 和 A 为参考物建立坐标系 S 和 S'，由洛伦兹变换，B 在 S' 中速度即 B 相对于 A 的速度是

$$u'=\frac{u-v}{1-uv/c^2}=\frac{-0.9c-0.9c}{1+0.9\times0.9}=-0.9945c.$$

注意，在同一惯性系中的速度合成和分解仍然满足欧氏几何，但不同惯性系的速度变换满足的是非欧几何规律，二者不是一回事.

下面我们证明，相对论速度满足非欧几何之一的双曲几何规律，相对论速度三角形是双曲几何三角形(读者可以跳过这一部分).

如图 9.2 所示，由三个速度 u，u' 和 v 构成的三角形 OAB 满足洛伦兹变换式(5.7)：

$$\begin{cases}u'^2=c^2\left(1-\dfrac{(1-u^2/c^2)(1-v^2/c^2)}{(1-uv\cos\theta/c^2)^2}\right),\\ \cot\theta'=\gamma\left(\cot\theta-\dfrac{v}{u}\csc\theta\right).\end{cases}\tag{9.14}$$

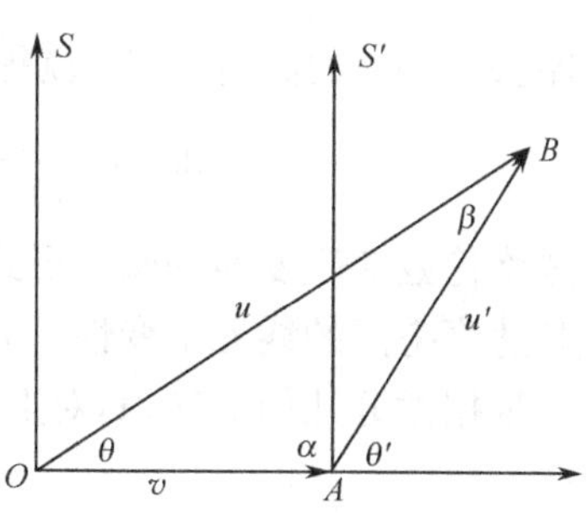

图 9.2　相对论速度三角形

因为任意的三角形都是两个直角三角形的组合，我们只需讨论直角三角形的内角和. 在(9.14)的

第 2 式中取 $\theta=\pi/2$,则

$$\cot\alpha=-\cot\theta'=\frac{v}{u\sqrt{1-v^2/c^2}},$$

由对称性又得

$$\cot\beta=\frac{u}{v\sqrt{1-u^2/c^2}}.$$

于是有

$$\cot(\alpha+\beta)=\frac{\cot\alpha\cot\beta-1}{\cot\alpha+\cot\beta}>0,$$

即 $\alpha+\beta<\pi/2$,故三角形的内角和

$$\alpha+\beta+\theta<\pi. \tag{9.15}$$

根据几何知识可知,几何学的类型可以按照三角形的内角和分为

$$\alpha+\beta+\theta\begin{cases}=\pi,\text{ 欧氏几何;}\\<\pi,\text{ 双曲几何;}\\>\pi,\text{ 椭圆几何.}\end{cases} \tag{9.16}$$

双曲几何(罗巴切夫斯基几何)和**椭圆几何**(黎曼几何)统称**非欧几何**. 所以相对论速度属于非欧几何之一的双曲几何.

再来分析(9.14)的第 1 式. 考虑无穷小速度变换,设在某一时刻,物体 A 相对于 S 的速度为 $\boldsymbol{v}$,经历 $\mathrm{d}t$ 时间后速度变为 $\boldsymbol{u}=\boldsymbol{v}+\mathrm{d}\boldsymbol{v}$,在 S' 看来 A 的速度间隔是 $\boldsymbol{u}'=\mathrm{d}\boldsymbol{u}_0$,于是(9.14)的第 1 式成为

$$\mathrm{d}u_0^2=c^2\left\{1-\frac{[1-v^2/c^2][1-(v+\mathrm{d}v)^2/c^2]}{[1-v(v+\mathrm{d}v)\cos(\mathrm{d}\theta)/c^2]^2}\right\}.$$

将分母利用级数展开式

$$\frac{1}{(1-x)^2}=1+2x+\frac{2(2+1)}{2!}x^2+\cdots,$$

$$\cos(\mathrm{d}\theta)=1-\frac{(\mathrm{d}\theta)^2}{2!}+\frac{(\mathrm{d}\theta)^4}{4!}+\cdots,$$

并略去 $\mathrm{d}v,\mathrm{d}\theta$ 的高阶小量,就得到

$$\mathrm{d}u_0^2=\frac{1}{(1-v^2/c^2)^2}\mathrm{d}v^2+\frac{v^2}{1-v^2/c^2}\mathrm{d}\theta^2. \tag{9.17}$$

这是洛伦兹速度变换的微分形式. $\mathrm{d}u_0$ 表示速度空间的线元(无穷小弧长),(9.17)式是速度空间的线元不变性,即**速度间隔不变性**.

根据微分几何的知识,对上式求得高斯曲率为

$$K=-\frac{1}{c^2}. \tag{9.18}$$

所以,相对论速度空间是常曲率($K=\text{const.}$)的双曲($K<0$)空间,曲率半径

$(R=1/\sqrt{-K})$正好是真空中的光速 c. 从微分几何的角度来看,非欧空间的曲率和曲率半径是与坐标的选择无关的常量,如果在 S 系中的光速为 c,则在其他惯性系 S'的光速必定也是 c. 事实上,我们对二维椭圆空间(球面)有直观的了解,球面的曲率半径对球面上的任意坐标系都相同.

总之,相对论速度并不是欧氏空间的几何量,因此我们不能用欧氏几何的规律来理解或限制它. 存在一个极限值在非欧空间是完全允许的,尽管欧氏空间中不存在这样的几何量.

时间和空间将自然地退隐为纯粹的阴影，只有它们的结合才得以幸免.

——闵可夫斯基《空间和时间》

第 3 章　四维闵可夫斯基时空

狭义相对论是关于时间、空间及其相互关系的理论，它不可避免地和几何学联系在一起. 上节末对相对论速度的分析表明，相对论的几何基础不可能是我们熟知的欧氏几何，而是闵可夫斯基专门为相对论创立的四维闵氏几何或伪欧几何. 本章分两个层次介绍闵氏几何，前两节分析四维时空的基本结构以及长度和角度的度量，并将第 2 章讨论的时空观用几何的方法进行解释；后两节在介绍三维张量的基础上引入闵氏时空的四维张量，它对于相对论的理论研究是很重要的.

10　闵可夫斯基几何

通过前面两章的讨论，我们看到，经典时空观和狭义相对论时空观的本质区别在于：前者认为时间和空间是相互独立的，后者则断定它们相互关联.

1908 年，闵可夫斯基在著名的"空间和时间"一文中，提出把时间也作为一维坐标，和三维空间处于同等地位. 一个现象或事件必须同时用时间和位置来标记，亦即对应一组数(ct, x, y, z)，取时间参量为 ct 的目的是使它和 x 具有相同的量纲，因而可以取统一的长度单位. 由全体数组的集合$\{ct, x, y, z\}$构成的**四维时空连续域**. 在狭义相对论范畴内就是**闵可夫斯基时空**，由于它与欧氏空间的类似(详见第 12 节)，也称作**伪欧时空**(Minkowski H，1908，1909，1915).

在相对论中引入四维时空坐标，可以大大简化相对论的数学表述，使之变得十分简洁和对称. 同时还赋予现实的物理时空以几何图象，加深了对问题的理解. 由闵可夫斯基发端的相对论问题的几何化，深刻地影响了整个相对论的发展.

10.1　闵可夫斯基时空结构

为了在平面上形象地图示四维时空，闵可夫斯基建议采用**时空图**：取横坐标代表三维空间坐标(通常只画出一维)，纵坐标 ct 代表时间坐标. 另外，习惯上总是把观察者所在的惯性系画成直角坐标系. 由一维时间和三维空间构成闵可夫斯基四维时空也称作**世界**；任意的一个事件在时空图上表示为一点 $P(ct, x)$，所以事件也叫**世界点**;随着时间的流逝，世界点在时空图上画出一条连续轨迹，叫做**世界线**.

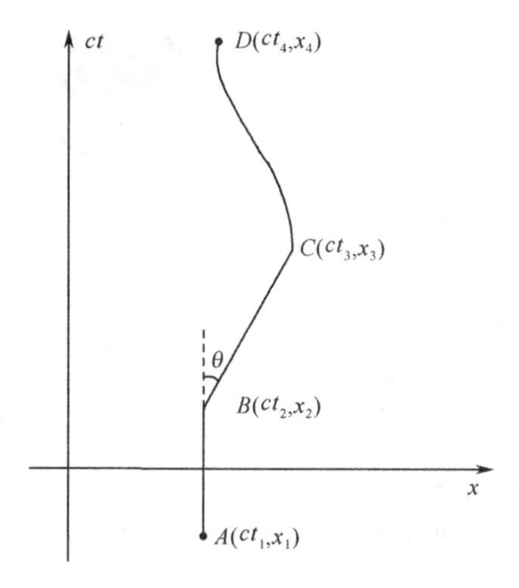

图 10.1　二维时空中的世界点和世界线

一般说来:

(1) 静止于惯性系中粒子的世界线是平行于时间轴的直线(如图 10.1 中的 AB 段);

(2) 以速度 $u=\text{const.}$ 做匀速直线运动的粒子的世界线是一条斜直线(BC 段),与时间轴 ct 的夹角为

$$\theta = \arctan\left(\frac{u}{c}\right). \tag{10.1}$$

由于粒子的速度受光速极值原理的限制,$\theta \leqslant \pi/4$;

(3) 光子世界线的夹角是 $\theta = \pi/4$ 的斜直线;

(4) 加速运动粒子的世界线则是一条曲线(CD 段).

考虑原点处光子的世界线,它们是斜率为± 1 的直线

$$s^2 = c^2t^2 - x^2 = 0 \quad \text{或} \quad x = \pm ct, \tag{10.2}$$

即图 10.2 中的 OQ 和 OQ',分别代表沿 x 轴的正、负方向传播的光子. 光速不变原理决定了光子世界线的位置是不变的,我们将 OQ 和 OQ' 构成的锥形称之为**光锥**. 从一点出发(例如 O 点),考虑各个方向的所有光子的世界线的集合，对于三维时空$\{ct,x,y\}$,光锥构成一个不变的二维锥面，对于四维时空则构成一个不变的三维超锥面.

按照时空间隔的取值,光锥把 O 点时空图分隔为三部分:含未来时间轴的 O 点的**因果未来** Ⅰ,含过去时间轴的 O 点的**因果过去** Ⅱ,统称**类时间隔**区;O 点的无因果关联区 Ⅲ,称作**类空间隔**区;O 点的光锥本身则属于**类光间隔**.

上面关于时空的划分是绝对的,因为按照时空间隔不变性和因果律,光锥在四

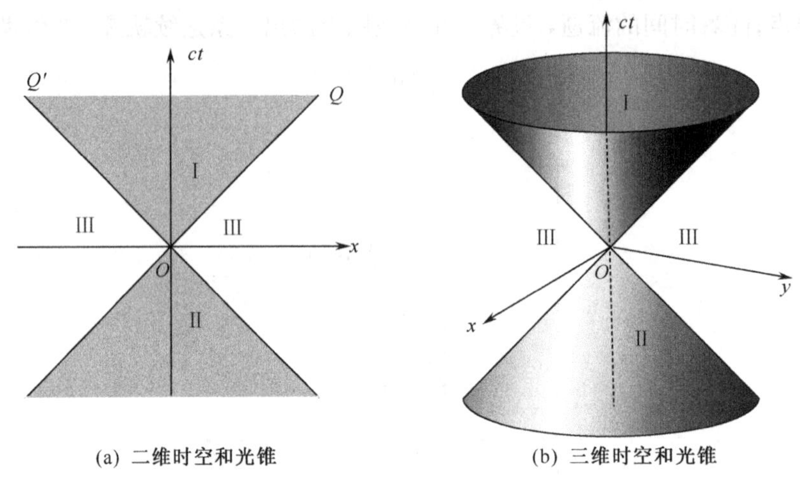

(a) 二维时空和光锥　　(b) 三维时空和光锥

图 10.2　原点的光锥和时空划分

维时空中的位置与坐标变换无关. 这就是说,如果在惯性系 S 中观测,某事件位于类时(类光或类空)间隔区,则在其他任意惯性系中该事件也必定位于类时(类光或类空)区,按因果未来和因果过去的划分也保持不变.

10.2　闵氏时空的长度和角度度量

我们知道,在二维欧氏空间$\{x,y\}$中以原点为圆心的圆的方程是

$$l^2 = x^2 + y^2 = \text{const.},$$

位于此圆上的每一点到原点的空间距离(欧氏长度)相等,且与坐标系的选择无关. 而对于二维闵氏时空$\{ct,x\}$,当以原点为参考点时,由时空间隔不变性可知

$$s^2 = c^2t^2 - x^2 = \text{const.},$$

是一个双曲线方程,位于同一个双曲线上的每一世界点到原点的间隔相等,与坐标变换无关.

从上面的比较可知,闵氏空间的度量与欧氏空间将是不同的,但也有相似之处. 在欧氏几何中,采用单位圆 $l^2=x^2+y^2=1$ 作为度量的标准. 与之类似,我们利用单位间隔的双曲线(又叫规范曲线)把闵氏时空标度出来.

如图 10.3,规范曲线的方程是

$$s^2 = c^2t^2 - x^2 = \pm 1, \tag{10.3}$$

"+"号对应于类时间隔的规范曲线,"−"号对应于类空间隔的规范曲线. 两族规范曲线分别截 ct 轴和 x 轴以单位距离

$$OA = OC = 1.$$

根据间隔不变的要求, 从原点向同一条规范曲线上各点所引矢径的长度都应当相等. 但是从图 10.3 上看显然不同,这是因为我们习惯上采用欧氏几何的长度观念,

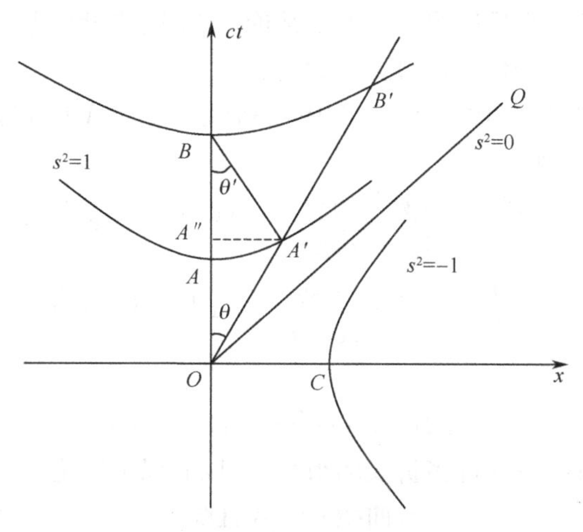

图 10.3　闵氏时空的长度和角度度量

即上面提到的 l 的定义，而这里的长度是指闵氏几何中的长度 s，与 l 的定义不同.

为保证规范曲线上的点到原点的数值不变，必须对不同方向的射线引用不同的标度单位，即**规范因子**. 在规范曲线上取一点 A'，其时空坐标是 $(\rho\cos\theta, \rho\sin\theta)$，其中 ρ 是 OA' 的欧氏长度，代入(10.3)式得到

$$\rho(\theta) = \frac{1}{\sqrt{\cos 2\theta}} = 1 \text{ 单位}. \tag{10.4}$$

规范因子相当于欧氏几何中单位圆的半径(1 单位)，但对于不同的射线其值是变化的.

利用规范因子，就可以建立闵氏长度与欧氏长度的关系.

设任意一个世界点 $B'(ct, x)$ 到原点的闵氏长度(间隔)为 $s(OB')$，欧氏长度为 $l(OB')$，它们的定义分别为

$$s = \sqrt{c^2t^2 - x^2}, \quad l = \sqrt{c^2t^2 + x^2}.$$

设 OB' 与时间轴的夹角为 θ，则两个长度的关系是

$$\begin{aligned} s &= l\sqrt{1 - 2(x/l)^2} = l\sqrt{1 - 2\sin^2\theta} \\ &= l\sqrt{\cos 2\theta} = \frac{l}{\rho(\theta)}. \end{aligned} \tag{10.5}$$

即欧氏长度与规范因子的比值就是闵氏长度. 特别地：

(1) 如果世界点位于时间轴上，$\theta = 0$，闵氏长度与欧氏长度相等；

(2) 如果世界点位于原点的光锥上，$\theta = 45°$，$\rho \to \infty$，这说明光锥的 1 个单位在图上是无限长，所以光锥上的点到原点闵氏长度(间隔)是零；

(3) 如果世界点位于原点的光锥外，$\theta > 45°$，导致 s 为虚数. 这时我们可以取 θ 为射线与 x 轴的夹角，长度就变成实数了.

利用规范因子很容易证明一个重要结论：两个固定世界点之间的所有连线中，直线的闵氏长度最大，这和欧氏几何刚好相反.

为简单起见，我们来比较图 10.3 中的折线 $OA'+A'B$ 和直线 OB 的闵氏长度. 根据(10.5)式得到

$$s(OA')=\frac{OA'}{\rho(\theta)}=\frac{OA''/\cos\theta}{1/\sqrt{\cos2\theta}}=OA''\sqrt{1-\tan^2\theta}<OA'',$$

$$s(A'B)=\frac{A'B}{\rho(\theta')}=\frac{A''B/\cos\theta'}{1/\sqrt{\cos2\theta'}}=A''B\sqrt{1-\tan^2\theta'}<A''B.$$

因而有

$$s(OA'B)<OA''+A''B=s(OB).$$

因为任意的曲线可以看成许多折线的组合，所以有以下结论

$$s(\text{曲线})<s(\text{直线}). \tag{10.6}$$

人们常常将此结论说成**"闵氏三角形不等式"**：在闵氏时空中，任意三角形的一条边必定大于另外两边之和. 而欧氏三角形不等式刚好与此结论相反.

从上面的分析可知，如果一条直线平行于坐标轴，它的闵氏长度与欧氏长度的度量相同，如果直线与坐标轴的夹角为 θ，则闵氏长度小于欧氏长度. 因而在闵氏空间中角度的度量也不同于欧氏几何，我们仅讨论直线与坐标轴的夹角的三角函数.

考虑图 10.3 中的三角形 $OA'A''$. 因为 OA''和 $A'A''$的闵氏长度等于欧氏长度，我们仍然有

$$\tan\theta=\frac{s(A'A'')}{s(OA'')}=\frac{A'A''}{OA''},$$

但是

$$\sin\theta=\frac{A'A''}{OA'}\neq\frac{s(A'A'')}{s(OA')},\quad \cos\theta\neq\frac{s(OA'')}{s(OA')}.$$

因此在闵氏几何中，最好不要直接使用正弦和余弦函数的定义式，但可以利用正切函数间接求之：

$$\sin\theta=\frac{\tan\theta}{\sqrt{1+\tan^2\theta}},\quad \cos\theta=\frac{1}{\sqrt{1+\tan^2\theta}}.$$

10.3 类时世界线长度与固有时间

如图 10.4 所示，由于粒子的世界线由一系列因果事件连接而成，因此粒子的世界线的斜率要受光速极值原理的限制. 结果是世界线对时间轴的斜率处处小于 1($\theta_i<\pi/4$)，所以粒子在世界点 P 邻域的世界线总是处于 P 为顶点的光锥之内，或者说粒子的世界线必定是类时的. 下面我们来看类时世界线长度的物理意义.

设在惯性系 S 中有一个运动速度为 u 的粒子，在相邻无穷小的两个世界点

$P(ct,x)$和$Q(ct+c\mathrm{d}t, x+\mathrm{d}x)$的类时世界线长度为 $\mathrm{d}s$. 引入一个随同粒子一起运动的随动坐标系 S',在 S'系中粒子总是静止的,即 $u'=0$. 将此条件代入间隔不变性

$$\mathrm{d}s^2 = c^2\mathrm{d}t^2\left(1-\frac{u^2}{c^2}\right) = c^2\mathrm{d}t'^2\left(1-\frac{u'^2}{c^2}\right) = c^2\mathrm{d}t'^2.$$

因为类时世界线的间隔 $\mathrm{d}s^2>0$. 可见,$\mathrm{d}t'$与时空间隔 $\mathrm{d}s$ 成正比,也是一个不变量,我们将此时间定义为固有时间,并记作

$$\mathrm{d}\tau = \frac{\mathrm{d}s}{c} = \mathrm{d}t\sqrt{1-\frac{u^2}{c^2}}. \tag{10.7}$$

这就是粒子世界线长度 $\mathrm{d}s$ 与固有时 $\mathrm{d}\tau$ 和坐标时 $\mathrm{d}t$ 的关系.

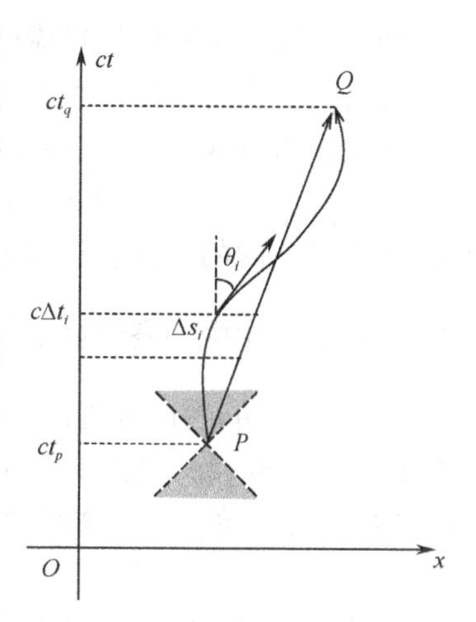

图 10.4　类时世界线长度与固有时间

如果两个世界点不是相距无穷小,设为$P(ct_p, x_p)$和 $Q(ct_q, x_q)$. 分两种情况讨论:

如果粒子作任意运动,这时 S'系不再是惯性系. 如图 10.4 所示,我们可以把世界线的 PQ 长度 Δs 分成许多小段,并用每段的弦来代替相应的弧. 例如第 i 个弧线的弦长为 Δs_i,把各段相加,显然有

$$\Delta s = \lim_{\Delta s\to 0}\sum_{i=1}^{\infty}\Delta s_i = \int_P^Q \mathrm{d}s\ .$$

我们知道,每一段弦线代表一个惯性运动,因此随动的非惯性系 S' 就可以用无限多个随动坐标系来逼近 . 当然粒子在这一系列惯性系中都是静止的. 对于第 i 个随动惯性系而言,$\Delta s_i/c$ 即是运动粒子在第 i 个惯性系的固有时间. 如果假设加速度对标准钟无影响,则在极限条件下,$\Delta s_i/c$ 也等于第 i 段随动非惯性系的固有时间. 这样一来,对于作任意运动的粒子而言,它的世界线的长度除以 c,就是随动坐标系中的标准钟所记录的固有时间

$$\Delta\tau = \frac{\Delta s}{c} = \frac{1}{c}\int_P^Q \mathrm{d}t\sqrt{1-\frac{u^2(t)}{c^2}}\ . \tag{10.8}$$

注意上式成立的前提是加速度对标准钟无影响,这已经为实验所证实(见 Foley K J et al. , 1967;Hafele J C, Keating R E, 1972).

如果粒子相对于 S 系做匀速直线运动,速度 u 不变,则 S'系显然是惯性系. 这时事件 P 和 Q 的固有时为

$$\Delta\tau = \Delta t\sqrt{1-\frac{u^2}{c^2}}\quad (u=\mathrm{const.}). \tag{10.9}$$

这就是第 8 节给出的时间延缓公式.

粒子可以沿不同的世界线由世界点 P 运动到世界点 Q,或者说在两个固定的世界点之间存在着无限多可能的世界线. 这些世界线中,固有时间最长的乃是作惯性运动的世界线(直线),根据(10.6)式可知

$$\Delta\tau\ (u \neq \text{const.}) < \Delta\tau\ (u = \text{const.}). \tag{10.10}$$

即两个事件之间的加速运动的固有时必定小于匀速运动的固有时.

10.4 闵氏时空中的洛伦兹变换

我们来说明,在四维闵氏时空中,洛伦兹变换使时空坐标轴对称地向光锥靠拢[图 10.5(a)]或远离[图 10.5(b)]. 设 S'系相对于 S 系的速度为 v,则 S'系原点的世界线是一条直线,与 ct 轴的夹角满足

$$\tan\varphi = v/c = \beta, \tag{10.11}$$

亦即 ct'轴与 ct 轴成 φ 角. 又由光锥位置的不变性知道,同一光锥既是 x 轴与 ct 轴亦是 x'轴与 ct'轴的等分角线,即在 S 和 S'中的方程应为

$$x = \pm ct, \quad x' = \pm ct'.$$

所以 x'轴和 x 轴的夹角也是 φ. 在采用实数时间坐标轴的时空图中,不同惯性系之间的区别在于它们和光锥的夹角不同. 某坐标系 S'相对于坐标系 S 的速度越大,其时空坐标轴和光锥的夹角就越小. 特别是当 $v=c$ 时,x'轴和 ct'轴重合而为光锥面.

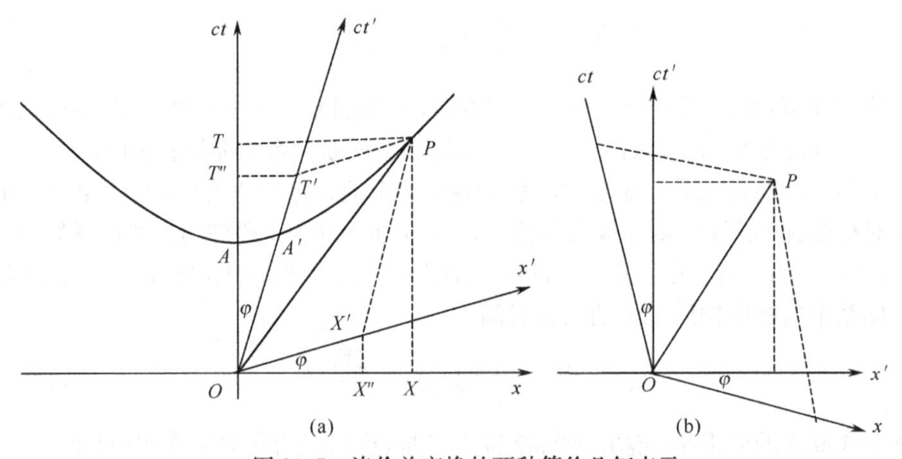

图 10.5 洛伦兹变换的两种等价几何表示

图 10.5(a)和(b)彼此等价,我们以图(a)的时空几何来验证洛伦兹变换.

设任意世界点 P 的时空坐标(t,x)和(t',x')满足双曲线方程

$$c^2t^2 - x^2 = c^2t'^2 - x'^2 = OA^2. \tag{10.12}$$

其中 $ct=OT, x=OX$. 根据闵氏几何的长度度量(10.5)式

$$ct' = \frac{OT'}{\rho(\varphi)} = \frac{OT''/\cos\varphi}{1/\sqrt{\cos 2\varphi}} = OT''\sqrt{1-\tan^2\varphi},$$

同理有

$$x' = \frac{OX'}{\rho(\varphi)} = OX''\sqrt{1-\tan^2\varphi}.$$

由式(10.11)可知

$$OX'' = \frac{x'}{\sqrt{1-\beta^2}},\quad OT'' = \frac{ct'}{\sqrt{1-\beta^2}}.$$

注意到 $T''T = X''X'$，$X''X = T''T'$，故有

$$ct = OT'' + T''T = OT'' + OX''\tan\varphi = \frac{1}{\sqrt{1-\beta^2}}(ct' + \beta x'),\tag{10.13}$$

$$x = OX'' + X''X = OX'' + OT''\tan\varphi = \frac{1}{\sqrt{1-\beta^2}}(x' + \beta ct').\tag{10.14}$$

此即洛伦兹变换式(5.4)的第 1 和第 2 式.

读者不妨根据图 10.5(b)试证上述结论.

11　相对论时空观的几何表示

现在，我们利用闵氏时空几何重新讨论相对论的时空观，体会几何方法的优越性，并在此基础上分析狭义相对论的几个著名佯谬. 为明确起见，在本节中令 $c=1$.

11.1　同时的相对性

如图 11.1，设在 S 系的沿 x 方向上放置许多钟 $A, B, C, \cdots$，将它们调整同步：

$$t_A = t_B = t_C = \cdots = t_0,$$

在时空图上表示为平行于 x 轴的同时线 $t=t_0$；在 S' 系中沿 x' 方向放置的时钟 A'，B'，C'，…同步的表示是平行 x' 轴的直线

$$t'_{A'} = t'_{B'} = t'_{C'} = \cdots = t'_0.$$

这两条直线不可能重合，即不同惯性系有不同的同时定义. 两者至多有一个交点设为 $A(A')$，此交点是两个惯性系施行对钟的唯一的一点. 也就是说只有在此点才能比较两系的时钟，其他点的比较是无意义的.

不失一般性，我们设 B, B' 和 C, C' 分别位于相同的 x 处(但 x' 不同)，从图中还可看出，在 S 系的观测者测量位于 $x>x_A$ 的时钟 C' 等的时间大一些，位于 $x<x_A$ 的时钟 B' 等的时间要小些. 这就是说，在 S' 中两个异地同时的事件($t'_{B'}=t'_{C'}$)在 S 系中不同时 ($t_{C'}>t_{B'}$). 同样，在 S' 系的观测者测量 S 系中同时的两事件

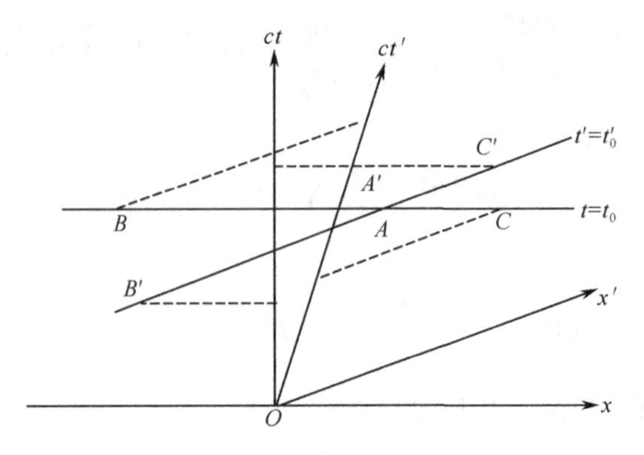

图 11.1　同时的相对性时空图

$(t_B=t_C)$也是不同时的$(t'_C<t'_B)$. 由于同时线必然处于类空区,时间顺序是可以颠倒的.

需要强调指出,由于不同的惯性系具有不同的同时性,甚至不同地点时钟的先后顺序都可以颠倒,因此在相对论中比较不同地点的时钟是没有意义的,只有在同一地点才能施行对钟. 我们将在分析时钟佯谬中作详细说明.

11.2　长度收缩和时间延缓

如图 11.2(a),设在 S 系中记下某一静止棒的两个端点是 B 和 L,棒的长度是

$$l_0=BL.$$

B 和 L 的世界线是平行于 t 轴的直线,它们交 x'轴于 B'和 L'. 这两点正是 S'系的观测者同时记下棒的两个端点的位置. 考虑规范因子(10.5)式,S'系的观测者测量该运动棒的长度是

$$l'=\frac{B'L'}{\rho(\varphi)}=\frac{BL/\cos\varphi}{1/\sqrt{\cos 2\varphi}}=l_0\sqrt{1-\tan^2\varphi}=l_0\sqrt{1-\beta^2}. \tag{11.1}$$

此即运动棒的洛伦兹收缩. 这一缩短在 S 系看来,系因同时相对性引起的. 由于 B 的世界线先经过 x'轴,而 L 的世界线后经过,结果 S 系的观测者看到 S'系先记下 B',后记下 L',因而引起测量值的缩短. 反之,S'系的长度变换到 S 系也要缩短,见图 11.2(b),读者不妨一试.

仍如图 11.2(a),设在 S 系中同一地点测量某一时间间隔为 AT,则所测量的时间是固有时

$$\tau=AT.$$

若在 S'系测量同一时间间隔,需要和自己的钟比对. 当然,S'系的钟相对于 S 系是运动着的. 过 A、T 作 S'系的同时线(与 x'轴平行)交 t'轴于 A'和 T',按照定义,$A'T'$是 S'系测的同一时间间隔的大小. 根据(10.5)式

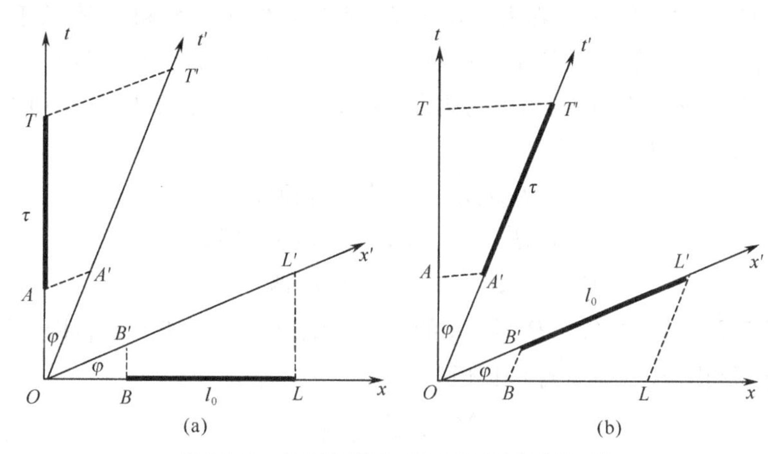

图 11.2　长度收缩和时间延缓的几何解释

$$t' = \frac{A'T'}{\rho(\varphi)} = \frac{AT\cos\varphi/\cos2\varphi}{1/\sqrt{\cos2\varphi}} = \frac{AT}{\sqrt{1-\tan^2\varphi}} = \frac{\tau}{\sqrt{1-\beta^2}}. \quad (11.2)$$

这就是运动钟的时间延缓. 反之,S 系的时间间隔变换到 S' 系也要延缓,如图 11.2(b),请读者自行讨论.

11.3　例:时钟佯谬

根据时间延缓和运动的相对性,可能会产生这样的疑问:如果 S' 系相对于 S 系以速度 v 运动,则 S' 系中的时钟变慢了

$$\Delta t = \gamma\Delta t' > \Delta t'.$$

但是反过来,S 系也相对于 S' 系以速度 $-v$ 运动,由于$(-v)^2=v^2$,又得出 S 系中时钟变慢的结论

$$\Delta t' = \gamma\Delta t > \Delta t.$$

这就是所谓的时钟佯谬(也有文献认为与双生子佯谬是一回事). 这个问题曾因丁格尔的质疑在 20 世纪 50 年代引起过一场学术争议,其中丁格尔与 McCrea 的精彩论战值得回味(Dingle H, 1956; McCrea W H,1956).

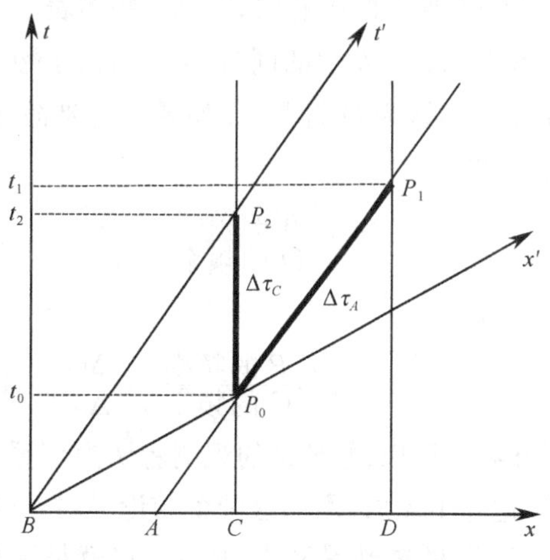

图 11.3　时钟佯谬时空图

我们用时空图来进行分析. 如图 11.3 所示,设一辆火车的车头 A 和车尾 B 都有一个时钟,且已经调整同步,在一个火车站的进站口 C 和出站口 D 也装有调整同步的时钟,火车和站台

的固有长度分别为 l_0' 和 l_0. 在火车和地面分别建立坐标系 S'和 S,则 A 和 B 的世界线是平行于 t'轴的斜线,C 和 D 的世界线则平行于 t 轴. 当火车以速度 v 开过车站时,将发生这么三个事件:车头到达进站口 P_0,车头到达出站口 P_1 和车尾到达进站口 P_2,时空坐标分别为

$$P_0(0,l_0';t_0,x_0):A 与 C 相遇;$$

$$P_1(t_1',l_0';t_1,x_0+l_0):A 与 D 相遇;$$

$$P_2(t_2',0;t_2,x_0):B 与 C 相遇.$$

根据时间延缓效应,从 $P_0 \to P_1$,钟 A 的时间间隔 $\Delta t_1'=t_1'-0=\Delta\tau_A$(固有时)与钟 D,C 的时间间隔 $\Delta t_1=t_1-t_0$ 的比值为

$$\frac{\Delta t_1'}{\Delta t_1}=\frac{1}{\gamma}<1. \tag{11.3}$$

同样,从 $P_0 \to P_2$,钟 B,A 的时间间隔 $\Delta t_2'=t_2'-0$ 与钟 C 经历的时间 $\Delta t_2=t_2-t_0=\Delta\tau_C$(固有时)的比值为

$$\frac{\Delta t_2'}{\Delta t_2}=\gamma>1. \tag{11.4}$$

这两式并没有错,但是质疑者认为:由于地面钟已经调整同步,在事件 P_0 时 D 钟和 C 钟的指示数应该同为 t_0,所以(11.3)式反映的是火车钟 A 比地面钟 D 慢;同样火车钟也已经调整同步,事件 P_0 发生时 B 钟的时间与 A 钟同为 0,(11.4)式又表明火车钟 B 比地面钟 C 快. 因为地面钟 C,D 和火车钟 A,B 钟的速率相同,这就得出火车钟既比地面钟慢又比地面钟快的悖论.

我们知道,时钟的快慢即频率取决于它的固有时间. 从 $P_0 \to P_1$,(11.3)式中的 $\Delta t_1'$ 是时钟 A 的固有时,但 Δt_1 并不表示地面钟 D 的频率. 原因是虽然在地面观测者 S 看来,P_0 发生的同时 D 钟的指示数也为 t_0,但根据同时的相对性,火车观测者 S'并不认为 D 钟是 t_0. 如果一定要将 Δt_1 看成 D 的频率,那也只能认为对 S 系成立,即

$$S:\frac{A\text{ 的频率}}{D\text{ 的频率}}\sim\frac{\Delta t_1'}{\Delta t_1}<1,\quad S':\frac{A\text{ 的频率}}{D\text{ 的频率}}\neq\frac{\Delta t_1'}{\Delta t_1}.$$

同理有

$$S':\frac{B\text{ 的频率}}{C\text{ 的频率}}\sim\frac{\Delta t_2'}{\Delta t_2}>1,\quad S:\frac{B\text{ 的频率}}{C\text{ 的频率}}\neq\frac{\Delta t_2'}{\Delta t_2}.$$

因此我们可以说,S 系的观测者认为 S'系的钟较慢,S'系的观测者认为 S 系的钟较慢,这并不矛盾,因为这两个结论是对不同的观测者而言. 对任一观测者,并不能得出 $S(S')$的钟既慢又快的怪论,也就是说我们不能提“到底哪一个钟慢”的问题. 有关时钟佯谬的实验可参考有关文献(例如 Sherwin C W,1960).

11.4　例:长度收缩佯谬

仍然考虑上例中火车经过车站的情况,为叙述方便,将火车和站台的固有长度改为相等 $l_0'=l_0$. 当火车以速度 v 开进站台时,地面上的人认为站台的长度是 l_0,根据长度收缩效应,火车的长度是 $l=l_0/\gamma<l_0$,所以火车可以装进站台. 但是车上的人则认为火车的长度是 l_0,站台的长度是 $l<l_0$,站台不可能容纳整个火车. 于是有人问:到底火车能不能装进站台呢? 精确地说,就是火车的车头和车尾能不能同时到达站台的出站口和进站口呢?

根据同时的相对性,地面和车上人的观点都是对的,但我们不能提"到底火车能不能装进站台"的问题. 因为如果地面上的人观察到车头和车尾同时到达出站口和进台口,车上的人观察到的这两事件就不可能是同时的,而是车头先到出站口、车尾后到进台口. 反之亦然. 因此两个观察者的结论并不矛盾. 我们仍然用时空图来分析这个佯谬.

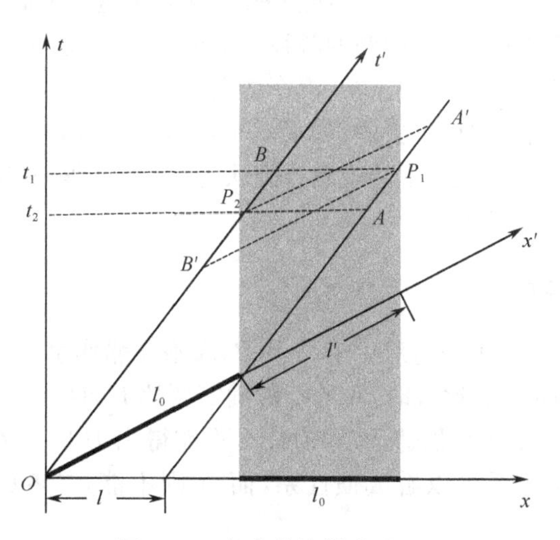

图 11.4　长度收缩佯谬时空图

如图 11.4 所示,以站台和火车为惯性系 S 和 S',阴影部分是站台上每一点世界线(平行于 t 轴)的总和,斜线是火车的车头和车尾的世界线(平行于 t'轴). 设火车和站台的固有长度均为 l_0,根据图 11.2 的几何表示,在地面上测量火车的长度 l 以及在火车上测量站台的长度 l'满足

$$l<l_0,\quad l'<l_0.$$

设 $P_1(t_1,x_1;t_1',x_1')$是车头开到出站口的事件(即车头世界线与出站口世界线的交点),车尾进入进站口的事件为 $P_2(t_2,x_2;t_2',x_2')$. 从时空图上可以清楚地看出:

S:t_1 时刻,车头出站(P_1) 的同时车尾在站内的 B 处;

S':t'_1 时刻,车头出站(P_1) 的同时车尾在站外的 B' 处.

S:t_2 时刻,车尾进站(P_2) 的同时车头在站内的 A 处;

S':t'_2 时刻,车尾进站(P_2) 的同时车头在站外的 A' 处.

S:$t_2 < t_1$,车尾先进站车头后出站;

S':$t'_2 > t'_1$,车尾后进站车头先出站.

可见,由于地面和火车观测者的同时性不同,前者认为火车可以同时装进站台,后者认为不可能,两者的观点都是对的.

再来看一个"汽车钻栅栏"的佯谬,这个佯谬与上述情形类似.

假设一辆汽车的纵向固有长度为 l_0,在它的侧面有一个缝宽(固有长度)也是 l_0 的栅栏.现在要问:当汽车高速向前行驶时,它是否可能横向钻进栅栏?根据长度收缩效应,在地面上的观测者看来,汽车的长度将发生收缩,它可以钻进去.但司机认为栅栏的缝宽要变窄,他不可能钻进去.如何解决这个矛盾呢?

我们注意到有的文献对此问题的解释并不全面,应该这样回答:如果汽车钻进去了,在地面上的观测者认为很正常,汽车的前后端是同时进去的,但司机的解释是汽车的前端先进去后端后进去的;如果汽车没有钻进去,司机认为理所当然,汽车不可能同时钻进去,但地面上的观测者则认定汽车不是同时钻的,而是后端先钻前端后钻,所以没有钻进去.

11.5 例:双生子佯谬

设在某时某地诞生了一对双生子 A 和 B,A 乘飞船作宇宙飞行而 B 留在地面上,当 A 返回到地面与 B 比较时,A 的年龄确实要比 B 小.也许读者会问,A 相对 B 加速运动,B 相对 A 也是加速运动,为什么不能得出 B 比 A 小的结论呢?关键是 B 所在的地面参考系可以看成惯性系,而 A 则不能,二者的运动状况不是等价的.

如图 11.5 所示,一对孪生兄弟中的 B 静止于地球上,世界线是时间轴 P_1P_3,A 以速度 v 作宇宙航行,到达 P_2 后以原速返回地球,世界线是折线 $P_1P_2+P_2P_3$.它们各自记录的时间都是固有时.利用(10.8),(10.9),(10.10)式立刻得到 A,B 两钟的固有时分别是

$$\Delta\tau_B = t_3 - t_1 = \Delta t, \tag{11.5}$$

$$\Delta\tau_A = \int_{P_1}^{P_2} dt\sqrt{1-\beta^2} + \int_{P_2}^{P_3} dt\sqrt{1-\beta^2} = \Delta t\sqrt{1-\beta^2} < \Delta\tau_B. \tag{11.6}$$

即经历加速运动的 A 的世界线的间隔短,所以它的钟走得慢.例如当火箭速度为 $0.8c$ 时,如果 B 是 40 岁,A 则仅有 $40\times\sqrt{1-0.8^2}=24$ 岁!注意,在以上的讨论

中，我们合理地忽略了起动、转向和停止过程中加速度对标准钟 A 的影响. 由于两条世界线长度的差别是绝对的，因而两个标准钟的固有时的差别也是绝对的.

爱因斯坦在相对论建立之初就曾经预言，运动时钟离开后再返回原地与静止时钟比较，两者的时间是有差异的. 1911 年朗之万明确提出了双生子佯谬，其后曾引起过热烈的争论(Langevin P，1911). 根据运动的相对性，似乎两个时钟不该有差别，佯谬一词就形容这一表面上的矛盾. 问题的症结在于如何正确理解时间的相对性和固有时差别的绝对性. 时间以及空间的相对性是针对两个惯性系之间的测量关系而言的. 两个时钟只能在一点相遇，并在此时直接对钟. 过了这一瞬时，它们就只能通过系统中其他的钟间接地对钟，而不能直接对钟. 由于两个惯性系的关系是对等的，因而它们各自的固有时是相同的. 但是当它们测量另一系统的时间时，则得到的都是对方延缓的结论. 双生子佯谬问题则不同，这时是两座钟两次直接对钟：开始时它们在一起，然后经历不同的世界线又重合在一起. 两者之中至少有一个经历了非惯性运动，否则不会再次相遇. 虽说运动是相对的，但是二者并不对称.

以图 11.5 为例，双生子佯谬至少涉及三个的惯性系. 孪生兄弟 B 始终静止于地球坐标系 $S(t,x)$，而孪生兄弟 A 则先后位于离去和归来的两个惯性系 $S'(t',x')$和 $S''(t,x)$，相对于 S 的运动方向相反. B 观测 A 的年龄增长很慢，始终是年轻的. A 观测 B 则不然. 在离去时，A 的同时线平行于 x' 轴，到达 P_2 时是 P_2P'，他观测 B 也很年轻. 当转向的一瞬间，同时线突然变到平行于 x''轴的 P_2P''，也就是说，A 观测到 B 的年龄增长得非常快，年龄从 P_1P'突然跃增至 P_1P''，一下子就比自己老了许多. 在回来阶段，虽然 A 发现 B 的年龄的增长再次变慢. 但是由于转向时 B 的年龄增长得太多，以至于最终 A 看到 B 比自己老. 因此，两人的结论并不矛盾. 关于双生子佯谬的详细解答，读者可参考有关文献(Wu Ta-You and Lee Y C，1972；Holton G J，1963).

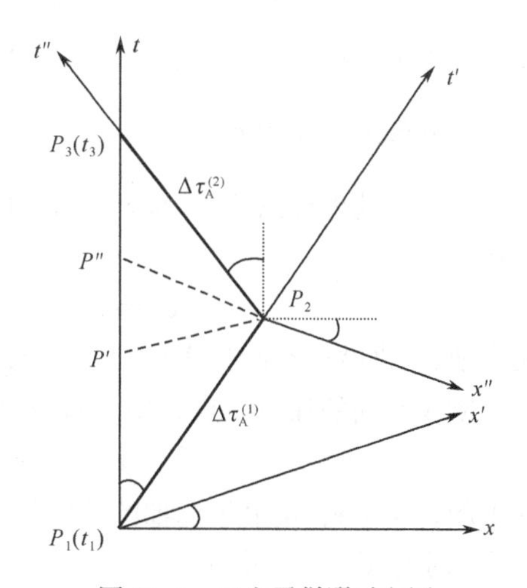

图 11.5　双生子佯谬时空图

1971 年，美国人 Hafele 和 Keating 等进行了著名的原子钟环球飞行实验. 他们在飞机和地面各放置一台相同的铯原子钟，当飞机环球飞行一周后返回地面与地面上的原子钟进行比较，除去引力效应外，原子钟的加速运动的确导致时钟走慢了，测量精度达 10%(Hafele J C，Keating R E，1972).

12　欧氏空间的张量分析

前面已经研究了相对论时空观和与之相适应的洛伦兹变换. 要想用相对论的方法改造经典物理学并建立相对论物理学的精确理论，必须借助张量作为工具. 本节不打算详尽讨论张量理论，只就狭义相对论所需内容作简要的介绍.

为了叙述方便，以后采用**爱因斯坦求和约定(惯例)**，该约定是：若在一项中遇有重复的两个指标，除去特别声明外，表示对该指标求和，不需再写求和号，并规定拉丁字母和希腊字母的取值分别为

$$i,j,k,\cdots=1,2,3;$$

$$\mu,\nu,\alpha,\beta,\cdots=1,2,3,4 \text{ 或 } 0,1,2,3.$$

(当取 $\mu,\nu,\cdots=0,1,2,3$ 时，我们将予以说明.)注意重复指标叫做哑指标，可以用其他符号代替. 例如

$$A_iB_i\equiv A_jB_j\equiv\sum_{k=1}^{3}A_kB_k,\quad A_\mu B_\mu\equiv\sum_{\mu=1}^{4}A_\mu B_\mu.$$

爱因斯坦求和约定给张量运算带来很大方便，以后要经常用到它.

12.1　欧氏度规和线元

在笛卡儿坐标系下，三维欧氏空间由 3 个坐标描述，以后我们将笛卡儿坐标记作

$$x_1=x,\quad x_2=y,\quad x_3=z.$$

相应地，三维欧氏空间记作 $\{x_1,\ x_2,\ x_3\}$ 或 $\{x_i\}$.

欧氏空间的任意一点 $A(x_1,x_2,x_3)$ 相对于原点的矢径为

$$\boldsymbol{x}=x_1\boldsymbol{e}_1+x_2\boldsymbol{e}_2+x_3\boldsymbol{e}_3\equiv x_i\boldsymbol{e}_i. \tag{12.1}$$

式中的 $(\boldsymbol{e}_1,\boldsymbol{e}_2,\boldsymbol{e}_3)$ 是沿坐标轴的单位矢量，称作基矢. 对上式两边微分，注意在笛卡儿坐标系中 $\mathrm{d}\boldsymbol{e}_i=0$，可知

$$\mathrm{d}\boldsymbol{x}=\frac{\partial\boldsymbol{x}}{\partial x_i}\mathrm{d}x_i=\mathrm{d}x_i\boldsymbol{e}_i,$$

所以基矢实际上就是矢径对坐标的偏导：

$$\boldsymbol{e}_i=\frac{\partial\boldsymbol{x}}{\partial x_i}\quad(i=1,2,3). \tag{12.2}$$

根据偏导的几何意义，可知笛卡儿坐标基矢的内积满足

$$\boldsymbol{e}_i\cdot\boldsymbol{e}_j=\delta_{ij}=\begin{cases}1 & (i=j),\\ 0 & (i\neq j).\end{cases} \tag{12.3}$$

δ_{ij} **是克罗内克符号**，它的 9 个分量构成 3×3 单位矩阵

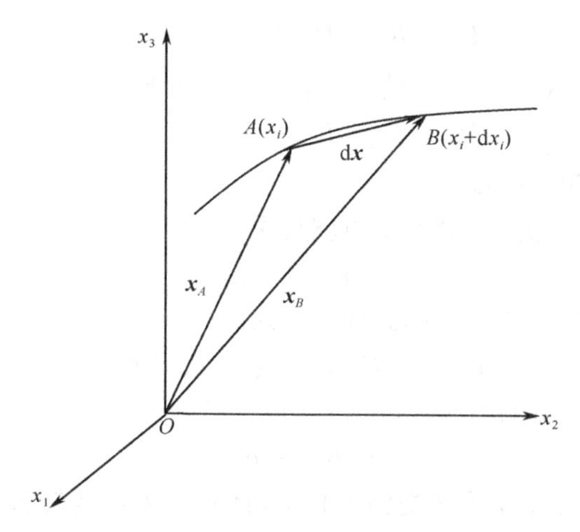

图 12.1　欧氏空间的线元

$$\delta_{ij}=\begin{bmatrix}1 & 0 & 0\\0 & 1 & 0\\0 & 0 & 1\end{bmatrix}. \tag{12.4}$$

如图 12.1 所示，设 $A(x_i)$和 $B(x_i+\mathrm{d}x_i)$是三维欧氏空间中的任意两个相邻点，两个矢径 $\boldsymbol{x}_A$ 与 $\boldsymbol{x}_B$ 的矢量差

$$\mathrm{d}\boldsymbol{x}=\mathrm{d}x_1\boldsymbol{e}_1+\mathrm{d}x_2\boldsymbol{e}_2+\mathrm{d}x_3\boldsymbol{e}_3\equiv\mathrm{d}x_i\boldsymbol{e}_i.$$

它的大小的平方为

$$|\mathrm{d}\boldsymbol{x}|^2=\mathrm{d}\boldsymbol{x}\cdot\mathrm{d}\boldsymbol{x}=(\boldsymbol{e}_i\cdot\boldsymbol{e}_j)\mathrm{d}x_i\mathrm{d}x_j.$$

当 $\mathrm{d}x^i\to 0$ 时，两点的弧长 $\mathrm{d}l$ 与矢量差的大小$|\mathrm{d}\boldsymbol{x}|$相等，故有

$$\mathrm{d}l^2=\delta_{ij}\mathrm{d}x_i\mathrm{d}x_j=\mathrm{d}x_i\mathrm{d}x_i. \tag{12.5}$$

这就是(笛卡儿坐标下的)**欧氏线元**，即无穷小弧长，而 δ_{ij} 又称作**欧氏度规**.

12.2　欧氏空间的转动变换

(1) 正交变换

设坐标系 $S(x_1,x_2,x_3)$和 $S'(x_1',x_2',x_3')$之间存在一个齐次线性变换

$$x_i'=R_{ij}x_j. \tag{12.6}$$

其中的常系数

$$R_{ij}=\frac{\partial x_i'}{\partial x_j}\quad(i,j=1,2,3) \tag{12.7}$$

叫做变换系数，构成一个变换矩阵

$$R = \begin{bmatrix} R_{11} & R_{12} & R_{12} \\ R_{21} & R_{22} & R_{23} \\ R_{31} & R_{32} & R_{33} \end{bmatrix}, \quad (\det(R) \neq 0). \tag{12.8}$$

式中 $\det(R)$是矩阵的行列式.

如果变换 R 不改变矢径的模，也就是说

$$x'_i x'_i = x_j x_j, \tag{12.9}$$

那么 R 叫做**正交变换**. 把(12.6)式代入上式，

$$x'_i x'_i = R_{ij} R_{ik} x_j x_k = \delta_{jk} x_j x_k,$$

得出正交变换满足的条件是

$$R_{ij} R_{ik} = \delta_{jk}. \tag{12.10}$$

这说明正交变换的行和列是**正交归一化**的，此式也表示为转置矩阵 R^{T} 和矩阵 R 之积等于单位矩阵 I，或正交矩阵的逆等于其转置

$$R^{\mathrm{T}} R = I \quad 或 \quad R^{-1} = R^{\mathrm{T}}. \tag{12.10'}$$

我们也将(12.10)式作为正交变换的定义.

根据(12.10)式，正交变换的逆变换是

$$x_i = R^{-1}_{ij} x'_j = R_{ji} x'_j, \tag{12.11}$$

逆变换系数为

$$R^{-1}_{ij} = \frac{\partial x_i}{\partial x'_j} = R_{ji} = \frac{\partial x'_j}{\partial x_i}.$$

对(12.10′)式两边的矩阵取行列式

$$\det(R^{\mathrm{T}} R) = \det(R^{\mathrm{T}})\det(R) = [\det(R)]^2 = 1. \tag{12.12}$$

可知正交矩阵的行列式只可能为±1，据此可将正交变换分为两类：

$$\det(R) = \begin{cases} +1 & (转动变换)； \\ -1 & (反射变换). \end{cases} \tag{12.13}$$

转动变换矩阵的行列式为 1(称作**幺模矩阵**). 反射变换是不连续变换，一经反射即从正常位置突然变到镜像位置. 例如，以下的反射变换

$$R = \begin{bmatrix} -1 & 0 & 0 \\ 0 & -1 & 0 \\ 0 & 0 & -1 \end{bmatrix}$$

表示$(x_i) \to (-x_i)$，将右手坐标系变成左手坐标系，或者相反.

(2) 转动变换

我们主要关心的是转动变换. 它有两种等价的表示：可以看成物理量(几何量)不变而坐标系发生转动，也可以视为坐标系不变而物理量转动. 例如在图 12.2 中，图 12.2(a)表示 $x_1 - x_2$ 平面绕 x_3 轴逆时针(逆着 x_3 轴观测)旋转 θ 角，基矢量的

变换为

$$\begin{cases} \boldsymbol{e}_1' = \boldsymbol{e}_1\cos\theta + \boldsymbol{e}_2\sin\theta, \\ \boldsymbol{e}_2' = -\boldsymbol{e}_1\sin\theta + \boldsymbol{e}_2\cos\theta. \end{cases}$$

图 12.2(b)表示位置矢量 $\boldsymbol{x}$ 绕 x_3 轴顺时针旋转 θ 角后成为

$$\begin{cases} x_1' = x_1\cos\theta - x_2\sin\theta, \\ x_2' = x_1\sin\theta + x_2\cos\theta. \end{cases}$$

显然有

$$x_i\boldsymbol{e}_i' = x_i'\boldsymbol{e}_i,$$

所以两种表示完全等价. 下面以第一种表示为基础进行分析, 在 25.1 节还将讨论第二种表示.

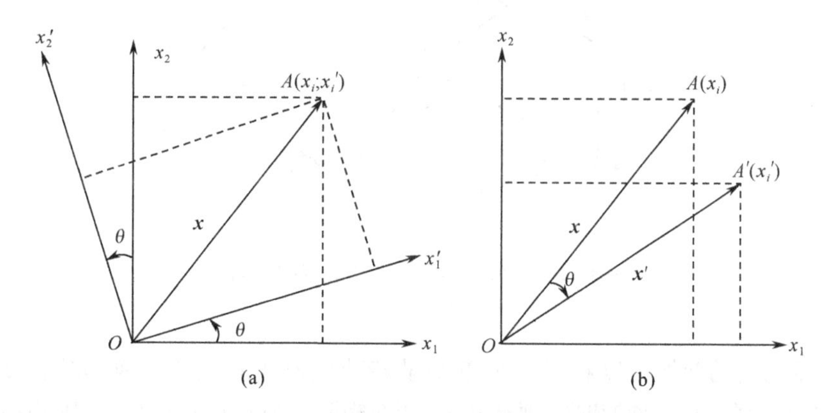

图 12.2　转动变换的两种等价表示

如图 12.2(a), 设空间任意一点 A 在两坐标系中的坐标为(x_i)和(x_i'), 则它的位置矢量

$$\boldsymbol{x} = x_j\boldsymbol{e}_j = x_i'\boldsymbol{e}_i'.$$

两边对 x_j 求偏导

$$\boldsymbol{e}_j = \frac{\partial x_i'}{\partial x_j}\boldsymbol{e}_i',$$

这是 $S(x_i)$与 $S'(x_i')$系的基矢量关系. 再点乘 $\boldsymbol{e}_i'$ 即得到变换系数：

$$R_{ij} = \frac{\partial x_i'}{\partial x_j} = \boldsymbol{e}_i' \cdot \boldsymbol{e}_j. \tag{12.14}$$

同理可得逆变换系数：

$$R_{ij}^{-1} = \frac{\partial x_i}{\partial x_j'} = \boldsymbol{e}_i \cdot \boldsymbol{e}_j' = R_{ji}. \tag{12.15}$$

图 12.2 是一个单变量转动变换, 变量是坐标系绕 x_3 轴逆时针旋转的 θ 角, 根据(12.14)式求得变换矩阵是

$$R(\theta)=\begin{bmatrix}\cos\theta & \sin\theta & 0\\ -\sin\theta & \cos\theta & 0\\ 0 & 0 & 1\end{bmatrix}. \tag{12.16}$$

由于正变换是 x_i' 轴相对于 x_i 逆时针旋转 θ 角，所以逆变换就是顺时针旋转 θ 角，即

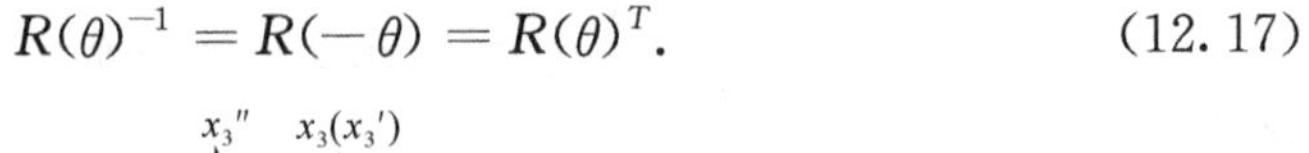

$$R(\theta)^{-1}=R(-\theta)=R(\theta)^T. \tag{12.17}$$

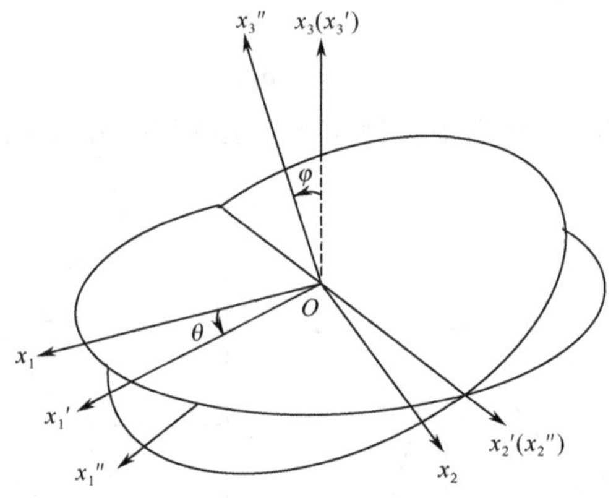

图 12.3 两个单变量转动的连续转动

$\{x_i\}\rightarrow\{x_i'\}\rightarrow\{x_i''\}$

任意的转动变换可以看成几个单变量转动变换式的连续变换. 如图 12.3 所示，右手坐标系绕 x_3 轴逆时针旋转 θ 角，变换矩阵是(12.16)，再绕 x_2' 轴逆时针旋转 φ 角，变换矩阵为

$$R(\varphi)=\begin{bmatrix}\cos\varphi & 0 & -\sin\varphi\\ 0 & 1 & 0\\ \sin\varphi & 0 & \cos\varphi\end{bmatrix}. \tag{12.18}$$

总的变换则为

$$R(\theta,\varphi)=R(\varphi)R(\theta)=\begin{bmatrix}\cos\varphi\cos\theta & \cos\varphi\sin\theta & -\sin\theta\\ -\sin\theta & \cos\theta & 0\\ \sin\varphi\cos\theta & \sin\varphi\sin\theta & \cos\varphi\end{bmatrix}. \tag{12.19}$$

(3) 转动变换群

转动变换矩阵还可以用指数形式表示. 因为任意转动变换可以分解为二维空间的单变量变换，我们仅讨论二维空间转动变换(12.16)式的指数形式.

利用三角函数的级数展开

$$\cos\theta=1-\frac{\theta^2}{2!}+\cdots,\quad \sin\theta=\theta-\frac{\theta^3}{3!}+\cdots,$$

将(12.16)式写成

$$R(\theta)=I+\theta J-\frac{\theta^2}{2!}J_1-\frac{\theta^3}{3!}J+\cdots,$$

其中的矩阵分别为

$$I=\begin{bmatrix}1&0&0\\0&1&0\\0&0&1\end{bmatrix},\quad J=\begin{bmatrix}0&1&0\\-1&0&0\\0&0&0\end{bmatrix},\quad J_1=\begin{bmatrix}1&0&0\\0&1&0\\0&0&0\end{bmatrix}. \tag{12.20}$$

由于反对称矩阵 J 具有性质

$$J^{\mathrm{T}}=-J,\quad J^n=\begin{cases}\mathrm{i}^n J_1 & (n\text{ 为偶数}),\\ \mathrm{i}^{n-1}J & (n\text{ 为奇数}).\end{cases}$$

式中的 $\mathrm{i}=\sqrt{-1}$. 因此转动变换可表示为矩阵的指数形式

$$R(\theta)=I+J\theta+\frac{1}{2!}(J\theta)^2+\cdots=\exp(J\theta). \tag{12.21}$$

利用这一表示可以很方便地证明转动变换构成群:

(1) 存在恒等变换 $R(0)=I$;

(2) 存在逆变换 $R(-\theta)=\exp(-J\theta)$;

(3) $R(\theta_1)R(\theta_2)=\exp[J(\theta_1+\theta_2)]$也属于 $R(\theta)$;

(4) $R(\theta_1)R(\theta_2)R(\theta_3)=\exp[J(\theta_1+\theta_2+\theta_3)]$满足结合律.

由于转动变换满足(12.10)和(12.13)式的正交性和幺模性,故转动群属于三维**幺模正交群(或特殊正交群)**,记作 $SO(3)$.

12.3　三维张量及其变换

物理量在正交变换下具有不同的变换性质. 按照变换性质的不同, 可以把物理量分为不同阶的张量.

(1) 标量和赝标量

在三维空间的正交变换下, 如果一个量 φ 的变换规律是

$$\varphi'=\varphi, \tag{12.22}$$

则叫做标量(零阶张量)或不变量. 例如时间、长度、标量势以及电磁场能量密度等, 都是三维空间正交变换下的标量.

在三维空间正交变换下, 如果一个量 ψ 的变换规律是

$$\psi'=\det(R)\psi,$$

式中 R 表示正交矩阵, $\det(R)$是矩阵的行列式, 当 $\det(R)=+1$ 时 ψ 是标量, $\det(R)=-1$ 时为赝标量. 在转动变换下($\det(R)=1$), 赝标量与标量没有区别; 在反射变换下($\det(R)=-1$), 两者相差一个符号.

常见的一个赝标量是三维体元

$$dV = dx_1 \wedge dx_2 \wedge dx_3.$$

式中的符号"∧"称作**外积**,与一般乘积运算不同的是它满足反交换律

$$dx \wedge dy = -dy \wedge dx \quad (dx \wedge dx = 0).$$

根据外积的反交换律以及正交变换(12.10)式的性质,不难证明三维体元的变换满足的赝标量的变换规律:

$$\begin{aligned} dV' &= dx_1' \wedge dx_2' \wedge dx_3' \\ &= R_{1i}R_{2j}R_{3k}dx_i \wedge dx_j \wedge dx_k \\ &= (R_{11}R_{22}R_{33} - R_{11}R_{23}R_{32})dx_1 \wedge dx_2 \wedge dx_3 + \cdots \\ &= \det(R)dx_1 \wedge dx_2 \wedge dx_3 = \det(R)dV. \end{aligned} \tag{12.23}$$

第 3 步是因为对 i,j,k 求和共有 27 项,但三个指标中有两个相同时,由外积的定义知该项为 0,所以只剩下三个指标互异的 6 项,构成正交变换矩阵的行列式.

(2) 矢量和赝矢量

设在三维空间中有三个量的集合$\{X_i|i=1,2,3\}$,在正交变换下的变换规律是

$$X_i' = R_{ij}X_j \quad (X' = RX), \tag{12.24}$$

则 $\boldsymbol{X}=(X_1,X_2,X_3)^T$ 叫做矢量(1 阶张量). 以后我们将矢量的矩阵表示简记作

$$\boldsymbol{X} = (X_1,X_2,X_3).$$

例如位移、速度、电流密度、电场强度等都是矢量. 坐标基矢显然是一个矢量,由(12.12)式可知它的变换规律为

$$\boldsymbol{e}_i' = \frac{\partial \boldsymbol{x}}{\partial x_i'} = \frac{\partial x_j}{\partial x_i'}\frac{\partial \boldsymbol{x}}{\partial x_j} = R_{ji}^{-1}\boldsymbol{e}_j = R_{ij}\boldsymbol{e}_j.$$

如果三个量的集合$\{Y_i|i=1,2,3\}$在正交变换下的变换规律是

$$Y_i' = \det(R)R_{ij}Y_j \quad (Y' = \det(R)RY),$$

则$\boldsymbol{Y}=(Y_i)$叫做赝矢量(1 阶赝张量). 例如一切角量(角速度、角动量等)和磁感应强度均为赝矢量.

在转动变换下,赝矢量和矢量没有区别,但在反射变换中两种矢量的行为不一样. 如图 12.4(a),设空间反射变换为

$$(x_i) \to (x_i') = (-x_i).$$

这既可以看成是坐标轴反射而矢量不动,也可以看成是坐标轴不动而矢量反射,即

$$\boldsymbol{X}(x_i) \to \boldsymbol{X}(-x_i'), \quad \boldsymbol{X}(x_i) \to \boldsymbol{X}'(-x_i).$$

赝矢量在空间反射后分量不变,$Y_i'=Y_i$,也有两种等价的看法:可以看成坐标轴反射时赝矢量也反向,或者看成坐标轴不动,赝矢量反射后不反向. 由图 12.4(b)可以看出,一切按右手(或左手)定则所定义的有向量正具有这种性质,例如设一个

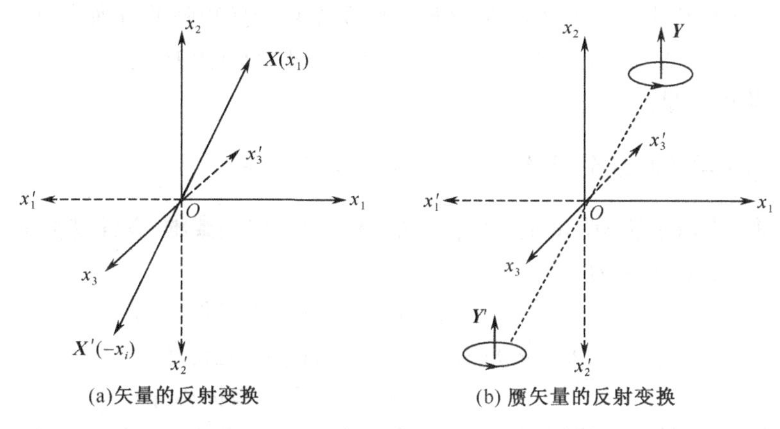

(a)矢量的反射变换　(b) 赝矢量的反射变换

图 12.4　反射变换下矢量和赝矢量的变换

刚体的角速度在 $S(x_i)$ 系中的方向同 $\boldsymbol{e}_2$，是按右手定则定义的，即逆着 $\boldsymbol{e}_2$ 方向观测刚体作逆时针转动. 反射变换后按左手定则定义，角速度在 $S'(x'_i)$ 系中的方向同 $-\boldsymbol{e}'_2=\boldsymbol{e}_2$.

(3) 二阶张量和赝张量

在三维空间中，二阶张量有 $3^2=9$ 个分量 $(X_{ij}\,|\,i,j=1,2,3)$. 若在正交变换下，具有规律

$$X'_{ij}=R_{ik}R_{jl}X_{kl}\quad (X'=RXR^{\mathrm{T}}),\tag{12.25}$$

则此集合 $\{X_{ij}\}$ 叫二阶张量.

欧氏空间的二阶张量可以用一个 3×3 矩阵表示

$$(X_{ij})=\begin{bmatrix} X_{11} & X_{12} & X_{13}\\ X_{21} & X_{22} & X_{23}\\ X_{31} & X_{32} & X_{33}\end{bmatrix},$$

也可写成并矢形式

$$\overleftrightarrow{X}=X_{ij}\boldsymbol{e}_i\boldsymbol{e}_j.\tag{12.26}$$

克罗内克符号 δ_{ij} 是一个二阶单位张量(度规张量)，利用基矢的变换规律容易证明 δ_{ij} 满足二阶张量变换规律

$$\begin{aligned}\delta'_{ij}&=\boldsymbol{e}'_i\cdot\boldsymbol{e}'_j=R_{im}R_{jn}\boldsymbol{e}_m\cdot\boldsymbol{e}_n\\ &=R_{im}R_{jn}\delta_{mn}=R_{im}R_{jm}=\delta_{ij}.\end{aligned}$$

最后一步利用了正交变换的规律(12.10)式. 二阶单位张量的矩阵表示即为(12.4)式，还可以表示为并矢形式

$$\overleftrightarrow{I}=\delta_{ij}\boldsymbol{e}_i\boldsymbol{e}_j=\boldsymbol{e}_1\boldsymbol{e}_1+\boldsymbol{e}_2\boldsymbol{e}_2+\boldsymbol{e}_3\boldsymbol{e}_3.\tag{12.27}$$

如果集合$\{Y_{ij}\,|\,i,j=1,2,3\}$的分量变换还需乘变换矩阵的行列式因子，即

$$Y'_{ij}=\det(R)R_{ik}R_{jl}Y_{kl}\quad(Y'=\det(R)RYR^{T}).$$

则称作二阶赝张量.

(4) 三阶单位赝张量(长线)——莱维-齐维塔张量

一个很重要的高阶张量是由单位矢的混合积构成的**莱维-齐维塔张量**,也叫做三阶单位赝张量,定义为

$$\varepsilon_{ijk}=(\boldsymbol{e}_i\times\boldsymbol{e}_j)\cdot\boldsymbol{e}_k=\begin{cases}+1 & (i,j,k\ 是偶序),\\ -1 & (i,j,k\ 是奇序),\\ 0 & (任二指标相等).\end{cases}\tag{12.28}$$

所谓“奇序”和“偶序”是指以$(i,j,k)=(1,2,3)$为标准作置换,交换奇(偶)次就是奇(偶)序,例如

$$\varepsilon_{123}=-\varepsilon_{213}=\varepsilon_{231}=1.$$

由定义看，莱维-齐维塔张量的几何意义就是直角坐标系的基底,偶序代表偶次反射，不改变坐标系的左、右性质，基底不变号.奇序代表奇次反射，坐标改变左、右性质，基底要变号.容易验证莱维-齐维塔张量的乘积有下列性质：

$$\varepsilon_{ijk}\varepsilon_{ij\bar{k}}=2\delta_{k\bar{k}},\quad \varepsilon_{ijk}\varepsilon_{i\bar{j}\bar{k}}=\begin{vmatrix}\delta_{j\bar{j}} & \delta_{k\bar{k}}\\ \delta_{j\bar{k}} & \delta_{k\bar{j}}\end{vmatrix}.\tag{12.29}$$

莱维-齐维塔张量可用来缩并某一张量，使之反对称化.例如,对(12.28)式点乘$\boldsymbol{e}_k$后对k求和(缩并),即得

$$\varepsilon_{ijk}\boldsymbol{e}_k=\boldsymbol{e}_i\times\boldsymbol{e}_j,$$

右边是反对称的.

12.4　三维张量的运算规则

(1) 加法和减法

两个阶数相同以及维数相同的张量可以进行加减，所得结果是同阶的张量，例如两个二阶张量之和仍为二阶张量：

$$X_{ij}+Y_{ij}=Z_{ij}.$$

(2) 缩并

缩并是张量特有的运算,是令张量的两个脚标相等并对其求和，也就是用克氏符号相乘.例如缩并n对指标所得新张量降低$2n$阶.以四阶张量X_{ijkl}为例,令$k=i$并对i求和,则

$$\delta_{ki}X_{ijkl}=X_{ijil},$$

$$X'_{ijil} = R_{im}R_{jn}R_{ip}R_{lq}X_{mnpq} = \delta_{mp}R_{jn}R_{lq}X_{mnpq} = R_{jn}R_{lq}X_{mnmq},$$

式中用到$R_{im}R_{ip}=\delta_{mp}$，故X_{ijil}是一个$4-2=2$阶张量. 又如，对二阶张量T_{ij}的下标$i=j$求和，得到一个标量$T_{ii}=T_{11}+T_{22}+T_{33}$.

(3) 外积(张量积)

外积是将r阶张量的每一个分量与s阶张量的每一个分量相乘，得到一个$r+s$阶张量. 例如两个矢量X_i和Y_j的外积是二阶张量，其分量为

$$X_iY_j = Z_{ij}, \tag{12.30}$$

亦即

$$Z = \begin{bmatrix} X_1Y_1 & X_1Y_2 & X_1Y_3 \\ X_2Y_1 & X_2Y_2 & X_2Y_3 \\ X_3Y_1 & X_3Y_2 & X_3Y_3 \end{bmatrix}.$$

(4) 内积(缩并积)

r阶张量和s阶张量的内积是先求外积，再对一个指标施行缩并，得到$r+s-2$阶张量. 例如两个矢量X_i和Y_j的内积是$1+1-2=0$阶张量，矢量的内积就是我们熟知的矢量的点积(标量积)

$$\langle X,Y\rangle = X_iY_i = \boldsymbol{X}\cdot\boldsymbol{Y}, \tag{12.31}$$

以上的做法实际上是用δ_{ij}缩并

$$\boldsymbol{X}\cdot\boldsymbol{Y} = X_iY_j\boldsymbol{e}_i\cdot\boldsymbol{e}_j = \delta_{ij}X_iY_j = X_iY_i.$$

对于两矢量X_i和Y_j，求外积后再用ε_{ijk}缩并可得矢量的叉积(反称化积)

$$\varepsilon_{ijk}X_jY_k = (\boldsymbol{X}\times\boldsymbol{Y})_i, \tag{12.32}$$

写成矢量式就是

$$\boldsymbol{X}\times\boldsymbol{Y} = \begin{vmatrix} \boldsymbol{e}_1 & \boldsymbol{e}_2 & \boldsymbol{e}_3 \\ X_1 & X_2 & X_3 \\ Y_1 & Y_2 & Y_3 \end{vmatrix} = \varepsilon_{ijk}\boldsymbol{e}_iX_jY_k. \tag{12.32$'$}$$

(5) 梯度

梯度运算是对张量求偏导，其算符为

$$\boldsymbol{\nabla} = \boldsymbol{e}_i\frac{\partial}{\partial x_i} = \left(\frac{\partial}{\partial x_1},\frac{\partial}{\partial x_2},\frac{\partial}{\partial x_3}\right). \tag{12.33}$$

这是一个矢量算符，利用(12.11)式可知分量的变换为

$$\frac{\partial}{\partial x'_i} = \frac{\partial x_j}{\partial x'_i}\frac{\partial}{\partial x_j} = R_{ji}\frac{\partial}{\partial x_j},$$

这与矢量变换相同. 故r阶张量的梯度是$r+1$阶张量. 例如标量φ的梯度构成一

个矢量,矢量的梯度是二阶张量:

$$\nabla \boldsymbol{X} = \boldsymbol{e}_i \frac{\partial \boldsymbol{X}}{\partial x_i} = \boldsymbol{e}_i \boldsymbol{e}_j \frac{\partial X_j}{\partial x_i}.$$

(6) 散度

散度运算是梯度的缩并,散度算符定义为

$$\nabla \cdot = \boldsymbol{e}_i \cdot \frac{\partial}{\partial x_i}. \tag{12.34}$$

因求梯度后张量的阶数增加 1,缩并后降低 2,所以 r 阶张量的散度是 $r-1$ 阶张量. 例如, 矢量 $\boldsymbol{X}(X_i)$的散度是标量,二阶张量 $\overleftrightarrow{\boldsymbol{X}}(X_{ij})$的散度是矢量:

$$\nabla \cdot \overleftrightarrow{\boldsymbol{X}} = \boldsymbol{e}_i \cdot \boldsymbol{e}_j \boldsymbol{e}_k \frac{\partial X_{jk}}{\partial x_i} = \boldsymbol{e}_k \frac{\partial X_{jk}}{\partial x_j}. \tag{12.35}$$

(7) 旋度

矢量 $\boldsymbol{X}(X_i)$的旋度也是一个矢量

$$\nabla \times \boldsymbol{X} = \begin{vmatrix} \boldsymbol{e}_1 & \boldsymbol{e}_2 & \boldsymbol{e}_3 \\ \partial_1 & \partial_2 & \partial_3 \\ X_1 & X_2 & X_3 \end{vmatrix} = \boldsymbol{e}_i \varepsilon_{ijk} \frac{\partial X_k}{\partial x_j}, \tag{12.36}$$

我们来证明后一表达式. 设反对称二阶张量

$$Y_{jk} = \frac{\partial X_k}{\partial x_j} - \frac{\partial X_j}{\partial x_k} = -Y_{kj}.$$

它只有 3 个异于零的分量

$$Y_{12} = -Y_{21}, \quad Y_{23} = -Y_{32}, \quad Y_{31} = -Y_{13}.$$

因而可以将上述 3 个独立分量写成一个矢量,$\boldsymbol{Y} = \boldsymbol{e}_1 Y_{23} + \boldsymbol{e}_2 Y_{31} + \boldsymbol{e}_3 Y_{12}$. 用列维-西维塔张量 ε_{ijk} 来表示就是

$$Y_{jk} = \varepsilon_{ijk} \frac{\partial X_k}{\partial x_j}, \quad \boldsymbol{Y} = \boldsymbol{e}_i \varepsilon_{ijk} \frac{\partial X_k}{\partial x_j}.$$

称之为旋度矢量.

为了以后的应用,我们也将矢量形式的∇ 运算公式罗列如下

$$\begin{cases} \nabla (fg) = f(\nabla g) + g(\nabla f), \\ \nabla (\boldsymbol{X} \cdot \boldsymbol{Y}) = \boldsymbol{X} \times (\nabla \times \boldsymbol{Y}) + \boldsymbol{Y} \times (\nabla \times \boldsymbol{X}) + (\boldsymbol{X} \cdot \nabla) \boldsymbol{Y} + (\boldsymbol{Y} \cdot \nabla) \boldsymbol{X}, \\ \nabla \cdot (f\boldsymbol{X}) = \nabla f \cdot \boldsymbol{X} + f \nabla \cdot \boldsymbol{X}, \\ \nabla \cdot (\boldsymbol{X} \times \boldsymbol{Y}) = (\nabla \times \boldsymbol{X}) \cdot \boldsymbol{Y} - \boldsymbol{X} \cdot (\nabla \times \boldsymbol{Y}), \\ \nabla \cdot (\boldsymbol{X}\boldsymbol{Y}) = (\nabla \cdot \boldsymbol{X}) \boldsymbol{Y} + (\boldsymbol{X} \cdot \nabla) \boldsymbol{Y}, \\ \nabla \times (f\boldsymbol{X}) = \nabla f \times \boldsymbol{X} + f \nabla \times \boldsymbol{X}, \\ \nabla \times (\boldsymbol{X} \times \boldsymbol{Y}) = (\boldsymbol{Y} \cdot \nabla) \cdot \boldsymbol{X} - (\boldsymbol{X} \cdot \nabla) \boldsymbol{Y} + (\nabla \cdot \boldsymbol{Y}) \boldsymbol{X} - (\nabla \cdot \boldsymbol{X}) \boldsymbol{Y}. \end{cases} \tag{12.37}$$

不难验证,(12.37)式与上面的梯度、散度和旋度运算的运算是一致的. 例如,设 $\overleftrightarrow{T}=\boldsymbol{XY}, T_{ij}=X_iY_j$,并矢的散度(12.37)式中的第 5 式化为

$$\nabla\cdot(\boldsymbol{XY})=(\nabla\cdot\boldsymbol{X})\boldsymbol{Y}+(\boldsymbol{X}\cdot\nabla)\boldsymbol{Y}$$
$$=\frac{\partial X_i}{\partial x_i}Y_j\boldsymbol{e}_j+X_i\frac{\partial Y_j}{\partial x_i}\boldsymbol{e}_j=\frac{\partial T_{ij}}{\partial x_i}\boldsymbol{e}_j,$$

与二阶张量的散度(12.35)式相同.

12.5　例:连续介质和电磁场的应力张量

作为例子,也为了以后的应用,介绍连续介质和电磁场的应力张量.

(1) 连续介质的应力张量

如图 12.5,以介质中一点 O 为原点建立直角坐标(x_1,x_2,x_3),坐标轴的单位矢量是$(\boldsymbol{e}_1,\boldsymbol{e}_2,\boldsymbol{e}_3)$. 设 $\mathrm{d}\boldsymbol{\sigma}(ABC)$是单位方向矢量为 $\boldsymbol{e}_n$ 的无穷小面元,两侧的介质在单位面元上的作用力称作此面元的应力 $\boldsymbol{T}$. 作如图所示的三个相互垂直的无穷小面元 $\mathrm{d}\boldsymbol{\sigma}_1(OBC)$、$\mathrm{d}\boldsymbol{\sigma}_2(OAC)$和 $\mathrm{d}\boldsymbol{\sigma}_3(OAB)$,其上的应力分别是 $\boldsymbol{T}_1,\boldsymbol{T}_2$ 和 $\boldsymbol{T}_3$. 按照力的平衡条件

$$\boldsymbol{T}\mathrm{d}\sigma=\boldsymbol{T}_1\mathrm{d}\sigma_1+\boldsymbol{T}_2\mathrm{d}\sigma_2+\boldsymbol{T}_3\mathrm{d}\sigma_3\equiv\boldsymbol{T}_i\mathrm{d}\sigma_i. \tag{12.38}$$

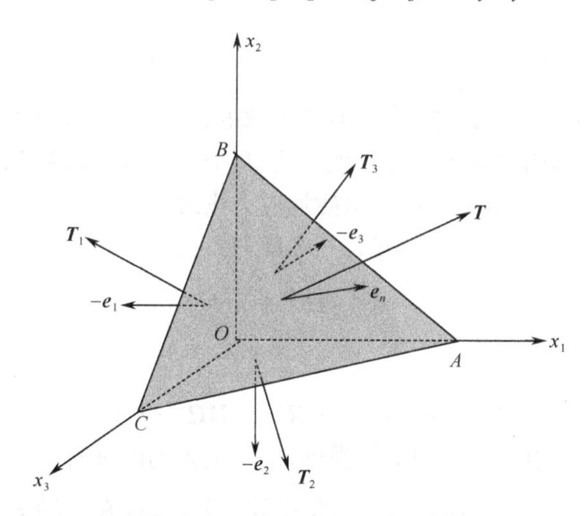

图 12.5　连续介质中的应力张量

因为方向矢量 $\boldsymbol{e}_n$ 的分量就是方向余弦

$$\boldsymbol{e}_n=(\cos\alpha_1,\cos\alpha_2,\cos\alpha_3)=(\boldsymbol{e}_n\cdot\boldsymbol{e}_1,\boldsymbol{e}_n\cdot\boldsymbol{e}_2,\boldsymbol{e}_n\cdot\boldsymbol{e}_3),$$

所以三个面元是

$$\mathrm{d}\sigma_i=\mathrm{d}\sigma\cos\alpha_i=\mathrm{d}\sigma\boldsymbol{e}_n\cdot\boldsymbol{e}_i\quad(i=1,2,3).$$

在面元 $d\sigma_i$ 上的应力 $\boldsymbol{T}_i$ 又可分解为

$$\boldsymbol{T}_i = T_{i1}\boldsymbol{e}_1 + T_{i2}\boldsymbol{e}_2 + T_{i3}\boldsymbol{e}_3 \equiv T_{ij}\boldsymbol{e}_j, \tag{12.39}$$

于是力的平衡条件(12.38)式成为

$$\boldsymbol{T} = \boldsymbol{T}_i\boldsymbol{e}_i \cdot \boldsymbol{e}_n = T_{ij}\boldsymbol{e}_i\boldsymbol{e}_j \cdot \boldsymbol{e}_n = \overleftrightarrow{\boldsymbol{T}} \cdot \boldsymbol{e}_n, \tag{12.40}$$

其中的并矢

$$\overleftrightarrow{\boldsymbol{T}} = T_{ij}\boldsymbol{e}_i\boldsymbol{e}_j. \tag{12.41}$$

我们将 9 个量 T_{ij} 构成的 3×3 矩阵称作连续介质的**应力张量**，T_{ij} 是作用在面元 $d\sigma_i$ 上沿 $\boldsymbol{e}_j$ 方向的应力，分成 3 个**法向应力(正应力)** T_{ii} 和 6 个**切向应力(剪应力)** $T_{ij}(i \neq j)$. 对于不存在黏性的各向同性理想介质，仅有法向应力而无切向应力(详见 22.3 节).

当分量 T_{ij} 的下标 $i(j)$ 固定而取 $j(i)=1,2,3$ 时，T_{ij} 对 $j(i)$ 而言是矢量的分量，满足矢量变换规律，故在正交变换下

$$T'_{ij} = R_{jk}T_{ik} \quad (i \text{ 固定}),$$
$$T'_{kl} = R_{ki}T_{il} \quad (l \text{ 固定}).$$

当 i,j 分别取 1,2,3 时，

$$T'_{kl} = R_{ki}R_{lj}T_{ij},$$

故 T_{ij} 是二阶张量.

(2) 电磁场应力张量

根据麦克斯韦电磁场理论，在电磁场内部的任意体元内电磁场受到体元外部的电磁力，表现为作用在体元边界上的应力，9 个分量构成电磁场应力张量. 我们将在 16.1 节证明，真空电磁场中的电磁场应力张量为

$$T_{ij} = \varepsilon E_iE_j + \mu H_iH_j - \delta_{ij}w,$$
$$w = \frac{1}{2}(\varepsilon E^2 + \mu H^2).$$

或者表示为并矢

$$\overleftrightarrow{\boldsymbol{T}} = T_{ij}\boldsymbol{e}_i\boldsymbol{e}_j = \varepsilon\boldsymbol{EE} + \mu\boldsymbol{HH} - w\overleftrightarrow{\boldsymbol{I}}.$$

式中 $\boldsymbol{E}$ 和 $\boldsymbol{H}$ 分别是电场强度和磁场强度，w 是电磁场能量密度.

我们来看 $\overleftrightarrow{\boldsymbol{T}}(T_{ij})$ 的物理意义. 为简单计，假设只存在电场 $\boldsymbol{E}=E\boldsymbol{e}_t$，$\boldsymbol{e}_t$ 是电场线的切矢量. 对任意的无穷小面元 $d\boldsymbol{\sigma}$，设其法向矢量 $\boldsymbol{e}_n$ 与 $\boldsymbol{e}_t$ 的夹角为 θ. 因 $\overleftrightarrow{\boldsymbol{I}} \cdot \boldsymbol{e}_n = \boldsymbol{e}_n$，电场应力为

$$\boldsymbol{T} = \overleftrightarrow{\boldsymbol{T}} \cdot \boldsymbol{e}_n = \varepsilon E^2 \cos\theta \boldsymbol{e}_t - \frac{1}{2}\varepsilon E^2 \boldsymbol{e}_n.$$

有下面两种特例：

（1）如果面元的表面法线与电场平行，$\cos\theta=1$，故电场应力为

$$\boldsymbol{T}=\frac{1}{2}\varepsilon E^2\boldsymbol{e}_n,\quad (\boldsymbol{e}_n\,/\!/\,\boldsymbol{e}_t),$$

即作用在面元 $\mathrm{d}\boldsymbol{\sigma}$ 上的压强大小为$\frac{1}{2}\varepsilon E^2$，方向平行于 $\boldsymbol{E}$.

（2）如果表面法线与电场垂直，$\cos\theta=0$，则

$$\boldsymbol{T}=-\frac{1}{2}\varepsilon E^2\boldsymbol{e}_n,\quad (\boldsymbol{e}_n\perp\boldsymbol{e}_t),$$

即电场应力沿 $-\boldsymbol{e}_n$ 方向与 $\boldsymbol{E}$ 垂直. 利用电场应力可以解释电荷之间的排斥和吸引.

对于仅存在磁场的情况可以类似讨论，我们将在 22.4 节分析磁流体运动方程时加以说明.

13　闵氏时空的张量分析

13.1　闵氏度规和线元——时空间隔

将时间坐标取为 $x_0=ct$，四维闵氏时空坐标统一记作

$$(x_0,x_1,x_2,x_3)=(ct,\boldsymbol{x}).$$

根据时空间隔不变性[见(4.5)式]，任意两个邻近的时空点 $P(x_0,x_1,x_2,x_3)$ 和 $Q(x_0+\mathrm{d}x_0,x_1+\mathrm{d}x_1,x_2+\mathrm{d}x_2,x_3+\mathrm{d}x_3)$ 的时空间隔为

$$\mathrm{d}s^2=\mathrm{d}x_0^2-\mathrm{d}x_1^2-\mathrm{d}x_2^2-\mathrm{d}x_3^2=\eta_{\mu\nu}\mathrm{d}x_\mu\mathrm{d}x_\nu, \tag{13.1}$$

这里已经用到求和惯例，式中

$$\eta_{\mu\nu}=\begin{bmatrix}1&0&0&0\\0&-1&0&0\\0&0&-1&0\\0&0&0&-1\end{bmatrix},\quad (\mu,\nu=0,1,2,3). \tag{13.2}$$

和欧氏空间类比，我们将时空间隔 $\mathrm{d}s$ 叫做**闵氏线元**，$\eta_{\mu\nu}$ 叫做**闵氏度规**. 由时空间隔不变性决定的几何称作**闵氏几何**，它是闵可夫斯基专门为相对论建立的.

不难看出，闵氏度规与欧氏度规很相似，都是对角元素不为 0，闵氏度规的对角元素为 ±1，而欧氏度规的对角元素全为 1. 因此也将闵氏几何称作**伪欧几何**，相应地，闵氏线元和度规也称作**伪欧线元**和**伪欧度规**. 由此可见，闵可夫斯基物理时空可以用伪欧几里得几何空间来表示.

为了便于应用我们熟知的欧几里得几何规律，在狭义相对论中还可以采取另外一种复欧氏坐标，即把时间坐标取成虚数 $x_4=\mathrm{i}ct\,(\mathrm{i}=\sqrt{-1})$，并将空间和时间坐标统一记作

$$(x_1, x_2, x_3, x_4) = (\boldsymbol{x}, \mathrm{i}ct).$$

由此构成的时空连续域$\{x_\mu | \mu=1,2,3,4\}$，称作**(复)闵氏时空**.

在闵氏坐标(x_μ)下，时空间隔(13.1)式成为

$$\mathrm{d}s^2 = -\delta_{\mu\nu}\mathrm{d}x_\mu \mathrm{d}x_\nu = -\mathrm{d}x_\mu \mathrm{d}x_\mu, \tag{13.3}$$

其中的二阶张量

$$\delta_{\mu\nu} = \begin{bmatrix} 1 & 0 & 0 & 0 \\ 0 & 1 & 0 & 0 \\ 0 & 0 & 1 & 0 \\ 0 & 0 & 0 & 1 \end{bmatrix}, \quad (\mu, \nu = 1,2,3,4). \tag{13.4}$$

就是**四维欧氏度规**，它是三维欧氏度规(12.4)式的推广，所以该空间中的几何就是四维欧氏几何.

必须说明：引入虚时间坐标并不表示时间是虚的，纯粹是为了讨论问题的方便. 因为四维欧氏空间的度规$\delta_{\mu\nu}$是三维欧氏空间度规δ_{ij}的扩展，因而所有的几何计算具有完全相同的规律. 在以下的讨论中将主要采用这种表示，我们将看到它的许多优越性.

13.2　闵氏时空的转动变换——洛伦兹变换

洛伦兹变换(5.3)式在闵氏虚坐标下表示为

$$\begin{cases} x_1' = \gamma(x_1 + \mathrm{i}\beta x_4), \\ x_2' = x_2, \\ x_3' = x_3, \\ x_4' = \gamma(-\mathrm{i}\beta x_1 + x_4). \end{cases}$$

为了区别(5.1)式的$a_{\mu\nu}(\mu,\nu=0,1,2,3)$，我们以后将洛伦兹变换矩阵记作$L_{\mu\nu}(\mu,\nu=1,2,3,4)$：

$$L(v) = \begin{bmatrix} \gamma & 0 & 0 & \mathrm{i}\gamma\beta \\ 0 & 1 & 0 & 0 \\ 0 & 0 & 1 & 0 \\ -\mathrm{i}\gamma\beta & 0 & 0 & \gamma \end{bmatrix}. \tag{13.5}$$

可以直接验证，变换系数是**正交归一化**的

$$\begin{cases} L_{\mu\alpha}L_{\mu\beta} = \delta_{\alpha\beta}, \\ L_{\alpha\nu}L_{\beta\nu} = \delta_{\alpha\beta}. \end{cases} \tag{13.6}$$

矩阵形式为

$$L^T L = I \quad 或 \quad L^{-1} = L^T. \tag{13.7}$$

与(12.10)式比较，可知洛伦兹变换正是四维(复)闵氏空间的正交变换.

于是，洛伦兹变换可以写成

$$x'_{\mu} = L_{\mu\nu} x_{\nu}, \tag{13.8}$$

由于洛伦兹变换逆矩阵等于变换矩阵的转置，洛伦兹逆变换则为

$$x_{\mu} = L^{-1}_{\mu\nu} x'_{\nu} = L_{\nu\mu} x'_{\nu}. \tag{13.9}$$

进一步，容易验证 L 的行列式

$$\det(L) = +1. \tag{13.10}$$

故(13.5)式所对应的洛伦兹变换是四维坐标绕 $x_2 - x_3$ 轴的转动变换. 图 13.1 是二维实闵氏时空 $\{x, ct\}$ 的洛伦兹变换与复闵氏空间 $\{x, \mathrm{i}ct\}$ 的转动变换图的比较，图 13.1(b)中的圆在转动变换下保持不变，对应于实闵氏时空图 13.1(a)中的双曲线.

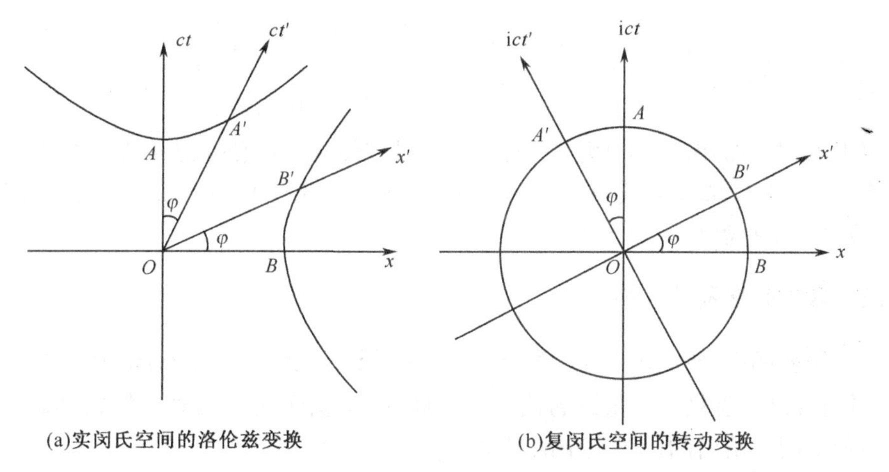

图 13.1　洛伦兹变换的两种表示

引入虚转角 ϕ，令

$$\phi = \arctan\left(-\frac{x_1}{x_4}\right) = \arctan(\mathrm{i}\beta). \tag{13.11}$$

即有

$$\begin{cases} \tan\phi = \mathrm{i}\beta, \\ \cos\phi = \gamma, \\ \sin\phi = \mathrm{i}\gamma\beta. \end{cases} \tag{13.11'}$$

将(13.11)式与(10.11)式比较，这里的虚转角 ϕ 与实闵氏空间的实转角 φ 的关系为

$$\tan\phi = \mathrm{i}\tan\varphi = \tanh(\mathrm{i}\varphi).$$

于是，洛伦兹变换矩阵(13.5)式又可以写成

$$L(\phi)=\begin{bmatrix}\cos\phi & 0 & 0 & \sin\phi\\ 0 & 1 & 0 & 0\\ 0 & 0 & 1 & 0\\ -\sin\phi & 0 & 0 & \cos\phi\end{bmatrix}. \tag{13.12}$$

这一结果说明，若采用复闵氏坐标$(\boldsymbol{x},\mathrm{i}ct)$，则洛伦兹变换是转角为 ϕ 的转动变换[参见(12.16)式]，满足转动变换的一般规律

$$L(\phi)^{-1}=L(-\phi)=L(\phi)^{\mathrm{T}}. \tag{13.13}$$

洛伦兹变换矩阵还可以用指数形式表示. 与三维欧氏空间的转动群类似[见(12.21)式]，将(13.12)式写成

$$L(\phi)=\exp(J\phi),\quad J=\begin{bmatrix}0 & 0 & 0 & 1\\ 0 & 0 & 0 & 0\\ 0 & 0 & 0 & 0\\ -1 & 0 & 0 & 0\end{bmatrix}. \tag{13.14}$$

类似于 12.2 节的做法，利用这一表示可以很方便地证明洛伦兹变换构成群. 又因为洛伦兹变换群满足正交性(13.7)式和幺模性(13.10)式，它故属于四维**幺模正交群**(**或特殊正交群**)，记作 $SO(4)$.

13.3 四维张量及其变换

采用复闵氏坐标(x_μ)后，闵氏时空中的张量在形式上和欧氏空间的张量一样. 并且在转动变换下，张量的性质是一样的. 这就简化了相对论的数学表述. 下面不加证明地给出闵氏时空中的张量.

(1) 标量

标量只有一个分量，在洛伦兹变换下其值不变

$$\varphi'=\varphi. \tag{13.15}$$

例如时空间隔 s 和粒子的固有时间 $\tau=s/c$ 就是闵氏时空的标量.

欧氏空间的三维体元为一(赝)标量，闵氏时空的四维体元也是(赝)标量. 类似于(12.23)式的证明，四维体元在洛伦兹变换下保持不变

$$\mathrm{d}\Omega'=\mathrm{d}x_1'\wedge\mathrm{d}x_2'\wedge\mathrm{d}x_3'\wedge\mathrm{d}x_4'=\mathrm{d}\Omega. \tag{13.16}$$

(2) 矢量

四维闵氏矢量有 4 个分量，前 3 个分量是普通三维空间的矢量，第 4 分量是狭义相对论特有的，叫类时分量，记作

$$X=(X_\mu)=(X_i,X_4). \tag{13.17}$$

在洛伦兹变换下，四维矢量的变换是

$$X'_{\mu} = L_{\mu\nu}X_{\nu} \quad (X' = LX). \tag{13.18}$$

其中的 X 是 4×1 列矩阵. 例如事件在四维时空中的坐标$(x_{\mu})=(x_i, \mathrm{i}ct)$，就是四维位置矢量，其变换规律就是洛伦兹时空变换式. 在洛伦兹变换下，矢量的“模方”保持不变，因为

$$X'_{\mu}X'_{\mu} = X'^{\mathrm{T}}X' = X^{\mathrm{T}}L^{\mathrm{T}}LX = X^{\mathrm{T}}X. \tag{13.19}$$

X^{T} 是 X 的转置，为 1×4 行矩阵.

有两点要说明. 第一，在四维复闵氏空间的数学计算与实欧氏空间完全相同，不涉及复线性空间的共轭计算. 例如，矢量的“模方”是指上面二次式，不是指复矢量的模方 $X^{\mathrm{T}}X^{*}$ (X^{*} 为 X 的共轭). 再例如，两个矢量的标量积是

$$X^{\mathrm{T}}Y = \delta_{\mu\nu}X_{\mu}Y_{\nu} = X_{\mu}Y_{\mu},$$

而不是复矢量的内积 $X^{\mathrm{T}}Y^{*}$.

第二，因为由(13.3)定义的间隔为$-\mathrm{d}s^2=(\mathrm{i}\mathrm{d}s)^2$，与12节以前的情况不同. 相应地，矢量的分类也要改变

$$|X|^2 = X_{\mu}X_{\mu}\begin{cases}=0, & (\text{类光矢量});\\ <0, & (\text{类时矢量});\\ >0, & (\text{类空矢量}).\end{cases} \tag{13.20}$$

(3) 二阶张量

在四维时空中，二阶张量有 $4^2=16$ 个分量，构成一个 4×4 方阵

$$X_{\mu\nu} = \begin{bmatrix} & & & X_{14}\\ & (X_{ij}) & & X_{24}\\ & & & X_{34}\\ X_{41} & X_{42} & X_{43} & X_{44}\end{bmatrix}.$$

其中左上角的9个分量(X_{ij})是属于三维欧氏空间中的张量. 由(13.4)和(13.5)式定义的 $\delta_{\mu\nu}$ 和 $L_{\mu\nu}$ 都是二阶张量. 在洛伦兹变换下，二阶张量的变换为

$$X'_{\mu\nu} = L_{\mu\alpha}L_{\nu\beta}X_{\alpha\beta}, (X' = LXL^{\mathrm{T}}). \tag{13.21}$$

逆变换是

$$X_{\mu\nu} = L_{\alpha\mu}L_{\beta\nu}X'_{\alpha\beta}, (X = L^{\mathrm{T}}X'L).$$

利用洛伦兹变换矩阵的规律(13.6)和(13.10)式，可证二阶张量有3个不变量：

(a) 张量的迹 $\mathrm{tr}(X)=X_{\mu\mu}$ 不变

$$\mathrm{tr}(X') = \mathrm{tr}(LXL^{\mathrm{T}}) = \mathrm{tr}(XLL^{\mathrm{T}}) = \mathrm{tr}(X); \tag{13.22}$$

(b) 行列式 $\det(X)$ 不变

$$\det(X') = \det(LXL^{-1}) = \det(L)\det(X)\det(L^{\mathrm{T}}) = \det(X) \tag{13.23}$$

(c) 缩并积 $X_{\mu\nu}X_{\mu\nu}$ 不变

$$X'_{\mu\nu}X'_{\mu\nu} = L_{\mu\alpha}L_{\nu\beta}L_{\mu\bar{\alpha}}L_{\nu\bar{\beta}}X_{\alpha\beta}X_{\bar{\alpha}\bar{\beta}} = \delta_{\alpha\bar{\alpha}}\delta_{\beta\bar{\beta}}X_{\alpha\beta}X_{\bar{\alpha}\bar{\beta}} = X_{\alpha\beta}X_{\alpha\beta}. \tag{13.24}$$

(4) 四维莱维-齐维塔张量

将三维列维-西维塔张量 ε_{ijk} 推广到四维空间，我们定义一个**四维莱维-齐维塔张量**

$$\varepsilon_{\mu\nu\alpha\beta} = \begin{cases} +1, & \mu,\nu,\alpha,\beta \text{ 为偶序}; \\ -1, & \mu,\nu,\alpha,\beta \text{ 为奇序}; \\ 0, & \text{任二指标相同}. \end{cases} \tag{13.25}$$

这里的奇偶序是以(1,2,3,4)为标准，例如

$$\varepsilon_{1234} = -\varepsilon_{2134} = \varepsilon_{2143} = 1.$$

不难验证，它与克罗内克符号的关系为

$$\varepsilon_{\mu\nu\alpha\beta} = \begin{vmatrix} \delta_{1\mu} & \delta_{1\nu} & \delta_{1\alpha} & \delta_{1\beta} \\ \cdots & \cdots & \cdots & \cdots \\ \cdots & \cdots & \cdots & \cdots \\ \delta_{4\mu} & \delta_{4\nu} & \delta_{4\alpha} & \delta_{4\beta} \end{vmatrix}. \tag{13.26}$$

并满足以下关系式

$$\varepsilon_{\mu\nu\alpha\beta}\varepsilon_{\bar{\mu}\bar{\nu}\bar{\alpha}\bar{\beta}} = \begin{vmatrix} \delta_{\mu\bar{\mu}} & \delta_{\mu\bar{\nu}} & \delta_{\mu\bar{\alpha}} & \delta_{\mu\bar{\beta}} \\ \cdots & \cdots & \cdots & \cdots \\ \cdots & \cdots & \cdots & \cdots \\ \delta_{\beta\bar{\mu}} & \delta_{\beta\bar{\nu}} & \delta_{\beta\bar{\alpha}} & \delta_{\beta\bar{\beta}} \end{vmatrix}, \tag{13.27}$$

$$\varepsilon_{\mu\nu\alpha\beta}\varepsilon_{\mu\nu\bar{\alpha}\bar{\beta}} = 2\begin{vmatrix} \delta_{\alpha\bar{\alpha}} & \delta_{\alpha\bar{\beta}} \\ \delta_{\beta\bar{\alpha}} & \delta_{\beta\bar{\beta}} \end{vmatrix}. \tag{13.28}$$

由于在洛伦兹变换下 $\delta_{\mu\nu}$ 不变，由上面的性质可知四维莱维-齐维塔张量的每一个分量也保持不变.

四维莱维-齐维塔张量是一个很有用的张量，可用来缩并某一张量，使之反称化[见下面的(13.34)式].

13.4 四维张量的运算规则

四维张量的加减和乘法等代数运算与三维张量的运算规则相同，例如四维矢量的内积为(12.31)式的推广，$\langle X,Y\rangle = X_\mu Y_\mu$. 下面仅介绍微分运算.

(1) 梯度

四维空间的梯度算符是三维哈密顿算符 ∇ 的推广，定义为

$$\frac{\partial}{\partial x_\mu} = \left(\frac{\partial}{\partial x_i}, \frac{\partial}{\partial x_4}\right) = \left(\nabla, -\frac{\mathrm{i}}{c}\frac{\partial}{\partial t}\right). \tag{13.29}$$

前 3 个分量是普通三维空间的梯度，第 4 分量是时间的变化率. 梯度运算将张量的阶数增加 1，例如标量场 φ 的梯度$\partial\varphi/\partial x_\mu$ 是矢量. 梯度算符是闵氏空间中的矢量算符，在洛伦兹变换下按矢量规律变换，由(13.18)式可得

$$\frac{\partial}{\partial x'_\mu} = \frac{\partial x_\nu}{\partial x'_\mu}\frac{\partial}{\partial x_\nu} = L_{\mu\nu}\frac{\partial}{\partial x_\nu}. \tag{13.30}$$

(2) 散度

张量的散度运算是梯度的缩并，新张量比原来的降低 1 阶. 例如矢量 X_μ 的散度是标量

$$\frac{\partial X_\mu}{\partial x_\mu} = \frac{\partial X_i}{\partial x_i} + \frac{\partial X_4}{\partial x_4} = \nabla\cdot\boldsymbol{X} - \frac{\mathrm{i}}{c}\frac{\partial X_4}{\partial t}. \tag{13.31}$$

标量即为不变量，利用矢量和梯度的变换规律式可以证明

$$\frac{\partial X'_\mu}{\partial x'_\mu} = L_{\mu\alpha}L_{\mu\beta}\frac{\partial X_\beta}{\partial x_\alpha} = \delta_{\alpha\beta}\frac{\partial X_\beta}{\partial x_\alpha} = \frac{\partial X_\alpha}{\partial x_\alpha}, \tag{13.32}$$

所以矢量的散度在洛伦兹变换下是不变量.

(3) 旋度

旋度是由梯度构成的高 1 阶的反对称张量. 我们主要关心四维矢量 X_μ 的旋度，它是一个二阶反对称张量，其分量为

$$Y_{\mu\nu} = \frac{\partial X_\nu}{\partial x_\mu} - \frac{\partial X_\mu}{\partial x_\nu} = -Y_{\nu\mu}. \tag{13.33}$$

把整个张量写出来就是

$$Y_{\mu\nu} = \begin{bmatrix} 0 & Y_{12} & Y_{13} & Y_{14} \\ -Y_{12} & 0 & Y_{23} & Y_{24} \\ -Y_{13} & -Y_{23} & 0 & Y_{34} \\ -Y_{14} & -Y_{24} & -Y_{34} & 0 \end{bmatrix},$$

左上角部分的 9 个分量(Y_{ij})是三维空间的旋度矢量$\nabla\times\boldsymbol{X}$. 由于反对称性，四维矢量的旋度张量只有 6 个独立分量.

利用四维莱维-齐维塔张量，可将(13.33)式简化为

$$Y_{\mu\nu} = \varepsilon_{\alpha\beta\mu\nu}\frac{\partial X_\nu}{\partial x_\mu}. \tag{13.34}$$

其中 α,β 的取值应保证$\varepsilon_{\alpha\beta\mu\nu}=1$，例如当 $\mu\nu=12$ 时，应取 $\alpha\beta=34$：

$$Y_{12} = \varepsilon_{3412}\frac{\partial X_2}{\partial x_1} + \varepsilon_{3421}\frac{\partial X_1}{\partial x_2} = \frac{\partial X_2}{\partial x_1} - \frac{\partial X_1}{\partial x_2}.$$

由于在洛伦兹变换下 $\varepsilon_{\alpha\beta\mu\nu}$ 保持不变,(13.34)式按二阶张量的变换规律(13.21)式变换.

更为方便的是,可用四维莱维-齐维塔张量构成一个不变量 $\varepsilon_{\mu\nu\alpha\beta}Y_{\mu\nu}Y_{\alpha\beta}$,因为由四维莱维-齐维塔张量的性质(13. 27)式,我们有

$$
\begin{aligned}
(\varepsilon_{\mu\nu\alpha\beta}Y_{\mu\nu}Y_{\alpha\beta})^2 &= \varepsilon_{\mu\nu\alpha\beta}\varepsilon_{\bar{\mu}\bar{\nu}\bar{\alpha}\bar{\beta}}Y_{\mu\nu}Y_{\alpha\beta}Y_{\bar{\mu}\bar{\nu}}Y_{\bar{\alpha}\bar{\beta}} \\
&= \begin{vmatrix} \delta_{\mu\bar{\mu}} & \delta_{\mu\bar{\nu}} & \delta_{\mu\bar{\alpha}} & \delta_{\mu\bar{\beta}} \\ \cdots & \cdots & \cdots & \cdots \\ \cdots & \cdots & \cdots & \cdots \\ \delta_{\beta\bar{\mu}} & \delta_{\beta\bar{\nu}} & \delta_{\beta\bar{\alpha}} & \delta_{\beta\bar{\beta}} \end{vmatrix} Y_{\mu\nu}Y_{\alpha\beta}Y_{\bar{\mu}\bar{\nu}}Y_{\bar{\alpha}\bar{\beta}} = 8^2\det(Y).
\end{aligned}
$$

式中用到张量的反称性,根据(13.23)式可知上式为不变量. 综合(13.24)式可知反对称旋度张量有两个不变量:

$$\varepsilon_{\mu\nu\alpha\beta}Y'_{\mu\nu}Y'_{\alpha\beta} = \varepsilon_{\mu\nu\alpha\beta}Y_{\mu\nu}Y_{\alpha\beta}, \tag{13.35}$$

$$Y'_{\mu\nu}Y'_{\mu\nu} = Y_{\mu\nu}Y_{\mu\nu}. \tag{13.36}$$

我们将在 14.1 节看到这两式的应用.

(4) 四维拉普拉斯算符

四维拉普拉斯算符是三维算符:

$$\Delta = \nabla^2 - \nabla \cdot \nabla - \frac{\partial^2}{\partial x_i \partial x_i}$$

的推广,其定义为

$$\Box \equiv \frac{\partial^2}{\partial x_\mu \partial x_\mu} = \nabla^2 - \frac{1}{c^2}\frac{\partial^2}{\partial t^2}. \tag{13.37}$$

利用梯度的变换(13.30)和(13.6)式,可得其变换规律为

$$\Box' = \frac{\partial^2}{\partial x'_\mu \partial x'_\mu} = L_{\mu\alpha}L_{\mu\beta}\frac{\partial^2}{\partial x_\alpha \partial x_\beta} = \frac{\partial^2}{\partial x_\alpha \partial x_\alpha} = \Box, \tag{13.38}$$

所以拉普拉斯算符是一个标量算符,在洛伦兹变换下形式不变.

综合本节内容,我们将四维时空的张量定义及其计算公式归纳为表 13.1,并记

$$\partial_\mu \equiv \frac{\partial}{\partial x_\mu} = \left(\nabla, -\frac{\mathrm{i}}{c}\frac{\partial}{\partial t}\right), \quad (\mu = 1,2,3,4).$$

表中有意识地将求和用欧氏度规写成 $\delta_{\mu\nu}x_\mu y_\nu = x_\mu y_\mu$,这是因为在许多文献中常常采用实的时空坐标$(x_\mu | \mu=0,1,2,3) = (ct, x_1, x_2, x_3)$,相应的微分算符为

$$\partial_\mu \equiv \frac{\partial}{\partial x_\mu} = \left(\frac{1}{c}\frac{\partial}{\partial t}, \nabla\right), \quad (\mu = 0,1,2,3).$$

在此情况下,只需要将表中的四维欧氏度规换成(13.2)式定义的闵氏度规:

$$
\delta_{\mu\nu} \longrightarrow \eta_{\mu\nu} = \begin{bmatrix} -1 & 0 & 0 & 0 \\ 0 & 1 & 0 & 0 \\ 0 & 0 & 1 & 0 \\ 0 & 0 & 0 & 1 \end{bmatrix},
$$

洛伦兹变换系数换成由(5.1)式定义的 $a_{\mu\nu}$

$$
L_{\mu\nu} \rightarrow a_{\mu\nu} = \begin{bmatrix} \gamma & -\gamma\beta & 0 & 0 \\ -\gamma\beta & \gamma & 0 & 0 \\ 0 & 0 & 1 & 0 \\ 0 & 0 & 0 & 1 \end{bmatrix}.
$$

例如时空间隔和洛伦兹变换分别为

$$
\mathrm{d}s^2 = \eta_{\mu\nu}\mathrm{d}x_\mu \mathrm{d}x_\nu,
$$

$$
x'_\mu = a_{\mu\nu}x_\nu, \quad \eta_{\mu\nu}a_{\mu\alpha}a_{\nu\beta} = \eta_{\alpha\beta}.
$$

表 13.1　四维时空的张量及其运算

四维时空坐标	$x_\mu=(x_1,x_2,x_3,\mathrm{i}ct)$	张量的加法	$X_{\mu\nu}+Y_{\mu\nu}=Z_{\mu\nu}$
时空线元(时空间隔)	$\mathrm{d}s^2=-\delta_{\mu\nu}\mathrm{d}x_\mu\mathrm{d}x_\nu$	矢量的外积($\mu\nu$ 分量)	$(XY)_{\mu\nu}=X_\mu Y_\nu$
转动变换(洛伦兹变换)	$x'_\mu=L_{\mu\nu}x_\nu$,	矢量的内积	$\langle X,Y\rangle=\delta_{\mu\nu}X_\mu Y_\nu$
	$\delta_{\mu\nu}L_{\mu\alpha}L_{\nu\beta}=\delta_{\alpha\beta}$	标量的梯度(μ 分量)	$\mathrm{grad}_\mu\varphi=\partial_\mu\varphi$
零阶张量(标量)	$\varphi'=\varphi$	矢量的散度	$\mathrm{div}(X)=\delta_{\mu\nu}\partial_\mu X_\nu$
一阶张量(矢量)	$X'_\mu=L_{\mu\nu}X_\nu$	矢量的旋度($\mu\nu$ 分量)	$\mathrm{curl}_{\mu\nu}(X)=\partial_\mu X_\nu-\partial_\nu X_\mu$
二阶张量	$X'_{\mu\nu}=L_{\mu\alpha}L_{\nu\beta}X_{\alpha\beta}$	拉普拉斯运算	$\Box X=\delta_{\mu\nu}\partial_\mu\partial_\nu X$

运动物体的电动力学的洛伦兹理论基础与相对性原理是一致的.

——爱因斯坦《论运动物体的电动力学》

第 4 章 电动力学的相对论形式

14 电磁场方程的协变性

由狭义相对性原理和光速不变原理必然导出洛伦兹变换式. 考察一种物理理论是否满足狭义相对性原理，就看它在洛伦兹变换下是否具有不变形式，通常把这种性质叫做具有**洛伦兹协变性**. 1905 年爱因斯坦在《论运动物体的电动力学》一文中指出，麦克斯韦方程在洛伦兹变换下具有不变性. 这就意味着麦克斯韦电动力学满足狭义相对性原理. 1909 年闵可夫斯基进一步指出，如果引入四维时空，将麦克斯韦方程表示为张量方程，可以直接看出它们的洛伦兹协变性. 所谓张量方程，是指每一项都是同阶张量. 例如一个二阶张量方程

$$X_{\alpha\beta} = Y_{\alpha\beta} + Z_{\alpha\beta},$$

在洛伦兹变换下，每一项具有相同的变换规律 $X'_{\mu\nu} = L_{\mu\alpha} L_{\nu\beta} X_{\alpha\beta}$，…，使得变换后的方程与原方程的形式相同

$$X'_{\mu\nu} = Y'_{\mu\nu} + Z'_{\mu\nu},$$

因此我们说该方程具有洛伦兹协变性.

14.1 麦克斯韦电磁场方程

我们主要讨论真空中的麦克斯韦电磁场方程，在本节最后讨论介质中情况. 真空中的电磁参数取为

$$\mu = \mu_0, \quad \varepsilon = \varepsilon_0, \quad c = \frac{1}{\sqrt{\mu_0 \varepsilon_0}}.$$

设电场强度和磁感应强度分别为 $\boldsymbol{E}$ 和 $\boldsymbol{B}$，则真空中的**麦克斯韦方程**是

$$\begin{cases} \nabla \times \boldsymbol{B} = \dfrac{1}{c^2} \dfrac{\partial \boldsymbol{E}}{\partial t} + \mu_0 \boldsymbol{J}, \\ \nabla \cdot \boldsymbol{E} = \dfrac{\rho}{\varepsilon_0}, \\ \nabla \cdot \boldsymbol{B} = 0, \\ \nabla \times \boldsymbol{E} = -\dfrac{\partial \boldsymbol{B}}{\partial t}. \end{cases} \tag{14.1}$$

这 4 式分别称作全电路安培定律、电场高斯定理、磁场高斯定理和法拉第电磁感应定律. 其中的电荷密度 ρ 和电流密度矢量 $\boldsymbol{J}$ 还满足**电荷守恒定律**：

$$\nabla\cdot\boldsymbol{J}+\frac{\partial\rho}{\partial t}=0. \tag{14.2}$$

定义三维矢势 $\boldsymbol{A}$ 和标势 φ，与场强量的关系为

$$\begin{cases}\boldsymbol{B}=\nabla\times\boldsymbol{A},\\ \boldsymbol{E}=-\dfrac{\partial\boldsymbol{A}}{\partial t}-\nabla\varphi.\end{cases} \tag{14.3}$$

由于一个矢量由其旋度和散度决定，所以由矢势和标势并不能唯一确定场强量. 设 f 为任意的标量函数，作如下变换：

$$\begin{cases}\boldsymbol{A}\to\boldsymbol{A}'=\boldsymbol{A}+\nabla f,\\ \varphi\to\varphi'=\varphi+\dfrac{\partial f}{\partial t}.\end{cases} \tag{14.4}$$

将它们代入(14.3)式，由于 $\nabla\times\nabla f\equiv0$，可知 $(\boldsymbol{A},\varphi)$ 与 $(\boldsymbol{A}',\varphi')$ 对应相同的场强量. 具有这种性质的变换称作**规范变换**，对规范变换的限制叫做**规范条件**.

在电动力学中一般引入**洛伦兹规范条件**，即

$$\nabla\cdot\boldsymbol{A}+\frac{1}{c^2}\frac{\partial\varphi}{\partial t}=0. \tag{14.5}$$

这实际上限制了(14.4)式中的函数 f 的取值应满足

$$\nabla^2 f+\frac{1}{c^2}\frac{\partial^2 f}{\partial t^2}=0.$$

顺便指出，在经典电动力学中洛伦兹规范条件并非必需的，我们也可以引入库仑规范条件 $\nabla\cdot\boldsymbol{A}=0$. 但是在量子电动力学中，只有满足费米提出的新洛伦兹规范条件的物理量才真实地反映客观电磁现象，不满足此条件的解将是非物理的(刘辽，2003).

在洛伦兹规范条件下，用电磁势描述麦克斯韦场方程为

$$\begin{cases}\nabla^2\boldsymbol{A}-\dfrac{1}{c^2}\dfrac{\partial^2\boldsymbol{A}}{\partial t^2}=-\mu_0\boldsymbol{J},\\ \nabla^2\varphi-\dfrac{1}{c^2}\dfrac{\partial^2\varphi}{\partial t^2}=-\dfrac{\rho}{\varepsilon_0}.\end{cases} \tag{14.6}$$

这就是**达朗贝尔波动方程**.

以上是我们熟悉的电磁场内容，与狭义相对论是相容的. 下面我们将它们改成闵氏空间的张量形式，说明场方程的洛伦兹协变性，并揭示电场和磁场的统一性.

14.2　场方程的四维电磁势表示

首先考虑电流密度矢量 $\boldsymbol{J}$ 和电荷密度 ρ.

因为电荷的运动产生电流，相对于电荷静止的观测者测量到电荷密度，相对运动的观测者则测量到电流密度. 根据狭义相对论运动的相对性，这两者之间的区别是相对的. 我们假定它们合在一起构成一个四维矢量：

$$J_\mu = (\boldsymbol{J}, \mathrm{i}c\rho), \tag{14.7}$$

称作**四维电流密度**. 则电荷守恒定律(14.2)式成为

$$\partial_\mu J_\mu = 0. \tag{14.8}$$

再来讨论三维矢势 $\mathbf{A}$ 和标势 φ.

达朗贝尔波动方程表明标势是由静止电荷激发的，矢势则由电流激发，我们进一步假定它们合在一起也构成四维矢量，叫做**四维电磁势**

$$A_\mu = \left(\mathbf{A}, \frac{\mathrm{i}}{c}\varphi\right), \tag{14.9}$$

在此假定下，规范变换(14.4)式和洛伦兹规范条件(14.5)式成为

$$A_\mu \to A'_\mu = A_\mu + \partial_\mu f, \tag{14.10}$$

$$\partial_\mu A_\mu = 0. \tag{14.11}$$

在洛伦兹规范下，达朗贝尔波动方程(14.6)式可以统一成一个四维矢量方程

$$\Box A_\mu \equiv \partial_\nu \partial_\nu A_\mu = -\mu_0 J_\mu. \tag{14.12}$$

当 $\mu=1,2,3$ 和 $\mu=4$ 时，分别是(14.6)式的矢势方程和标势方程.

(14.8)式和(14.11)式表明四维电流密度和四维势是无散的(四维散度为 0)，这暗示在狭义相对论中必须把电流和电荷密度、矢势和标势看成统一体. 它们的区别是相对的，是观测者所在的参考系不同而引起的. 在假定 A_μ 和 J_μ 是四维矢量的情况下，上述电动力学方程都是张量方程，因此具有洛伦兹协变性，或符合狭义相对性原理. 事实上，由(13.32)式立即知道，(14.8)式和(14.11)式在洛伦兹变换下的形式不变. 再由拉普拉斯算符和矢量的变换规律

$$\Box' = \Box, \quad A'_\mu = L_{\mu\nu} A_\nu, \quad J'_\mu = L_{\mu\nu} J_\nu,$$

可知(14.12)式变换为

$$\Box' A'_\nu = -\mu_0 J'_\nu.$$

所以麦克斯韦势方程具有洛伦兹协变性.

14.3　场方程的电磁场张量表示

对四维矢势 A_μ 取旋度，可得一个二阶反对称张量[参见(13.33)式]，将其定义为**电磁场张量(麦克斯韦张量)**：

$$F_{\mu\nu} = \partial_\mu A_\nu - \partial_\nu A_\mu = -F_{\nu\mu}, \tag{14.13}$$

其中：$F_{ij} = -F_{ji}\,(i,j=1,2,3)$ 是三维空间的普通旋度，根据(14.3)式的第 1 式，表示磁场分量：

$$F_{ij} = \partial_i A_j - \partial_j A_i = (\boldsymbol{\nabla}\times\boldsymbol{A})_k = B_k,$$
$$(i \rightarrow j \rightarrow k \rightarrow i \text{ 轮换}).$$

$F_{4k}=-F_{k4}(k=1,2,3)$对应于(14.3)式的第 2 式，即电场分量：

$$F_{4k} = \frac{\partial A_k}{\partial x_4} - \frac{\partial A_4}{\partial x_k} = -\frac{\mathrm{i}}{c}\left(\frac{\partial A_k}{\partial t} - \frac{\partial \varphi}{\partial x_k}\right) = -\frac{\mathrm{i}}{c}E_k.$$

故(14.3)式合起来构成电磁场张量，即

$$F_{\mu\nu} = -F_{\nu\mu} = \begin{bmatrix} 0 & B_3 & -B_2 & -\frac{\mathrm{i}}{c}E_1 \\ \cdots & 0 & B_1 & -\frac{\mathrm{i}}{c}E_2 \\ \cdots & \cdots & 0 & -\frac{\mathrm{i}}{c}E_3 \\ \cdots & \cdots & \cdots & 0 \end{bmatrix}. \tag{14.14}$$

左下角的元素可根据反对称性求出.读者可以验证,此式可以反过来表示成

$$E_i = \mathrm{i}cF_{i4}, \quad B_i = \frac{1}{2}\varepsilon_{ijk}F_{jk}. \tag{14.14$'$}$$

注意莱维-齐维塔符号的应用,例如

$$B_1 = \frac{1}{2}(\varepsilon_{123}F_{23} + \varepsilon_{132}F_{32}) = \frac{1}{2}(F_{23} - F_{32}) = F_{23}.$$

利用电磁场张量可以把麦克斯韦场方程(14.1)式改写成张量方程.前两式写成电磁场张量的散度方程

$$\partial_\nu F_{\mu\nu} = \mu_0 J_\mu. \tag{14.15}$$

后两式合并成一个三阶张量方程

$$\partial_\lambda F_{\mu\nu} + \partial_\mu F_{\nu\lambda} + \partial_\nu F_{\lambda\mu} = 0, \tag{14.16}$$

式中的 3 个指标互不相同,因为有相同指标时为恒等式.

不难验证，在(14.15)式中取 $\mu=1,2,3$ 就是全电路安培定律(14.1)式的第 1 式,例如取 $\mu=1$ 时

$$\frac{\partial F_{1\nu}}{\partial x_\nu} = \frac{\partial B_3}{\partial x_2} - \frac{\partial B_2}{\partial x_3} - \frac{\mathrm{i}}{c^2}\frac{\partial E_1}{\partial(\mathrm{i}ct)}$$
$$= (\boldsymbol{\nabla}\times\boldsymbol{B})_1 - \frac{1}{c^2}\frac{\partial E_1}{\partial t} = \mu_0 J_1;$$

在(14.15)式取 $\mu=4$ 就是电场高斯定理(14.1)式的第 2 式：

$$\frac{\partial F_{4\nu}}{\partial x_\nu} = -\frac{\mathrm{i}}{c}\left(\frac{\partial E_1}{\partial x_1} + \frac{\partial E_2}{\partial x_2} + \frac{\partial E_3}{\partial x_3}\right)$$
$$= -\frac{\mathrm{i}}{c}\boldsymbol{\nabla}\cdot\boldsymbol{E} = -\mu_0\mathrm{i}c\rho,$$

即

$$\nabla \cdot \boldsymbol{E} = \rho/\varepsilon_0;$$

在(14.16)式中取$(\mu,\nu,\lambda)=(1,2,3)$对应于磁场高斯定理(14.1)式的第3式：

$$\frac{\partial B_3}{\partial x_3}+\frac{\partial B_1}{\partial x_1}+\frac{\partial B_2}{\partial x_2}=\nabla \cdot \boldsymbol{B}=0;$$

在(14.16)式取$(\mu,\nu,\lambda)=(2,3,4),(3,4,1)$及$(4,1,2)$分别对应于电磁感应定律(14.1)式的第4式的3个分量式，例如$(\mu,\nu,\lambda)=(2,3,4)$时

$$-\frac{\mathrm{i}}{c}\left(\frac{\partial B_1}{\partial t}+\frac{\partial E_3}{\partial x_2}-\frac{\partial E_2}{\partial x_3}\right)=-\frac{\mathrm{i}}{c}\left[\frac{\partial B_1}{\partial t}+(\nabla\times\boldsymbol{E})_1\right]=0.$$

14.4　介质中场方程的电磁场张量表示

我们知道，在电磁介质中的**麦克斯韦方程**为

$$\begin{cases}\nabla\times\boldsymbol{H}=\dfrac{\partial \boldsymbol{D}}{\partial t}+\boldsymbol{J},\\ \nabla\cdot\boldsymbol{D}=\rho,\\ \nabla\cdot\boldsymbol{B}=0,\\ \nabla\times\boldsymbol{E}=-\dfrac{\partial \boldsymbol{B}}{\partial t}.\end{cases}\tag{14.17}$$

与真空电磁场方程(14.1)式不同的是前两个方程，我们来求它们的电磁场张量表示.

对于均匀和各向同性介质，磁场强度$\boldsymbol{H}$与磁感强度$\boldsymbol{B}$、电位移$\boldsymbol{D}$与电场强度$\boldsymbol{E}$的关系满足方程：

$$\boldsymbol{D}=\varepsilon\boldsymbol{E},\quad \boldsymbol{H}=\frac{\boldsymbol{B}}{\mu}.\tag{14.18}$$

我们只需将真空条件下所得结论中的电磁参数作以下替换：

$$\varepsilon\rightarrow\varepsilon_0,\quad \mu\rightarrow\mu_0,$$

也就得到介质中场方程的相对论形式，这种情况不必另行讨论.

但是，在一般情况下场强之间的关系是

$$\boldsymbol{D}=\varepsilon_0\boldsymbol{E}+\boldsymbol{P},\quad \boldsymbol{H}=\frac{\boldsymbol{B}}{\mu_0}-\boldsymbol{M}.\tag{14.19}$$

其中的极化强度$\boldsymbol{P}$和磁化强度$\boldsymbol{M}$，分别取决于介质的极化电荷密度ρ_{p}、极化电流密度$\boldsymbol{J}_{\mathrm{p}}$和磁化电流密度$\boldsymbol{J}_{\mathrm{m}}$：

$$\nabla\cdot\boldsymbol{P}=-\rho_{\mathrm{p}},\ \frac{\partial \boldsymbol{P}}{\partial t}=\boldsymbol{J}_{\mathrm{p}},\ \nabla\times\boldsymbol{M}=\boldsymbol{J}_{\mathrm{m}}.\tag{14.20}$$

将(14.19)和(14.20)式代入的(14.17)式的前两式，得到与(14.1)式的前两式相同的形式

$$\begin{cases}\nabla\times\boldsymbol{B}=\dfrac{1}{c^2}\dfrac{\partial\boldsymbol{E}}{\partial t}+\mu_0\boldsymbol{J}',\\[2ex]\nabla\cdot\boldsymbol{E}=\dfrac{\rho'}{\varepsilon_0}.\end{cases}\tag{14.21}$$

其中的总电流密度和电荷密度：

$$\boldsymbol{J}'=\boldsymbol{J}+\boldsymbol{J}_{\mathrm{p}}+\boldsymbol{J}_{\mathrm{m}},\quad \rho'=\rho+\rho_{\mathrm{p}}\tag{14.22}$$

不仅包括传导电流 $\boldsymbol{J}$ 和自由电荷 ρ，还与极化和磁化有关. 仿照(14.7)式，我们可以定义一个**四维总电流密度**：

$$J'_\mu=(\boldsymbol{J}',\mathrm{i}c\rho').\tag{14.23}$$

和 14.3 节情况类似，(14.21)式可以用电磁场张量表示为

$$\partial_\nu F_{\mu\nu}=\mu_0 J'_\mu.\tag{14.24}$$

这就是说，介质中的场方程与真空场方程形式上相同，只需要用四维总电流密度 J'_μ 替换传导电流密度 J_μ.

我们也可以采用另一种方法，使得方程右边不出现极化、磁化电流和极化电荷. 将(14.19)式代入(14.17)式的前两式可得

$$\begin{cases}\nabla\times(\boldsymbol{B}-\mu_0\boldsymbol{M})=\dfrac{1}{c^2}\dfrac{\partial}{\partial t}\left(\boldsymbol{E}+\dfrac{\boldsymbol{P}}{\varepsilon_0}\right)+\mu_0\boldsymbol{J},\\[2ex]\nabla\cdot\left(\boldsymbol{E}+\dfrac{\boldsymbol{P}}{\varepsilon_0}\right)=\dfrac{\rho}{\varepsilon_0}.\end{cases}\tag{14.25}$$

不难发现，如果在真空电磁场方程(14.1)式的前两式中作以下的替换：

$$\boldsymbol{B}\to\boldsymbol{B}-\mu_0\boldsymbol{M},\quad \boldsymbol{E}\to\boldsymbol{E}+\frac{\boldsymbol{P}}{\varepsilon_0},$$

就得到(14.25)式. 因此我们将真空电磁场张量(14.14)式按上述替换加以改变，定义**介质中的电磁场张量**为

$$G_{\mu\nu}=\begin{bmatrix}0 & B_3-\mu_0M_3 & -(B_2-\mu_0M_2) & -\dfrac{\mathrm{i}}{c}\left(E_1+\dfrac{P_1}{\varepsilon_0}\right)\\ \cdots & 0 & B_1-\mu_0M_1 & -\dfrac{\mathrm{i}}{c}\left(E_2+\dfrac{P_2}{\varepsilon_0}\right)\\ \cdots & \cdots & 0 & -\dfrac{\mathrm{i}}{c}\left(E_3+\dfrac{P_3}{\varepsilon_0}\right)\\ \cdots & \cdots & \cdots & 0\end{bmatrix},\tag{14.26}$$

左下角的元素可根据反对称性 $G_{\mu\nu}=-G_{\nu\mu}$ 得到. 于是介质中场方程(14.25)式的电磁场张量表示可以写成

$$\partial_\nu G_{\mu\nu}=\mu_0 J_\mu.\tag{14.27}$$

进一步，介质中的电磁场张量式(14.26)可以分为两部分

$$G_{\mu\nu}=F_{\mu\nu}-\mu_0M_{\mu\nu},\tag{14.28}$$

其中的二阶反对称张量 $M_{\mu\nu}$ 与介质的极化强度和磁化强度有关，称作**矩张量**：

$$M_{\mu\nu}=-M_{\nu\mu}=\begin{bmatrix}0 & M_3 & -M_2 & icP_1\\ \cdots & 0 & M_1 & icP_2\\ \cdots & \cdots & 0 & icP_3\\ \cdots & \cdots & \cdots & 0\end{bmatrix}. \tag{14.29}$$

将磁化电流、极化电流和极化电荷合在一起，定义**四维诱导电流密度**：

$$J_\mu^M=(\boldsymbol{J}_{\mathrm{m}}+\boldsymbol{J}_{\mathrm{p}},\mathrm{i}c\rho_{\mathrm{p}}), \tag{14.30}$$

不难验证，(14.20)式也可以写成四维形式：

$$\partial_\nu M_{\mu\nu}=J_\mu^M. \tag{14.31}$$

显然，将(14.31)式乘上 μ_0 后与(14.24)式两边相减就得到(14.27)式.

可见，介质中电磁场方程的四维形式有两种表示：(14.24)式反映电磁场张量与四维总电流密度的关系，介质的影响体现在总电流密度之中；(14.27)式则是介质中的电磁场张量与四维电流密度的关系，电磁场张量包含了介质的极化和磁化强度. 在关系式(14.31)之下，这两种表示完全等价.

综合本节的讨论，在假定 J_μ 和 A_μ 都是四维矢量的情况下，麦克斯韦电磁场方程与狭义相对论是相容的. 我们将场方程的两种形式归纳为表 14.1，从中可以明显看出电动力学的协变性.

表 14.1　电磁场方程的两种表示形式

	四维张量形式	三维矢量形式
连续性方程	$\partial_\mu J_\mu=0$	$\nabla\cdot\boldsymbol{J}+\dfrac{\partial\rho}{\partial t}=0$
规范条件	$\partial_\mu A_\mu=0$	$\nabla\cdot\boldsymbol{A}+\dfrac{\partial\varphi}{\partial t}=0$
波动方程	$\partial_\nu\partial_\nu A_\mu=-\mu_0 J_\mu$	$\begin{cases}\nabla^2\boldsymbol{A}-\dfrac{1}{c^2}\dfrac{\partial^2\boldsymbol{A}}{\partial t^2}=-\mu_0\boldsymbol{J}\\ \nabla^2\varphi-\dfrac{1}{c^2}\dfrac{\partial^2\varphi}{\partial t^2}=-\dfrac{\rho}{\varepsilon_0}\end{cases}$
场强与势的关系	$F_{\mu\nu}=\partial_\mu A_\nu-\partial_\nu A_\mu$	$\begin{cases}\boldsymbol{B}=\nabla\times\boldsymbol{A}\\ \boldsymbol{E}=-\dfrac{\partial\boldsymbol{A}}{\partial t}-\nabla\varphi\end{cases}$
电磁场方程	$\partial_\nu F_{\mu\nu}=\mu_0 J_\mu$	$\begin{cases}\nabla\times\boldsymbol{B}=\dfrac{1}{c^2}\dfrac{\partial\boldsymbol{E}}{\partial t}+\mu_0\boldsymbol{J}\\ \nabla\cdot\boldsymbol{E}=\dfrac{\rho}{\varepsilon_0}\end{cases}$
	$\partial_\nu G_{\mu\nu}=\mu_0 J_\mu$ 或 $\partial_\nu F_{\mu\nu}=\mu_0 J'_\mu$	$\begin{cases}\nabla\times\boldsymbol{H}=\dfrac{\partial\boldsymbol{D}}{\partial t}+\boldsymbol{J}\\ \nabla\cdot\boldsymbol{D}=\rho\end{cases}$
	$\partial_\lambda F_{\mu\nu}+\partial_\mu F_{\nu\lambda}+\partial_\nu F_{\lambda\mu}=0$	$\begin{cases}\nabla\cdot\boldsymbol{B}=0\\ \nabla\times\boldsymbol{E}=-\dfrac{\partial\boldsymbol{B}}{\partial t}\end{cases}$

15　电磁场的洛伦兹变换

应当指出，在四维时空中，无论是电磁矢势 $\boldsymbol{A}$ 和标势 φ，还是电场 $\boldsymbol{E}$ 和磁场 $\boldsymbol{B}$ 都不是四维矢量，由(14.9)式和(14.14)式可知，它们是统一的四维势矢 A_μ 和电磁场张量 $F_{\mu\nu}$ 的不同分量. 因此电场和磁场的区别是相对的，视惯性系不同而不同. 正如爱因斯坦所说

"电磁场显现为一个统一的物理结构，在每一空间-时间点上由六个分量来确定，这一结构的形式上的性质用麦克斯韦方法加以描述."

这里所说的电磁场分量可以是电磁场强度(E_i, B_i)或电磁势(A_i, φ)，也可以是电磁场张量($F_{\mu\nu}$)或者四维电磁势(A_μ). 下面我们通过讨论各分量的洛伦兹变换，体会电磁场的统一性.

15.1　电磁势和场强的洛伦兹变换

(1) 电磁势的变换

设 S' 相对于 S 的速度为 $\boldsymbol{v}=v\boldsymbol{e}_1$，四维电磁势矢量在两系中的分量分别为 A_μ 和 A'_μ，满足矢量变换(13.18)式

$$A'_\mu = L_{\mu\nu}A_\nu \quad (A' = LA). \tag{15.1}$$

根据洛伦兹变换(13.5)式，电磁矢势和标势的变换为

$$\begin{cases} A'_1 = \gamma\left(A_1 - \dfrac{v}{c^2}\varphi\right), \\ A'_2 = A_2, \\ A'_3 = A_3, \\ \varphi' = \gamma(\varphi - vA_1). \end{cases} \tag{15.2}$$

逆变换则为

$$\begin{cases} A_1 = \gamma\left(A'_1 + \dfrac{v}{c^2}\varphi'\right), \\ A_2 = A'_2, \\ A_3 = A'_3, \\ \varphi = \gamma(\varphi' + vA'_1). \end{cases} \tag{15.3}$$

但根据矢量的变换性质(13.19)式，四维矢量的长度不变

$$A_\mu A_\mu = |\boldsymbol{A}|^2 - \left(\frac{\varphi}{c}\right)^2 = \text{inv.}.$$

(2) 电磁场张量的变换

设电磁场张量在 S 和 S' 系的分量分别为 $F_{\alpha\beta}$ 和 $F'_{\mu\nu}$. 在洛伦兹变换下，电磁场张量的变换规律满足二阶张量变换(13.21)式

$$F'_{\mu\nu} = L_{\mu\alpha}L_{\nu\beta}F_{\alpha\beta} \quad (F' = LFL^{\mathrm{T}}). \tag{15.4}$$

将洛伦兹变换(13.5)和(14.14)式代入(15.4)式，我们得到 S' 系中的电磁场张量

$$F'_{\mu\nu} = \begin{bmatrix} 0 & \gamma\left(B_3 + \frac{v}{c^2}E_2\right) & -\gamma\left(B_2 - \frac{v}{c^2}E_3\right) & -\frac{\mathrm{i}}{c}E_1 \\ \cdots & 0 & B_1 & -\frac{\mathrm{i}}{c}\gamma(vB_3 + E_2) \\ \cdots & \cdots & 0 & \frac{\mathrm{i}}{c}\gamma(vB_2 - E_3) \\ \cdots & \cdots & \cdots & 0 \end{bmatrix}. \tag{15.5}$$

另外，根据反对称张量的性质(13.35)和(13.36)式，由电磁场张量的缩并可得两个不变量

$$F_{\mu\nu}F_{\mu\nu} = F_{12}F_{12} + F_{13}F_{13} + \cdots = 2\left(B^2 - \frac{E^2}{c^2}\right), \tag{15.6}$$

$$\varepsilon_{\mu\nu\alpha\beta}F_{\mu\nu}F_{\alpha\beta} = F_{12}F_{34} - F_{12}F_{43} + \cdots = -\frac{8\mathrm{i}}{c}\boldsymbol{B}\cdot\boldsymbol{E}. \tag{15.7}$$

(15.6)式是对 4 阶张量缩并两对指标，降低 4 阶成为标量；(15.7)式是对 8 阶张量缩并 4 对指标后也成为标量.

(3) 电磁场强度的变换

根据(14.14)式，S' 系中的电磁场张量应为

$$F'_{\mu\nu} = \begin{bmatrix} 0 & B'_3 & -B'_2 & -\frac{\mathrm{i}}{c}E'_1 \\ \cdots & 0 & B'_1 & -\frac{\mathrm{i}}{c}E'_2 \\ \cdots & \cdots & 0 & -\frac{\mathrm{i}}{c}E'_3 \\ \cdots & \cdots & \cdots & 0 \end{bmatrix}$$

与(15.5)式比较，即得电场强度和磁感强度的变换关系

$$\begin{cases} E'_1 = E_1, \\ E'_2 = \gamma(E_2 + vB_3), \\ E'_3 = \gamma(E_3 - vB_2). \end{cases} \qquad \begin{cases} B'_1 = B_1, \\ B'_2 = \gamma(B_2 - vE_3/c^2), \\ B'_3 = \gamma(B_3 + vE_2/c^2). \end{cases} \tag{15.8}$$

或者写成矢量形式：

$$\begin{cases} \boldsymbol{E}' = \gamma\left(\boldsymbol{E} + \boldsymbol{v} \times \boldsymbol{B} - \dfrac{\gamma}{\gamma+1}\dfrac{(\boldsymbol{v} \cdot \boldsymbol{E})\boldsymbol{v}}{c^2}\right), \\ \boldsymbol{B}' = \gamma\left(\boldsymbol{B} - \dfrac{\boldsymbol{v}}{c^2} \times \boldsymbol{E} - \dfrac{\gamma}{\gamma+1}\dfrac{(\boldsymbol{v} \cdot \boldsymbol{B})\boldsymbol{v}}{c^2}\right). \end{cases} \tag{15.8'}$$

令 $\boldsymbol{v} \to -\boldsymbol{v}$ 即可得到逆变换. 上述变换也可以对(15.2)式直接求导得到.

再利用(15.6)式和(15.7)式，电磁场强度的变换必定满足两个关系

$$c^2B^2 - E^2 = c^2B'^2 - E'^2, \tag{15.9}$$

$$\boldsymbol{B} \cdot \boldsymbol{E} = \boldsymbol{B}' \cdot \boldsymbol{E}'. \tag{15.10}$$

这两式表明：如果在 S 系中的电场 $E > cB$，则在其他惯性系中也有 $E' > cB'$，反之亦然；如果 S 系中的电场强度与磁感应强度垂直或者其中之一为 0，则在其他惯性系中也垂直或者其中之一为 0.

(4) 介质中电磁场强度的变换

和上面的求解方法相同，对于由(14.29)式定义的矩张量，变换关系为

$$M'_{\mu\nu} = L_{\mu\alpha}L_{\nu\beta}M_{\alpha\beta}. \tag{15.11}$$

我们得到极化强度和磁化强度的变换关系为

$$\begin{cases} P'_1 = P_1, \\ P'_2 = \gamma(P_2 + vM_3/c^2), \\ P'_3 = \gamma(P_3 - vM_2/c^2), \end{cases} \qquad \begin{cases} M'_1 = M_1, \\ M'_2 = \gamma(M_2 - vP_3), \\ M'_3 = \gamma(M_3 + vP_2). \end{cases} \tag{15.12}$$

将(15.12)式和(15.8)式代入(14.19)式，又可以求得电位移和磁场强度的变换

$$\begin{cases} D'_1 = D_1, \\ D'_2 = \gamma(D_2 + vH_3/c^2), \\ D'_3 = \gamma(D_3 - vH_2/c^2), \end{cases} \qquad \begin{cases} H'_1 = H_1, \\ H'_2 = \gamma(H_2 - vD_3), \\ H'_3 = \gamma(H_3 + vD_2). \end{cases} \tag{15.13}$$

读者可以参考(15.8′)式，将(15.12)式和(15.13)式写成矢量形式.

不难看出，描述电场的物理量 $\boldsymbol{E}, \boldsymbol{P}, \boldsymbol{D}$ 和描述磁场的 $\boldsymbol{B}, \boldsymbol{M}, \boldsymbol{H}$ 的变换形式分别相同，只需注意 E 和 vB，M 和 vP，H 和 vD 分别具有相同的量纲.

15.2　电场和磁场的相互关系

我们来分析电场和磁场的相互关系. 为简单计，假设 S 和 S' 系的相对速度 $v \ll c$，这时可将(15.8′)式中 γ 因子忽略，成为

$$\boldsymbol{E} \approx \boldsymbol{E}' - \boldsymbol{v} \times \boldsymbol{B}' \quad (v \ll c), \tag{15.14}$$

$$\boldsymbol{B} \approx \boldsymbol{B}' + \frac{1}{c^2}\boldsymbol{v} \times \boldsymbol{E}' \quad (v \ll c). \tag{15.15}$$

这两式正是低速情况下的电磁感应定律和安培定律，在狭义相对论中它们是在坐

标变换下自然得到的结论.

我们来看两种特例.

(1) 设在 S' 系中仅测得磁场而无电场

$$\boldsymbol{E}' = 0, \quad \boldsymbol{B}' \neq 0.$$

那么，在 S 系中的不仅测得磁场，还测得附加电场

$$\boldsymbol{B} \approx \boldsymbol{B}', \quad \boldsymbol{E} \approx -\boldsymbol{v} \times \boldsymbol{B}' = -\boldsymbol{v} \times \boldsymbol{B}.$$

这个电场 $\boldsymbol{E}$ 是观测者相对于磁场运动产生的，即所谓“电磁感应”，下面来证明这一点.

对电场取旋度[见(12.37)式的第7式]

$$\begin{aligned}\nabla \times \boldsymbol{E} &\approx -\nabla \times (\boldsymbol{v} \times \boldsymbol{B}) \\ &= -\boldsymbol{v}(\nabla \cdot \boldsymbol{B}) + \boldsymbol{B}(\nabla \cdot \boldsymbol{v}) - (\boldsymbol{B} \cdot \nabla)\boldsymbol{v} + (\boldsymbol{v} \cdot \nabla)\boldsymbol{B}.\end{aligned}$$

因为 $\boldsymbol{v}$ 是常矢量，$\boldsymbol{B}$ 无散($\nabla \cdot \boldsymbol{B}=0$)，右边的前三项全是零，最后一项则为

$$(\boldsymbol{v} \cdot \nabla)\boldsymbol{B} = \frac{\mathrm{d}x_i}{\mathrm{d}t}\frac{\partial \boldsymbol{B}}{\partial x_i} \approx -\frac{\partial \boldsymbol{B}}{\partial t}.$$

最后一步是因为 $\boldsymbol{E}'=0$，在 S' 系中的磁场必定是稳恒的，即 $\mathrm{d}\boldsymbol{B}'/\mathrm{d}t'=0$，忽略时间膨胀效应，则在 S 系中有

$$0 = \frac{\mathrm{d}\boldsymbol{B}'}{\mathrm{d}t'} \approx \frac{\mathrm{d}\boldsymbol{B}}{\mathrm{d}t} = \frac{\partial \boldsymbol{B}}{\partial t} + \frac{\mathrm{d}x_i}{\mathrm{d}t}\frac{\partial \boldsymbol{B}}{\partial x_i}.$$

因此下面的等式成立

$$\nabla \times \boldsymbol{E} = -\frac{\partial \boldsymbol{B}}{\partial t}.$$

这就是法拉第电磁感应定律.

例如，假设在 S' 系中存在永久磁场 $\boldsymbol{B}'$ 和一个静止的试验电荷 q. 在 S 中存在磁场 $\boldsymbol{B} \approx \boldsymbol{B}'$，由于观测者认为 q 以速度 $\boldsymbol{v}$ 运动，受到磁场力

$$\boldsymbol{F}^{\mathrm{m}} = q\boldsymbol{v} \times \boldsymbol{B},$$

但试验电荷并没有作加速运动，它必定还受一个与磁场力等值反向的电场力

$$\boldsymbol{F}^{\mathrm{e}} = -\boldsymbol{F}^{\mathrm{m}} = -q\boldsymbol{v} \times \boldsymbol{B} = q\boldsymbol{E}.$$

所以在 S 中不仅存在磁场而且有电场.

(2) 如果在 S' 系中的观测者仅测得电场而无磁场

$$\boldsymbol{E}' \neq 0, \quad \boldsymbol{B}' = 0.$$

那么，与之作相对运动的 S 系中的观测者，不仅测得电场，还测得一个附加的磁场

$$\boldsymbol{E} \approx \boldsymbol{E}', \quad \boldsymbol{B} \approx \frac{1}{c^2}\boldsymbol{v} \times \boldsymbol{E}' \approx \frac{1}{c^2}\boldsymbol{v} \times \boldsymbol{E},$$

对磁场取旋度，与上面的证法相同

$$c^2 \nabla \times \boldsymbol{B} \approx \nabla \times (\boldsymbol{v} \times \boldsymbol{E}) = \boldsymbol{v}(\nabla \cdot \boldsymbol{E}) - (\boldsymbol{v} \cdot \nabla)\boldsymbol{E}$$

$$= \frac{v\rho}{\varepsilon_0} - (\boldsymbol{v} \cdot \nabla)\boldsymbol{E} = \frac{\boldsymbol{J}}{\varepsilon_0} + \frac{\partial \boldsymbol{E}}{\partial t},$$

故得到安培定律

$$\nabla \times \boldsymbol{B} = \mu_0 \boldsymbol{J} + \frac{1}{c^2}\frac{\partial \boldsymbol{E}}{\partial t}.$$

可见磁场 $\boldsymbol{B}$ 是由于观测者相对于电场的运动产生的，即所谓"电流的磁效应".

综上所述,电场和磁场统一成一个整体,这就是电磁场张量. 我们测量的电场和磁场,乃是不同坐标系观测的结果. 相对论虽然没有改变麦克斯韦的电磁场理论,却揭示了电磁场的内部联系!

15.3　运动电荷产生的电磁场

为了应用电磁场和电磁势的变换式,我们用两种方法分别讨论匀速和加速运动电荷产生的电磁场.

(1) 匀速运动电荷产生的电磁场

设一个点电荷 q 沿 $x_1(x_1')$ 以速度 $\boldsymbol{v}=v\boldsymbol{e}_1$ 相对于惯性系 S 均匀运动. 在 q 静止的惯性系 S' 中仅存在静电场

$$\boldsymbol{E}' = \frac{q}{4\pi\varepsilon_0}\frac{\boldsymbol{r}'}{r'^3}, \quad \boldsymbol{B}' = 0.$$

设 $t'=t=0$ 时电荷位于坐标系原点,根据洛伦兹变换,电荷到场点的矢径和距离分别为

$$\boldsymbol{r}' = (\gamma(x_1 - vt), x_2, x_3),$$
$$r'^2 = \gamma^2(x_1 - vt)^2 + x_2^2 + x_3^2.$$

根据电磁场强度变换(15.8) 式

$$\boldsymbol{E} = (E_1', \gamma E_2', \gamma E_3'), \quad \boldsymbol{B} = \frac{v\gamma}{c^2}(0, E_3', -E_2'),$$

注意到电荷 q 为不变量,得到 S 中的电磁场为

$$\begin{cases} \boldsymbol{E}(\boldsymbol{r},t) = \dfrac{q}{4\pi\varepsilon_0}\dfrac{\gamma(x_1 - vt, x_2, x_3)}{[\gamma^2(x_1 - vt)^2 + x_2^2 + x_3^2]^{3/2}}, \\ \boldsymbol{B}(\boldsymbol{r},t) = \dfrac{\mu_0 qv}{4\pi}\dfrac{\gamma(0, x_3, -x_2)}{[\gamma^2(x_1 - vt)^2 + x_2^2 + x_3^2]^{3/2}} = \dfrac{\boldsymbol{v}\times\boldsymbol{E}}{c^2}. \end{cases} \tag{15.16}$$

(15.16)式也可以先求电磁势的变换 $A_\mu' \to A_\mu$,再对 A_μ 求导得到.

我们讨论 $t=0$ 时的电磁场分布. 这时的电场和磁场分别为

$$\begin{cases} \boldsymbol{E}(\boldsymbol{r},0) = \dfrac{q\boldsymbol{r}}{4\pi\varepsilon_0 r^3}\dfrac{1-\beta^2}{(1-\beta^2+(\boldsymbol{\beta}\cdot\boldsymbol{n})^2)^{3/2}}, \\ \boldsymbol{B}(\boldsymbol{r},0) = \dfrac{\mu_0 q\boldsymbol{v}\times\boldsymbol{r}}{4\pi r^3}\dfrac{1-\beta^2}{(1-\beta^2+(\boldsymbol{\beta}\cdot\boldsymbol{n})^2)^{3/2}}. \end{cases} \tag{15.17}$$

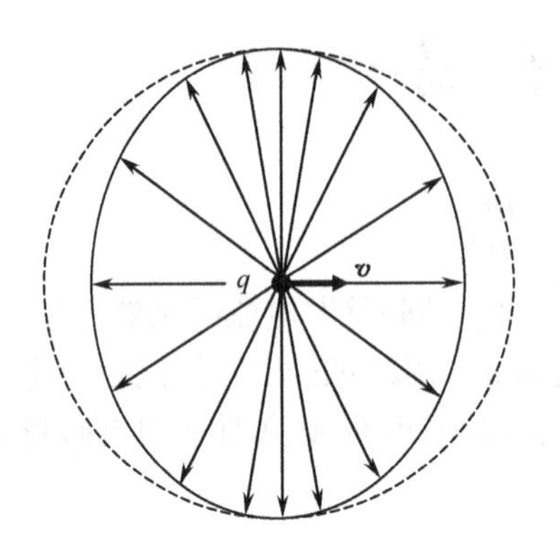

图 15.1　匀速运动电荷的电场分布

式中 $\boldsymbol{n}=\boldsymbol{r}/r$ 是电磁波传播方向的单位矢. 可见,电磁场分布不是均匀的. 与电荷运动速度平行方向上($\boldsymbol{\beta}\cdot\boldsymbol{n}=\pm\boldsymbol{\beta}$),电磁场较小;与电荷运动速度垂直方向上($\boldsymbol{\beta}\cdot\boldsymbol{n}=0$)的电磁场较大,如图 15.1 所示.

显然,在低速近似下,$\beta\to 0$ 但 $v\neq 0$,上式退化为静电场和稳恒磁场

$$\begin{cases}\boldsymbol{E}(\boldsymbol{r},0)=\dfrac{q\boldsymbol{r}}{4\pi\varepsilon_0 r^3}+O(\beta^2),\\[2ex]\boldsymbol{B}(\boldsymbol{r},0)=\dfrac{\mu_0 q\boldsymbol{v}\times\boldsymbol{r}}{4\pi r^3}+O(\beta^3).\end{cases}$$

(2) 加速运动电荷产生的电磁场

在这种情况下,直接采用电磁场变换的方法将导致求解过程十分复杂,但我们可以利用电磁势的变换关系,因为电磁势与加速度无关. 事实上,求解达朗贝尔波动方程(14.6)式,得到任意电荷 ρ 和电流 $\boldsymbol{J}$ 激发的电磁势为

$$\begin{cases}\boldsymbol{A}(\boldsymbol{r},t)=\dfrac{1}{4\pi\varepsilon_0}\displaystyle\int\dfrac{\boldsymbol{J}(\boldsymbol{r}_e,t-R/c)}{R}\mathrm{d}V_e,\\[2ex]\varphi(\boldsymbol{r},t)=\dfrac{\mu_0}{4\pi}\displaystyle\int\dfrac{\rho(\boldsymbol{r}_e,t-R/c)}{R}\mathrm{d}V_e.\end{cases}\tag{15.18}$$

式中:$\boldsymbol{r}$ 和 $\boldsymbol{r}_e$ 分别是场点 P 和源电荷 q 的矢径;$R=|\boldsymbol{r}-\boldsymbol{r}_e|=\boldsymbol{n}\cdot(\boldsymbol{r}-\boldsymbol{r}_e)$ 是从源到场点的距离,单位矢量为 $\boldsymbol{n}$;$R/c=t-t_e$ 是电磁波从源到场点的传播时间,如图 15.2 所示. (15.18)式表明在时空点$(\boldsymbol{r},t)$的电磁势是由$(\boldsymbol{r}_e,t_e=t-R/c)$点的电荷分布产生的,即所谓的**推迟势**. 所以电磁势与源电荷的速度有关而与加速度无关.

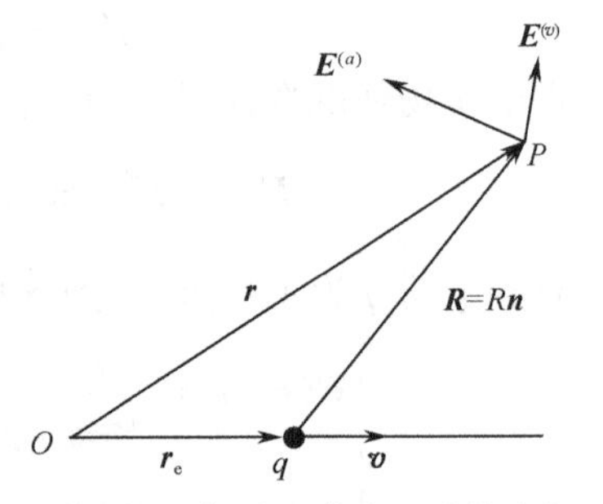

图 15.2　加速电荷在 $\boldsymbol{r}$ 处的电场
(设 $\boldsymbol{a}$ 与 $\boldsymbol{v}$ 同向)

设点电荷 q 以速度 $\boldsymbol{v}=v\boldsymbol{e}_1$ 在惯性系 S 中加速运动($v\neq$const.). 我们建立一个瞬时静止惯性系 S',它相对于运动电荷 q 瞬时静止,在此系中仅有电荷 ρ 而无电流 $\boldsymbol{J}$,所以电磁势为

$$\varphi'=\frac{q}{4\pi\varepsilon_0 R'},\quad \boldsymbol{A}'=0.$$

式中 R'是 S'中测量源电荷到场点的距离,等于光波的传播时间与光速之积,利用洛伦兹变换

$$R' = c\Delta t' = \gamma(c\Delta t - \beta\Delta x_1) = \gamma R(1 - \boldsymbol{\beta}\cdot\boldsymbol{n}).$$

根据电磁势的变换式(15.3),在某一瞬时 t 惯性系 S 中电磁势是

$$\begin{cases} \boldsymbol{A}(\boldsymbol{r},t) = \left(\dfrac{\gamma v}{c^2}\varphi',0,0\right) = \dfrac{\mu_0 q\boldsymbol{v}}{4\pi R(1-\boldsymbol{\beta}\cdot\boldsymbol{n})}, \\ \varphi(\boldsymbol{r},t) = \gamma\varphi' = \dfrac{q}{4\pi\varepsilon_0 R(1-\boldsymbol{\beta}\cdot\boldsymbol{n})}. \end{cases} \tag{15.19}$$

其中 $\boldsymbol{v}=\mathrm{d}\boldsymbol{r}_e/\mathrm{d}t_e$ 是电荷运动速度,此式称作**李纳-维谢尔势**.

但是在求导时应该考虑到:根据推迟势的定义,上式左边是 t 的函数,而右边则是 t_e 的函数,这两个时间的关系是

$$t_e = t - \frac{R}{c} = t - \frac{\boldsymbol{n}}{c}\cdot(\boldsymbol{r}(t) - \boldsymbol{r}_e(t_e)).$$

对其微分后化简:

$$\mathrm{d}t_e = \frac{1}{1-\boldsymbol{\beta}\cdot\boldsymbol{n}}\mathrm{d}t - \frac{\boldsymbol{n}}{c(1-\boldsymbol{\beta}\cdot\boldsymbol{n})}\cdot\mathrm{d}\boldsymbol{r},$$

由此得到偏微分关系:

$$\frac{\partial t_e}{\partial t} = \frac{1}{1-\boldsymbol{\beta}\cdot\boldsymbol{n}}, \qquad \nabla t_e = -\frac{\boldsymbol{n}}{c(1-\boldsymbol{\beta}\cdot\boldsymbol{n})}.$$

进而求得微分算符的关系为

$$\frac{\partial}{\partial t} = \frac{\partial t_e}{\partial t}\frac{\partial}{\partial t_e} = \frac{1}{1-\boldsymbol{\beta}\cdot\boldsymbol{n}}\frac{\partial}{\partial t_e},$$

$$\nabla = \nabla_e + \nabla t_e\frac{\partial}{\partial t_e} = \nabla_e - \frac{\boldsymbol{n}}{c(1-\boldsymbol{\beta}\cdot\boldsymbol{n})}\frac{\partial}{\partial t_e},$$

式中的∇_e 表示求导时 t_e 不变.

利用上述关系对(15.19)式两边分别求导,即可求得电磁场分布,最后的结果是

$$\begin{cases} \boldsymbol{E} = -\dfrac{\partial\boldsymbol{A}}{\partial t} - \nabla\varphi = \boldsymbol{E}^{(v)} + \boldsymbol{E}^{(a)}, \\ \boldsymbol{B} = \nabla\times\boldsymbol{A} = \boldsymbol{B}^{(v)} + \boldsymbol{B}^{(a)}. \end{cases} \tag{15.20}$$

$$\begin{cases} \boldsymbol{E}^{(v)} = \dfrac{q}{4\pi\varepsilon_0}\dfrac{(\boldsymbol{n}-\boldsymbol{\beta})(1-\beta^2)}{R^2(1-\boldsymbol{\beta}\cdot\boldsymbol{n})^3}, \\ \boldsymbol{B}^{(v)} = \dfrac{\boldsymbol{\beta}\times\boldsymbol{E}^{(v)}}{c}; \end{cases} \tag{15.21}$$

$$\begin{cases} \boldsymbol{E}^{(a)} = \dfrac{q}{4\pi\varepsilon_0 c^2}\dfrac{\boldsymbol{n}\times[(\boldsymbol{n}-\boldsymbol{\beta})\times\boldsymbol{a}]}{R(1-\boldsymbol{\beta}\cdot\boldsymbol{n})^3}, \\ \boldsymbol{B}^{(a)} = \dfrac{\boldsymbol{n}\times\boldsymbol{E}^{(a)}}{c}. \end{cases} \tag{15.22}$$

其中的第一部分 $\boldsymbol{E}^{(v)}$,$\boldsymbol{B}^{(v)}$ 是匀速运动电荷产生的电磁场,$\boldsymbol{E}^{(v)}$ 的方向沿 $\boldsymbol{n}-\boldsymbol{\beta}$,$\boldsymbol{B}^{(v)}$

垂直于 $\boldsymbol{\beta}$ 和 $\boldsymbol{n}-\boldsymbol{\beta}$. 由于它们的大小反比于 R^2，主要存在于电荷源的附近.

第二部分中的

$$\boldsymbol{a}=\frac{\mathrm{d}\boldsymbol{v}}{\mathrm{d}t_{\mathrm{e}}}=\frac{\mathrm{d}^2\boldsymbol{r}_{\mathrm{e}}}{\mathrm{d}t_{\mathrm{e}}^2}$$

是电荷的加速度，所以 $\boldsymbol{E}^{(a)}$，$\boldsymbol{B}^{(a)}$ 是由加速效应产生的，称作**辐射场**. 它们有以下特点：

(1) $\boldsymbol{E}^{(a)}$，$\boldsymbol{B}^{(a)}$ 都与传播方向垂直，且互相垂直，即

$$\boldsymbol{n}\cdot\boldsymbol{E}^{(a)}=\boldsymbol{n}\cdot\boldsymbol{B}^{(a)}=\boldsymbol{E}^{(a)}\cdot\boldsymbol{B}^{(a)}=0.$$

(2) $\boldsymbol{E}^{(a)}$，$\boldsymbol{B}^{(a)}$，$\boldsymbol{n}$ 构成右手螺旋系，即

$$\frac{\boldsymbol{E}^{(a)}}{E^{(a)}}\times\frac{\boldsymbol{B}^{(a)}}{B^{(a)}}=\boldsymbol{n}.$$

(3) 其大小反比于 R，因而它们可以脱离电荷源独立存在，在远场区辐射场起主要作用，表现为电磁波.

16　电磁场的运动方程

16.1　电磁场动量定理和能量定理

(1) 电磁场动量定理

在电磁场中的荷电物体要受到电磁场的作用力——洛伦兹力. 设 ρ 和 $\boldsymbol{u}$ 是电荷的体密度和运动速度，$\boldsymbol{J}=\rho\boldsymbol{u}$ 为电流密度，则单位体元电荷所受的电磁力即**洛伦兹力密度**为

$$\boldsymbol{f}=\rho(\boldsymbol{E}+\boldsymbol{u}\times\boldsymbol{B})=\rho\boldsymbol{E}+\boldsymbol{J}\times\boldsymbol{B}. \tag{16.1}$$

利用麦克斯韦场方程(14.17)式，可将上式用场量表示为

$$\begin{aligned}\boldsymbol{f}&=(\nabla\cdot\boldsymbol{D})\boldsymbol{E}+\left(\nabla\times\boldsymbol{H}-\frac{\partial\boldsymbol{D}}{\partial t}\right)\times\boldsymbol{B}\\&=(\nabla\cdot\boldsymbol{D})\boldsymbol{E}+(\nabla\times\boldsymbol{H})\times\boldsymbol{B}+(\nabla\times\boldsymbol{E})\times\boldsymbol{D}-\frac{\partial}{\partial t}(\boldsymbol{D}\times\boldsymbol{B})\\&=\nabla\cdot\left[\boldsymbol{ED}+\boldsymbol{HB}-\left(\frac{1}{2}\boldsymbol{E}\cdot\boldsymbol{D}+\frac{1}{2}\boldsymbol{H}\cdot\boldsymbol{B}\right)\overleftrightarrow{\boldsymbol{I}}\right]-\frac{\partial}{\partial t}(\boldsymbol{D}\times\boldsymbol{B}).\end{aligned} \tag{16.2}$$

这里用到矢量微分公式[见(12.37)式的第 2 和第 5 式]：

$$(\nabla\times\boldsymbol{E})\times\boldsymbol{D}=\nabla\cdot\left(\boldsymbol{ED}-\frac{1}{2}\boldsymbol{E}\cdot\boldsymbol{D}\overleftrightarrow{\boldsymbol{I}}\right)-\boldsymbol{E}\nabla\cdot\boldsymbol{D},$$

$$(\nabla\times\boldsymbol{H})\times\boldsymbol{B}=\nabla\cdot\left(\boldsymbol{HB}-\frac{1}{2}\boldsymbol{H}\cdot\boldsymbol{B}\overleftrightarrow{\boldsymbol{I}}\right),\quad(\nabla\cdot\boldsymbol{B}=0).$$

于是有

$$\boldsymbol{f}=\nabla\cdot\overleftrightarrow{\boldsymbol{T}}^{\mathrm{em}}-\frac{\partial\boldsymbol{g}^{\mathrm{em}}}{\partial t}. \tag{16.3}$$

这就是经典电动力学中的**电磁场动量定理**,或动量平衡方程.式中

$$\boldsymbol{g}^{\mathrm{em}}=\boldsymbol{D}\times\boldsymbol{B} \tag{16.4}$$

是**电磁场动量密度**,即单位体元内的电磁动量.因为电磁场对电荷具有作用力,导致电荷产生机械动量,它是由电磁动量转化来的.

$$\overleftrightarrow{\boldsymbol{T}}^{\mathrm{em}}=\boldsymbol{ED}+\boldsymbol{HB}-\frac{1}{2}(\boldsymbol{E}\cdot\boldsymbol{D}+\boldsymbol{H}\cdot\boldsymbol{B})\overleftrightarrow{\boldsymbol{I}} \tag{16.5}$$

定义为**电磁场应力张量**.式中 $\boldsymbol{ED}$ 和 $\boldsymbol{HB}$ 是并矢,$\overleftrightarrow{\boldsymbol{I}}$ 是二阶单位张量[见(12.27)式].我们在 13.5 节初步分析过这个张量,设电磁场中一个无穷小面元 $\mathrm{d}\boldsymbol{S}=\mathrm{d}S\boldsymbol{e}_n$,该面元的单位面积上所受的力即电磁应力就是 $\boldsymbol{T}^{\mathrm{em}}=\overleftrightarrow{\boldsymbol{T}}^{\mathrm{em}}\cdot\boldsymbol{e}_n$.另外,由于此应力表现为电磁动量的时间变化率,即单位时间内通过单位面元的电磁动量,所以也将 $-\overleftrightarrow{\boldsymbol{T}}^{\mathrm{em}}$定义为**电磁场动量流密度**.因此 T_{ij} 有两种等价的解释:看成应力张量时,T_{ij}是作用在垂直于 $\boldsymbol{e}_i$ 单位面元上沿 $\boldsymbol{e}_j$ 方向的应力;如果看成动量流密度,$-T_{ij}$是单位时间内通过垂直于 $\boldsymbol{e}_i$ 单位面元上沿 $\boldsymbol{e}_j$ 方向的动量.

故(16.3)式表明荷电体受到的洛伦兹力来自电磁场.如果令 $\boldsymbol{g}$ 代表荷电体的机械动量密度(详见 22 节),因为

$$\boldsymbol{f}=\frac{\mathrm{d}\boldsymbol{g}}{\mathrm{d}t},$$

则(16.3)式可以改写为

$$\nabla\cdot\boldsymbol{T}^{\mathrm{em}}=\frac{\partial}{\partial t}(\boldsymbol{g}+\boldsymbol{g}^{\mathrm{em}}). \tag{16.6}$$

即电磁场应力张量的散度等于总动量(机械动量和电磁动量)的变化率.利用张量函数的高斯公式对上式作体积分

$$\oint_{\partial V}\overleftrightarrow{\boldsymbol{T}}^{\mathrm{em}}\cdot\mathrm{d}\boldsymbol{\sigma}=\frac{\partial}{\partial t}\int_V(\boldsymbol{g}+\boldsymbol{g}^{\mathrm{em}})\mathrm{d}V. \tag{16.6'}$$

因为电磁动量流密度为$-\overleftrightarrow{\boldsymbol{T}}^{\mathrm{em}}$,(16.6′)式表明流进体元边界$\partial V$ 的动量等于体元 V 中的总动量的增加,即电磁现象的总动量守恒定律.

(2) 电磁场能量定理

电磁场对移动荷电体具有做功的能力,电场力移动电荷所做的功率密度,即在单位时间内移动单位体元电荷所做的功.由式(16.1)可知

$$\boldsymbol{f}\cdot\boldsymbol{u}=\rho(\boldsymbol{E}+\boldsymbol{u}\times\boldsymbol{B})\cdot\boldsymbol{u}=\boldsymbol{J}\cdot\boldsymbol{E}. \tag{16.7}$$

因磁场力不做功,此功率即为焦耳热(电场力做的功).利用麦克斯韦方程和矢量微分公式(12.37)的第 4 式,不难证明

$$\begin{aligned} \boldsymbol{f}\cdot\boldsymbol{u} &= \left(\nabla\times\boldsymbol{H}-\frac{\partial\boldsymbol{D}}{\partial t}\right)\cdot\boldsymbol{E} \\ &= \nabla\cdot(\boldsymbol{H}\times\boldsymbol{E})-\boldsymbol{H}\cdot\frac{\partial\boldsymbol{B}}{\partial t}-\frac{1}{2}\frac{\partial}{\partial t}(\boldsymbol{E}\cdot\boldsymbol{D}) \\ &= -\nabla\cdot(\boldsymbol{E}\times\boldsymbol{H})-\frac{1}{2}\frac{\partial}{\partial t}(\boldsymbol{E}\cdot\boldsymbol{D}+\boldsymbol{H}\cdot\boldsymbol{B}). \end{aligned}$$

故**电磁场能量定理**(或能量平衡方程)是

$$\boldsymbol{f}\cdot\boldsymbol{u}=-\nabla\cdot\boldsymbol{S}^{\mathrm{em}}-\frac{\partial w^{\mathrm{em}}}{\partial t}. \tag{16.8}$$

式中

$$w^{\mathrm{em}}=\frac{1}{2}(\boldsymbol{E}\cdot\boldsymbol{D}+\boldsymbol{H}\cdot\boldsymbol{B}) \tag{16.9}$$

是**电磁场能量密度**,即单位体元内的电磁场能量.

$$\boldsymbol{S}^{\mathrm{em}}=\boldsymbol{E}\times\boldsymbol{H} \tag{16.10}$$

是**电磁能流密度**矢量即**坡印亭矢量**,表示单位时间内通过单位垂直面积的电磁能量,它与电磁动量密度的关系是

$$\boldsymbol{S}^{\mathrm{em}}=\frac{1}{\varepsilon_0\mu_0}(\boldsymbol{D}\times\boldsymbol{B})=c^2\boldsymbol{g}^{\mathrm{em}}. \tag{16.11}$$

将(16.8)式表示为积分形式:

$$\int_V\boldsymbol{f}\cdot\boldsymbol{u}\mathrm{d}V=-\frac{\partial}{\partial t}\int_V w^{\mathrm{em}}\mathrm{d}V-\oint_{\partial V}\boldsymbol{S}^{\mathrm{em}}\cdot\mathrm{d}\boldsymbol{\sigma}$$

它说明某区域 V 内消耗的能量等于电磁能量的减少量和流出边界 ∂V 的能量,这就是**坡印亭定理**,实际上是能量守恒定律在电磁现象中的表现.

因为如果令 w 表示电荷的机械能量密度,根据功能关系:

$$\boldsymbol{f}\cdot\boldsymbol{u}=\frac{\mathrm{d}w}{\mathrm{d}t},$$

则(16.8)式成为

$$\nabla\cdot\boldsymbol{S}^{\mathrm{em}}=-\frac{\partial}{\partial t}(w+w^{\mathrm{em}}). \tag{16.12}$$

其积分表示单位时间内流出边界 ∂V 的能量,等于体元内的总能量的减少量,即能量守恒定律.

16.2 四维运动方程和电磁场能动张量

以上诸式在经典电动力学中早已得到了,但是狭义相对论则把它们有机地统一起来.

首先定义**四维力密度**

$$f_\mu=\left(\boldsymbol{f},\frac{\mathrm{i}}{c}\boldsymbol{f}\cdot\boldsymbol{u}\right)=\left(\boldsymbol{f},\frac{\mathrm{i}}{c}\boldsymbol{J}\cdot\boldsymbol{E}\right), \tag{16.13}$$

前三维是三维空间的洛伦兹力密度，第四维表示电场力的功率密度. 它的矢量性是由下式决定的.

四维力密度等于电磁场张量和四维电流密度的缩并积：

$$f_\mu = F_{\mu\nu} J_\nu. \tag{16.14}$$

证明如下：

$$F_{\mu\nu}J_\nu = \begin{bmatrix} 0 & B_3 & -B_2 & -\mathrm{i}E_1/c \\ -B_3 & 0 & B_1 & -\mathrm{i}E_2/c \\ B_2 & -B_1 & 0 & -\mathrm{i}E_3/c \\ \mathrm{i}E_1/c & \mathrm{i}E_2/c & \mathrm{i}E_3/c & 0 \end{bmatrix} \begin{bmatrix} J_1 \\ J_2 \\ J_3 \\ \mathrm{i}c\rho \end{bmatrix}$$

$$= \begin{bmatrix} \rho E_1 + (J_2B_3 - J_3B_2) \\ \rho E_2 + (J_3B_1 - J_1B_3) \\ \rho E_3 + (J_1B_2 - J_2B_1) \\ \frac{\mathrm{i}}{c}(J_1E_1 + J_2E_2 + J_3E_3) \end{bmatrix} = \begin{bmatrix} \rho\boldsymbol{E} + \boldsymbol{J}\times\boldsymbol{B} \\ \frac{\mathrm{i}}{c}\boldsymbol{J}\cdot\boldsymbol{E} \end{bmatrix}.$$

所以在(16.14)式中取 $\mu=1,2,3$ 得到洛伦兹力密度(16.3)式，当 $\mu=4$ 时即为功率密度(16.8)式. 我们就把电磁场动量定理和能量定理统一在一个张量方程中，即运动方程的四维形式，称之为电磁场的**四维运动方程**.

再定义一个四维二阶张量(以下省略上标“em”)：

$$T_{\mu\nu} = \begin{bmatrix} & & & -\mathrm{i}cg_1 \\ & (T_{ij}) & & -\mathrm{i}cg_2 \\ & & & -\mathrm{i}cg_3 \\ -\frac{\mathrm{i}}{c}S_1 & -\frac{\mathrm{i}}{c}S_2 & -\frac{\mathrm{i}}{c}S_3 & w \end{bmatrix}, \tag{16.15}$$

各项的物理意义为

$w=T_{44}$ 是电磁场能量密度(16.9)式；

$S_i=\mathrm{i}cT_{4i}=c^2 g_i$ 是电磁场能量流密度(16.10)式；

$g_i=\mathrm{i}T_{i4}/c=S_i/c^2$ 是电磁场动量密度(16.4)式；

$T_{ij}=T_{ji}$ 是电磁场应力张量(16.5)式；$-T_{ij}$ 为电磁场动量流密度.

这个张量将电磁场能量(流)和动量(流)密度统一在一起，故称作电磁场能量动量张量，简称**电磁场能动张量**.

容易验证，(16.3)式和(16.8)式可以分别写成

$$f_i = \frac{\partial T_{ij}}{\partial x_j} - \frac{\partial g_i}{\partial t} = \frac{\partial T_{i\nu}}{\partial x_\nu},$$

$$\frac{\mathrm{i}}{c}\boldsymbol{f}\cdot\boldsymbol{u} = -\frac{\mathrm{i}}{c}\left(\nabla\cdot\boldsymbol{S} + \frac{\partial w}{\partial t}\right) = \frac{\partial T_{4\nu}}{\partial x_\nu},$$

以上两式合写成

$$f_{\mu} = \frac{\partial T_{\mu\nu}}{\partial x_{\nu}}. \tag{16.16}$$

此即电磁场运动方程的能动张量表示,与(16.14)式等价.因为它是一个矢量方程,显然具有洛伦兹协变性.

与(16.5)式和(16.11)式的做法类似,如果引入荷电物质系统的机械能量动量,可以将四维力用机械能量动量表示,再将其与电磁能量动量合并为总能量动量,则可以证明相对论能量动量守恒定律.这个任务留待第22节去完成.

16.3 电磁场能动张量的洛伦兹变换

电动力学的相对论形式,不仅揭示了能量、动量以及应力的内在联系,而且提供了研究运动介质电动力学的方法和规律.单纯运用经典方法去研究这类问题是异常困难的,但是在狭义相对论中只不过是张量的变换而已.

电磁场能动张量 $T_{\mu\nu}$ 的变换是

$$T'_{\mu\nu} = L_{\mu\alpha} L_{\nu\beta} T_{\alpha\beta} \quad (T' = LTL^{\mathrm{T}}). \tag{16.17}$$

将洛伦兹变换矩阵(13.5)式和能动张量矩阵(16.15)代入(16.17)式,即得到能动张量各分量的变换式:

$$\begin{cases} w' = \gamma^2 (w - 2vS_1/c^2 - v^2 T_{11}/c^2), \\ S'_1 = \gamma^2 ((1 - v^2/c^2) S_1 + vw - vT_{11}), \\ S'_2 = \gamma (S_2 + vT_{12}), \\ S'_3 = \gamma (S_3 + vT_{13}), \\ T'_{11} = \gamma^2 (T_{11} + 2vS_1/c^2 - v^2 w/c^2), \\ T'_{12} = \gamma (T_{12} + vS_2/c^2), \\ T'_{13} = \gamma (T_{13} + vS_3/c^2), \\ T'_{22} = T_{22}, \quad T'_{33} = T_{33}, \quad T'_{23} = T_{23}. \end{cases} \tag{16.18}$$

由对称性可以得出其余各量($g_i = S_i/c^2, T_{ji} = T_{ij}$).

我们来研究电磁场能流密度的变换情况.为简单起见,设 S' 系和 S 系的相对速度 $v \ll c$,这时变换系数中的 γ 因子可忽略.并假设 S 系中仅有电场而无磁场,即 $\boldsymbol{E} \neq 0, \boldsymbol{B} = 0$,则 S 系中的能动张量简化为

$$T_{\mu\nu} = \frac{\varepsilon_0}{2} \begin{bmatrix} E_1^2 - E_2^2 - E_3^2 & 2E_1E_2 & 2E_1E_3 & 0 \\ 2E_1E_2 & E_2^2 - E_3^2 - E_1^2 & 2E_2E_3 & 0 \\ 2E_1E_3 & 2E_2E_3 & E_3^2 - E_1^2 - E_2^2 & 0 \\ 0 & 0 & 0 & E^2 \end{bmatrix}.$$

代入(16.18)式,得到 S' 系的能流密度:

$$\begin{cases} S_1' = v(w - T_{11}) = \varepsilon_0 v(E_2^2 + E_3^2), \\ S_2' = vT_{12} = \varepsilon_0 vE_1E_2, \\ S_3' = vT_{13} = \varepsilon_0 vE_1E_3. \end{cases}$$

注意到$\boldsymbol{v}$沿 x 方向，即 $v_1=v, v_2=v_3=0$,上述三个分量可以写成矢量式：

$$\boldsymbol{S}' = -\varepsilon_0 \boldsymbol{E} \times (\boldsymbol{v} \times \boldsymbol{E}).$$

根据 15.2 节的讨论，如果在 S 系中仅存在电场且 $v \ll c$ 时,在 S'系中的电磁场是

$$\boldsymbol{E}' = \boldsymbol{E}, \quad \boldsymbol{B}' = -\frac{1}{c^2}\boldsymbol{v} \times \boldsymbol{E},$$

故有

$$\boldsymbol{S}' = c^2 \varepsilon_0 \boldsymbol{E}' \times \boldsymbol{B}' = \boldsymbol{E}' \times H'.$$

这个结论说明，即使在 S 系中没有能量流入导体，但在 S'系观测，却有能量流入导体：

$$\boldsymbol{S} = \boldsymbol{E} \times \boldsymbol{H} = 0, \quad \boldsymbol{S}' = \boldsymbol{E}' \times \boldsymbol{H}' \neq 0.$$

同理,S 系中没有动量流而在 S'系观测却存在动量流：

$$\boldsymbol{g} = \boldsymbol{S}/c^2 = 0, \quad \boldsymbol{g}' = \boldsymbol{S}'/c^2 \neq 0.$$

这只有在狭义相对论中，把能量、动量和应力等统一起来考虑才容易理解.

至此，我们已经把电动力学的物理量全都写成了四维张量形式，并且把各个方程式全部写成洛伦兹协变的张量方程,但条件是 A_μ 和 J_μ 是四维矢量. 它们究竟是不是四维矢量，在逻辑上是无法证明的. 归根到底,电动力学的洛伦兹协变性并不是理论证明的结果,而是狭义相对论成立的前提,所以电动力学和狭义相对论之间的相容是十分自然的. 电动力学的协变性要由实验来检验,迄今为止，人类还没有发现有任何违背狭义相对论的自然现象. 因此，麦克斯韦电动力学和狭义相对论已经受住了实验的考验,这反过来说明了四维电流密度和四维势具有矢量性的假设是正确的.

相对论要求物理学中的方程变成形式相同的方程，如果人们借助于洛伦兹变换来变换它们的话.

——爱因斯坦《关于狭义相对论的文稿》

第 5 章　相对论力学

我们在第 1 节已经证明牛顿力学具有伽利略协变性，故不可能具有洛伦兹协变性，这说明牛顿力学不服从狭义相对性原理.

牛顿力学不承认宇宙中有极限速度. 例如物体在恒力作用下，不管加速度多么小，只要力的作用时间足够长，总可以得到任意大的速度. 从伽利略速度变换容易看出，在不同惯性系所观测到的光速并不相同，从而可以得到超光速运动. 总之，无论从运动学角度或动力学角度，牛顿力学都否定存在任何不变速度以及极限速度，这就和因果律的绝对性相抵触了. 例如历史上的人和事的影像，以光速向宇宙传开去，兴起在前，灭亡在后. 如果承认速度无限，人们就可以追上这些信号并且看到先亡后兴的影像，这就破坏了因果律的时间顺序性. 在实验方面判明牛顿力学也只是近似成立，粒子的速度愈接近光速，与牛顿力学的偏离越大.

修改牛顿力学要满足两点要求. 第一，新力学应当是洛伦兹协变的，从而符合狭义相对性原理. 第二，当粒子运动速度远小于光速时，新力学中的运动方程能自然地退化为牛顿运动方程. 这也等于要求相对论方程在低速条件下符合通常的实验现象. 特别是，当 u 表示某个惯性系中粒子的速度时，若 $u \ll c$，牛顿力学应成立；当 v 表示两个惯性系之间的速度时，若 $v \ll c$，洛伦兹变换应退化为伽利略变换.

17　相对论质点运动学

17.1　瞬时惯性系与固有量

我们首先介绍瞬时静止惯性系，简称**瞬时惯性系**. 它是为了研究任意运动粒子而引入的一种参考系，其特点是相对于所研究粒子的瞬时速度为 0. 这是一个很有用的工具，现在作一系统说明.

(1)瞬时惯性系是对某一特定的研究对象(例如运动粒子)而言. 如果粒子相对于某一惯性系 S 做加速运动，而惯性系不能具有加速度，所以瞬时惯性系只是在某一瞬时随着粒子一起运动，在不同时刻的瞬时惯性系不同——这就是“瞬时”的意思. 也可以这样理解：在粒子的运动轨迹上存在许多惯性系，其速度等于粒子在某时刻的瞬时速度，分别为 $\boldsymbol{u}, \boldsymbol{u}+\mathrm{d}\boldsymbol{u}, \cdots$，粒子在不同时刻处于不同的惯性系中.

(2)在瞬时惯性系 S_0 中测量的粒子的运动时间即为固有时间. 根据时空间隔不变性,粒子的固有时间 $d\tau$ 是一个标量:

$$d\tau = \frac{ds}{c} = dt\sqrt{1-\frac{u^2}{c^2}}. \tag{17.1}$$

因为粒子在瞬时惯性系中的速度 $\boldsymbol{u}_0=0$,所以 $dt_0=d\tau$ 就是固有时. 注意,(17.1)式与前面的时间延缓公式(5.2)是有区别的,为了避免混淆,以后我们采用符号

$$\gamma_u = \frac{1}{\sqrt{1-\beta_u^2}}, \quad \beta_u = \frac{u}{c} \tag{17.2}$$

(3)虽然粒子相对于瞬时惯性系的速度 $\boldsymbol{u}_0=0$,但加速度 $\boldsymbol{a}_0\neq 0$,称之为**固有加速度**:

$$\boldsymbol{a}_0 = \frac{d\boldsymbol{u}_0}{dt_0} = \frac{d\boldsymbol{u}_0}{d\tau}. \tag{17.3}$$

我们将在下面导出它与粒子在惯性系 S 中加速度 $\boldsymbol{a}$ 的关系.

(4)在瞬时惯性系中测得的固有量,除了上面的固有时 $d\tau$ 和固有加速度 $\boldsymbol{a}_0$ 外,还有第7节定义的固有长度 dl_0 和后面将提到固有体元 $dV_0=dx_0\wedge dy_0\wedge dz_0$,以及固有质量 m_0 和固有质量密度 ρ_0 等.

下面我们开始讨论四维时空的运动量,其做法与经典力学基本相同.

17.2　四维位移和四维速度

在四维闵氏空间中的世界点 $P(x_\mu)$ 的位置矢量,是由4个坐标组成的**四维位矢**:

$$X = (x_\mu) = (\boldsymbol{x}, ict). \tag{17.4}$$

它的模方表示 $P(x_\mu)$ 与原点的时空间隔的平方,是一个不变量

$$X^2 = x_\mu x_\mu = \boldsymbol{x}\cdot\boldsymbol{x} - c^2t^2 = -s^2. \tag{17.5}$$

四维闵氏空间中相邻两个世界点 $P(x_\mu)$ 和 $Q(x_\mu+dx_\mu)$ 的位矢之差称作**四维位移**:

$$dX = (dx_\mu) = (d\boldsymbol{x}, icdt). \tag{17.6}$$

它的模方即为两世界点的时空间隔的平方,也是不变量

$$dX^2 = dx_\mu dx_\mu = d\boldsymbol{x}\cdot d\boldsymbol{x} - c^2dt^2 = -ds^2. \tag{17.7}$$

按照四维闵氏空间的矢量定义,四维位矢和四维位移的各个分量的变换即为洛伦兹变换:

$$x'_\mu = L_{\mu\nu}x_\nu, \quad dx'_\mu = L_{\mu\nu}dx_\nu. \tag{17.8}$$

由于 dx_μ 是矢量,$d\tau$ 为标量,将它们的比值定义为**四维速度**或**闵可夫斯基速度**:

$$U_\mu = \frac{dx_\mu}{d\tau} = \frac{dt}{d\tau}\frac{dx_\mu}{dt} = \gamma_u(\boldsymbol{u}, ic). \tag{17.9}$$

它由三维经典速度 $\boldsymbol{u}$ 和光速 c 组合而成，且当 $u \ll c$ 时其空间分量退化为经典速度，$U_i \to u_i$. 在四维时空中，粒子世界线 $x_\mu(\tau)$ 的弧长为固有时，所以四维速度是世界线的切矢量，其模方为常数

$$U_\mu U_\mu = \frac{\mathrm{d}x_\mu}{\mathrm{d}\tau}\frac{\mathrm{d}x_\mu}{\mathrm{d}\tau} = -c^2. \tag{17.10}$$

这里的常数 $-c^2$ 也可以看成瞬时惯性系的四维速度的模方. 根据闵氏时空的矢量分类(13.20)式，四维速度是类时矢量($U_\mu U_\mu < 0$).

显然，常四维速度意味着粒子的三维速度为常矢量

$$U_\mu = \text{const.} \to u_i = \text{const.},$$

代表的世界线是四维空间的直线；$u_i = 0$ 表示切矢量平行于时间轴的直线；一般加速运动的四维速度 $U_\mu \neq \text{const.}$，其世界线是一条曲线.

设 S' 系相对于 S 系的速度是 $\boldsymbol{v}$，粒子在 S 和 S' 系的速度分为 $\boldsymbol{u}$ 和 $\boldsymbol{u}'$. 根据矢量的变换规律，四维速度的变换为

$$U'_\mu = L_{\mu\nu} U_\nu. \tag{17.11}$$

由洛伦兹变换矩阵(13.5)式，(17.11)式的矩阵形式为

$$\gamma'_u \begin{bmatrix} u'_1 \\ u'_2 \\ u'_3 \\ \mathrm{i}c' \end{bmatrix} = \gamma_u \begin{bmatrix} \gamma & 0 & 0 & \mathrm{i}\gamma\beta \\ 0 & 1 & 0 & 0 \\ 0 & 0 & 1 & 0 \\ -\mathrm{i}\gamma\beta & 0 & 0 & \gamma \end{bmatrix} \begin{bmatrix} u_1 \\ u_2 \\ u_3 \\ \mathrm{i}c \end{bmatrix},$$

式中 $\gamma'_u = (1 - u'^2/c^2)^{-1/2}$. 利用(17.1)式及洛伦兹时间变换可知

$$\frac{\gamma_u}{\gamma'_u} = \frac{\mathrm{d}t}{\mathrm{d}t'} = \frac{1}{\gamma(1 - u_1 v/c^2)}, \tag{17.12}$$

故前 3 个分量的变换，即洛伦兹速度变换为

$$\boldsymbol{u}' = \frac{1}{1 - u_1 v/c^2}\left(u_1 - v, \frac{u_2}{\gamma}, \frac{u_3}{\gamma}\right), \tag{17.13}$$

这与(5.5)式相同. 至于第 4 分量的变换 $c' = c$，表明光速是不变的.

17.3 四维加速度和加速度变换

进一步将矢量 $\mathrm{d}U_\mu$ 与标量 $\mathrm{d}\tau$ 的比值定义为**四维加速度**：

$$W_\mu = \frac{\mathrm{d}U_\mu}{\mathrm{d}\tau} = \frac{\mathrm{d}^2 x_\mu}{\mathrm{d}\tau^2}. \tag{17.14}$$

设 $\boldsymbol{a}$ 是牛顿意义下的三维加速度：

$$\boldsymbol{a} = \frac{\mathrm{d}u}{\mathrm{d}t} = \frac{\mathrm{d}^2 \boldsymbol{x}}{\mathrm{d}t^2},$$

利用(17.9)式可求得两种加速度的关系是

$$W_\mu = \left(\gamma_u^2 \boldsymbol{a} + \gamma_u^4 \frac{(\boldsymbol{a}\cdot\boldsymbol{u})\boldsymbol{u}}{c^2}, \mathrm{i}\gamma_u^4 \frac{\boldsymbol{a}\cdot\boldsymbol{u}}{c}\right). \tag{17.15}$$

如果 $\boldsymbol{u}=0(\gamma_u=1)$，这时的 $\boldsymbol{a}=\boldsymbol{a}_0$ 为固有加速度，四维加速度是

$$W_\mu = (\boldsymbol{a}_0, 0), \quad (\boldsymbol{u}=0).$$

因为四维矢量的模为不变量，于是得到

$$W_\mu W_\mu = a_0^2 > 0. \tag{17.16}$$

此式表明四维加速度必定是类空矢量($W_\mu W_\mu>0$). 事实上，将它与四维速度缩并：

$$W_\mu U_\mu = \frac{\mathrm{d}U_\mu}{\mathrm{d}\tau} U_\mu = \frac{1}{2}\frac{\mathrm{d}}{\mathrm{d}\tau}(U_\mu U_\mu) = 0. \tag{17.17}$$

即四维加速度是与四维速度正交的矢量，因为粒子的四维速度是类时矢量($U_\mu U_\mu<0$)，故四维加速度必定类空.

由于 $\mathrm{d}\tau$ 为不变量，(17.16)式又可表示成

$$\mathrm{d}U_\mu \mathrm{d}U_\mu = \mathrm{d}u_0^2 = \text{inv.}, \tag{17.18}$$

$\mathrm{d}u_0=a_0\mathrm{d}\tau$ 是瞬时惯性系中粒子的速度间隔. 与时空间隔不变性比较，(17.18)式表示粒子的四维速度间隔保持不变，与惯性系的选取无关，我们称之为**速度间隔不变性**. 读者可以验证，此式与(9.17)式是一致的.

四维加速度的变换满足矢量变换关系：

$$W'_\mu = L_{\mu\nu} W_\nu. \tag{17.19}$$

由此可求得经典加速度的变换：

$$\begin{cases} a_1' = \dfrac{a_1}{\gamma^3(1-u_1 v/c^2)^3}, \\ a_2' = \dfrac{a_2}{\gamma^2(1-u_1 v/c^2)^2} + \dfrac{a_1 u_2 v/c^2}{\gamma^2(1-u_1 v/c^2)^3}, \\ a_3' = \dfrac{a_3}{\gamma^2(1-u_1 v/c^2)^2} + \dfrac{a_1 u_3 v/c^2}{\gamma^2(1-u_1 v/c^2)^3}. \end{cases} \tag{17.20}$$

令 $v\to -v$ 即为逆变换，这就是**洛伦兹加速度变换**.

我们来考虑一种特例：设粒子沿 $x(x')$ 轴做直线加速运动，相对于粒子建立瞬时惯性系 S'，则有 $u'=0, u=u_1=v$，即惯性系的相对速度为粒子在 S 系的运动速度，这时的 a' 为固有加速度. 于是上面的第一式简化为

$$a_0 = \gamma_u^3 a \quad (\boldsymbol{a} /\!/ \boldsymbol{u}). \tag{17.21}$$

我们用 γ_u 而不写成 γ 是为了强调 u 并非常量，因为加速度是瞬时量，(17.21)式表示任意时刻的固有加速度与速度和加速度的关系.

例如，设一列高速火车从静止开始做直线加速运动，在火车上某点测量自身的加速度(即固有加速度)为一常数 a_0. 在地面上测量火车上该点的加速度、速度和运动距离则分别为

$$a(t) = \frac{a_0}{\gamma_u^3} = a_0\left(1 - \frac{u(t)^2}{c^2}\right)^{3/2},$$

$$u(t) = \int_0^t a(t)\mathrm{d}t = \frac{a_0 t}{\sqrt{1+(a_0 t/c)^2}},$$

$$x(t) = \int_0^t u(t)\mathrm{d}t = \frac{c^2}{a_0}\left(\sqrt{1+\left(\frac{a_0 t}{c}\right)^2} - 1\right).$$

当 $u \ll c(a_0 t \ll c)$时,退化为经典力学的公式

$$a_N = a_0, \quad u_N = a_0 t, \quad x_N = \frac{1}{2}a_0 t^2.$$

这个例子就是应用加速度计测量运动物体的速度和位移的物理原理.

比较上面两组公式,相对论与经典力学的结论显然不同:在地面系中观测,火车上一固定点不是做匀加速而是做变加速运动($a \neq \text{const.}$);速度必定小于 c 而不可能无限增大($u < c$);位移随时间的变化曲线不是抛物线而是双曲线:

$$(x+b)^2 - (ct)^2 = b^2, (b = c^2/a_0).$$

也就是说,如果做直线运动的物体的固有加速度为常量,则它在二维实闵氏空间$\{x,t\}$中的世界线是双曲线.

17.4 固有洛伦兹变换

前面几章所用的洛伦兹变换是在特殊条件下的坐标变换公式,也称作特殊洛伦兹变换.这些特殊条件是:

(a)开始时($t=t'=0$)S 系和 S'系的坐标原点重合;

(b)S 系和 S'系的相对速度 $\boldsymbol{v}$ 沿 $x_1(x'_1)$轴方向;

(c)S 系和 S'系的空间坐标轴的方向完全一致.

条件(a)实际上是对时间起点的规定,只要将洛伦兹变换中的时空坐标(t, x_i)等换成时空间隔$(\Delta t, \Delta x_i)$,则条件(a)自然取消.下面我们要将条件(b)和(c)去掉,将特殊洛伦兹变换推广到一般情况,即固有洛伦兹变换.

(1)无空间转动的固有洛伦兹时空变换

首先讨论三维情况(二维空间+一维时间),将条件(b)改成:S'相对于 S 的速度 $\boldsymbol{v}$ 在 x_1x_2 平面内沿任意方向,如图 17.1 所示.

为求这样两个惯性坐标系的变换,可以把 $S(x_1, x_2, t)$和 $S'(x'_1, x'_2, t')$系的 x_1 和 x'_1 轴都转到沿 $\boldsymbol{v}$ 的方向,成为新坐标 $\Sigma(\xi_1, \xi_2, t)$和 $\Sigma'(\xi'_1, \xi'_2, t')$,因此 S 到 S'的坐标变换过程是

$$S' \xleftarrow{R^{-1}} \Sigma' \xleftarrow{L} \Sigma \xleftarrow{R} S$$

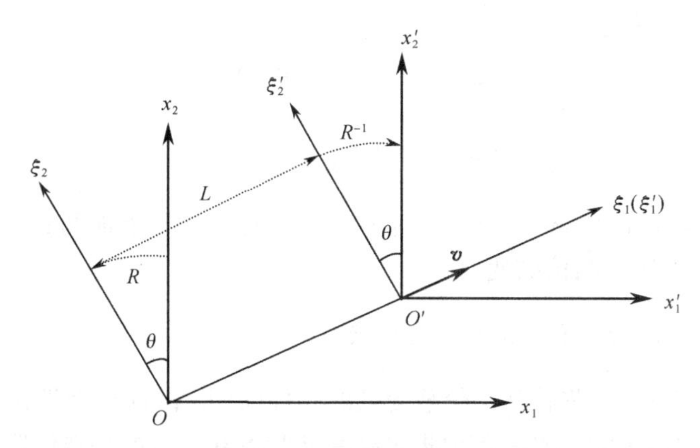

$S(x_1,x_2)\to\Sigma(\xi_1,\xi_2)\to\Sigma'(\xi'_1,\xi'_2)\to S'(x'_1,x'_2)$

图 17.1　无空间转动的固有洛伦兹变换

即有

$$\begin{bmatrix}x'_1\\x'_2\\ict'\end{bmatrix}=R^{-1}\begin{bmatrix}\xi'_1\\\xi'_2\\ict'\end{bmatrix}=R^{-1}L\begin{bmatrix}\xi_1\\\xi_2\\ict\end{bmatrix}=R^{-1}LR\begin{bmatrix}x_1\\x_2\\ict\end{bmatrix}.$$

其中的 R 和 L 是二维空间转动变换和三维特殊洛伦兹变换矩阵[见(12.16)和(13.5)式]

$$R=\begin{bmatrix}v_1/v & v_2/v & 0\\-v_2/v & v_1/v & 0\\0 & 0 & 1\end{bmatrix},\quad L=\begin{bmatrix}\gamma & 0 & i\gamma\beta\\0 & 1 & 0\\-i\gamma\beta & 0 & \gamma\end{bmatrix}.$$

所以三维时空的连续变换矩阵为

$$R^{-1}LR=\begin{bmatrix}1+(\gamma-1)v_1^2/v^2 & (\gamma-1)v_1v_2/v^2 & i\gamma v_1/c\\(\gamma-1)v_1v_2/v^2 & 1+(\gamma-1)v_2^2/v^2 & i\gamma v_2/c\\-i\gamma v_1/c & -i\gamma v_2/c & \gamma\end{bmatrix}.\tag{17.22}$$

不难发现,(17.22)式关于 v_1,v_2 具有明显的对称性,因此可以直接推广到四维时空,固有洛伦兹变换矩阵为

$$L_p(v)=\begin{bmatrix}\delta_{ij}+(\gamma-1)v_iv_j/v^2 & i\gamma v_i/c\\-i\gamma v_j/c & \gamma\end{bmatrix}.\tag{17.23}$$

这里采用简单记法,式中 $i,j=1,2,3$ 分别是行和列的标号. 坐标变换的明显表达式为

$$\begin{cases}x'_i=x_i+v_i\left[(\gamma-1)\dfrac{v_kx_k}{v^2}-\gamma t\right],\\t'=\gamma\left(t-\dfrac{v_kx_k}{c^2}\right).\end{cases}\tag{17.24}$$

或者表示为矢量形式：

$$\begin{cases} \boldsymbol{x}' = \boldsymbol{x} + \boldsymbol{v}\left[(\gamma-1)\dfrac{\boldsymbol{v}\cdot\boldsymbol{x}}{v^2} - \gamma t\right], \\ t' = \gamma\left(t - \dfrac{\boldsymbol{v}\cdot\boldsymbol{x}}{c^2}\right). \end{cases} \tag{17.24'}$$

其中，$\boldsymbol{x}=(x_1,x_2,x_3)$和$\boldsymbol{v}=(v_1,v_2,v_3)$为三维空间矢量. 上面两式即为坐标轴对应平行情况下的固有洛伦兹变换.

(2) 一般情况的固有洛伦兹时空变换

现在，我们进一步将特殊洛伦兹变换的条件(c)去掉，即运动惯性系 S'的坐标轴不和 S 的对应轴平行，这就需要把坐标系从和 S 相符合的特殊位置 $\bar{S}$ 转到实际所在的位置 S'，也就是在上面变换的基础上再进行一次空间转动变换 D，如图 17.2所示. 那么一般的固有洛伦兹空间变换将是

$$\boldsymbol{x}' = D\boldsymbol{x} + D\boldsymbol{v}\left[(\gamma-1)\frac{\boldsymbol{v}\cdot\boldsymbol{x}}{v^2} - \gamma t\right]. \tag{17.25}$$

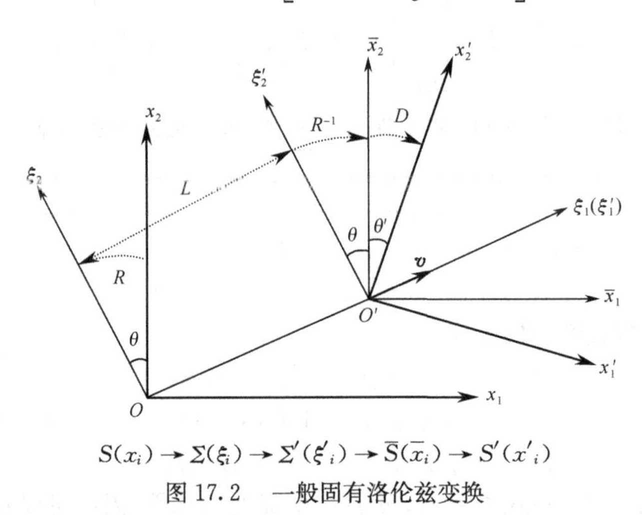

图 17.2　一般固有洛伦兹变换

(17.25)式括号内是标量，其值不随转动而改变. 对 $\boldsymbol{x}$ 和 $\boldsymbol{v}$ 施行转动变换，将不改变其大小，但各分量大小要改变. 对 $\boldsymbol{v}$ 的转动变换正好是 S'系测量 S 系的速度 $\boldsymbol{v}'$的负值，即

$$D\boldsymbol{v} = -\boldsymbol{v}'. \tag{17.26}$$

例如在二维空间情况下(见图 12.2)，设这个转动为

$$D = \begin{bmatrix} \cos\theta' & -\sin\theta' \\ \sin\theta' & \cos\theta' \end{bmatrix},$$

其中的 θ'是 x'_1 轴相对于 x_1 轴沿顺时针的转动角. 不难验证

$$Dv = \begin{bmatrix} \cos\theta' & -\sin\theta' \\ \sin\theta' & \cos\theta' \end{bmatrix}\begin{bmatrix} v_1 \\ v_2 \end{bmatrix} = \begin{bmatrix} v_1\cos\theta' - v_2\sin\theta' \\ v_1\sin\theta' + v_2\cos\theta' \end{bmatrix} = -\boldsymbol{v}'.$$

用 $-\boldsymbol{v}'$ 代替(17.25)式中的 $D\boldsymbol{v}$，最后得到

$$\begin{cases} \boldsymbol{x}' = D\boldsymbol{x} - \boldsymbol{v}'\left[(\gamma-1)\dfrac{\boldsymbol{v}\cdot\boldsymbol{x}}{v^2} - \gamma t\right], \\ t' = \gamma\left(t - \dfrac{\boldsymbol{v}\cdot\boldsymbol{x}}{c^2}\right). \end{cases} \tag{17.27}$$

这就是一般情况下的**固有洛伦兹变换**，替换 $\boldsymbol{v}\to -\boldsymbol{v}$ 即为逆变换.

(3) 固有洛伦兹速度变换

对(17.24)式和(17.27)式两边微分，进一步求得速度变换. 也分为两种.

当坐标轴无空间转动时

$$\boldsymbol{u}' = \frac{1}{1-\boldsymbol{v}\cdot\boldsymbol{u}/c^2}\left[\frac{\boldsymbol{u}}{\gamma} + \frac{\gamma}{\gamma+1}\frac{(\boldsymbol{u}\cdot\boldsymbol{v})\boldsymbol{v}}{c^2} - \boldsymbol{v}\right], \tag{17.28}$$

这里用到一个恒等式

$$(\gamma\beta)^2 = (\gamma+1)(\gamma-1).$$

有意思的是，我们仍然可以得到和特殊洛伦兹速度变换式(5.8)相同的公式

$$\gamma'_u = \gamma\gamma_u\left(1 - \frac{\boldsymbol{v}\cdot\boldsymbol{u}}{c^2}\right). \tag{17.29}$$

在(17.28)和(17.29)式中作替换 $\boldsymbol{v}\to -\boldsymbol{v}$，即可得到逆变换式.

当坐标轴存在空间转动时的变换则为

$$\boldsymbol{u}' = \frac{1}{1-\boldsymbol{v}\cdot\boldsymbol{u}/c^2}\left[\frac{D\boldsymbol{u}}{\gamma} - \frac{\gamma}{\gamma+1}\frac{(\boldsymbol{u}\cdot\boldsymbol{v})\boldsymbol{v}'}{c^2} + \boldsymbol{v}'\right]. \tag{17.30}$$

这就是一般情况下的**固有洛伦兹速度变换**.

显然，如果坐标系的相对速度沿 $x_1(x'_1)$ 方向，即 $\boldsymbol{v}=(v,0,0)$，且坐标轴无转动 $D=I$(单位矩阵)，则(17.27)式退化为特殊洛伦兹变换(5.3)式，(17.29)式退化为特殊洛伦兹速度变换(5.7)式.

(4) 固有洛伦兹变换群

固有洛伦兹变换可藉特殊洛伦兹变换经空间转动实现. 先把 S 系经 R 转到 Σ 系，经特殊洛伦兹变换 L 变换到 Σ' 系，再经 DR^{-1} 转到 S' 系. 此过程用符号写出来就是

$$L_P = DR^{-1}LR.$$

因为固有洛伦兹变换是四维时空转动 L，加上三维空间转动 D，R^{-1} 和 R 构成的，而连续转动变换仍然是转动变换. 因此可以证明，固有洛伦兹变换构成一个群，称作**固有洛伦兹变换群**. 但是我们将在下面说明，无转动的固有洛伦兹变换即

(17.23)式并不构成群.

若在固有洛伦兹变换中加上时间和空间平移变换：

$$t' = t + t_0, \boldsymbol{x}' = \boldsymbol{x} + \boldsymbol{x}_0$$

则所有这些变换的集合也构成一个群，叫做**庞加莱变换群**. 归纳为：

$$\text{固有洛伦兹变换群}\begin{cases}\text{特殊洛伦兹变换}\\ \text{空间转动}\end{cases}$$

$$\text{庞加莱变换群}\begin{cases}\text{特殊洛伦兹变换}\\ \text{空间转动}\\ \text{时间平移}\\ \text{空间平移}\end{cases}$$

从几何的角度来说，狭义相对论的任务就是研究固有洛伦兹变换群之下的时空几何性质.

17.5 托马斯进动

我们应用上小节的结论来分析两次连续的固有洛伦兹变换，看一看有什么新的现象.

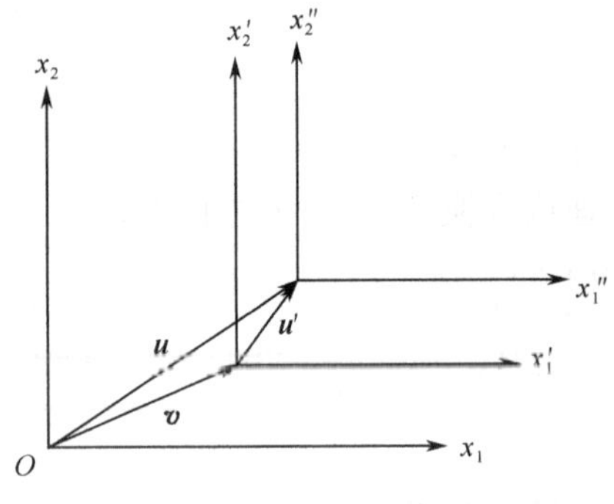

图 17.3 三个坐标系的连续变换

如图 17.3 所示，设惯性系 S' 相对于 S 的速度为 $\boldsymbol{v}$，S'' 相对于中 S' 的速度为 $\boldsymbol{u}'$（为简单起见，设 $u' \ll c$），相对于 S 的速度为 $\boldsymbol{u}$. 并设 S' 与 S 和 S'' 的坐标轴对应平行（但 S 和 S'' 的坐标轴不一定平行）. 由(17.24)式可知 $S \to S'$ 的时空变换为

$$\begin{cases}\boldsymbol{x}' = \boldsymbol{x} + \boldsymbol{v}\left[(\gamma - 1)\dfrac{\boldsymbol{v}\cdot\boldsymbol{x}}{v^2} - \gamma t\right],\\ t' = \gamma\left(t - \dfrac{\boldsymbol{v}\cdot\boldsymbol{x}}{c^2}\right).\end{cases}$$

因 $u' \ll c$，由 $S' \to S''$ 的变换可得

$$\boldsymbol{x}'' = \boldsymbol{x}' - \boldsymbol{u}'t' = \boldsymbol{x} + \boldsymbol{v}\left[(\gamma - 1)\frac{\boldsymbol{v}\cdot\boldsymbol{x}}{v^2} - \gamma t\right] - \gamma\boldsymbol{u}'\left(t - \frac{\boldsymbol{v}\cdot\boldsymbol{x}}{c^2}\right).$$

另一方面，设 S 在 S'' 中的速度为 $\boldsymbol{w}$，因 S'' 在 S 中的速度为 $\boldsymbol{u}$，故有 $D\boldsymbol{u} = -\boldsymbol{w}$. 因为我们不能断定 S 和 S'' 的坐标轴是否平行，在一般情况下 $S \to S''$ 的变换应由式(17.27)给出

$$\boldsymbol{x}'' = D\boldsymbol{x} - \boldsymbol{w}\left[(\gamma_u - 1)\frac{\boldsymbol{u}\cdot\boldsymbol{x}}{u^2} - \gamma_u t\right] \quad (\boldsymbol{w} = -D\boldsymbol{u}).$$

由上两式消去 $\boldsymbol{x}''$ 后得到

$$Dx = x + (\gamma_u - 1)\frac{u \cdot x}{u^2}w + (\gamma - 1)\frac{v \cdot x}{v^2}v + \gamma\frac{v \cdot x}{c^2}u' - [\gamma_u w + \gamma(v + u')]\, t. \tag{17.31}$$

如果我们解出 $Dx \neq x$，或 $D \neq I$，就表明 S'' 的坐标轴相对于 S 存在空间转动.

因为 S'' 在 S 和 S' 中的速度分别为 u 和 u'，由固有洛伦兹速度变换式(17.28)的逆变换得到二者的关系是

$$u = \frac{1}{1 + v \cdot u'/c^2}\left[v + \frac{u'}{\gamma} + \frac{\gamma}{\gamma + 1}\frac{(v \cdot u')v}{c^2}\right] \approx v + u'.$$

又因 S 在 S' 和 S'' 中的速度分别为 $-v$ 和 w，注意到 S' 和 S'' 的坐标轴对应平行，相对速度为 u'，由式(17.28)可知

$$w = -\frac{1}{1 + v \cdot u'/c^2}\left[u' + \frac{v}{\gamma'_u} + \frac{\gamma'_u}{\gamma'_u + 1}\frac{(v \cdot u')u'}{c^2}\right] \approx -(v + u').$$

将上面两式代入(17.31)式消去 w 和 u'，考虑到 $u' \ll c$，$\gamma_u \approx \gamma$，以及矢量运算公式 $(a \times b) \times c = (c \cdot a)b - (c \cdot b)a$，我们得到

$$\begin{aligned} Dx &= x + \frac{\gamma^2}{c^2(\gamma + 1)}[(u \cdot x)w + (v \cdot x)v] + \frac{\gamma}{c^2}(v \cdot x)u' \\ &\approx x - \frac{\gamma^2}{c^2(\gamma + 1)}[(dv \cdot x)v - (v \cdot x)dv] \\ &= x - \frac{\gamma^2}{c^2(\gamma + 1)}(dv \times v) \times x. \end{aligned} \tag{17.32}$$

式中的 $dv = u - v$ 是在 S 中观测 S'' 相对于 S' 的速度，在理论上与 S'' 在 S 中的速度 u' 不是一回事，但当其很小时有 $dv \approx u'$.

因为位置矢量的空间转动 Dx 与 x 的矢量差，等于转动角度 $d\varphi$ 与 x 的矢量积，$Dx = x + d\theta \times x$，这个转动又等价于坐标轴的反方向旋转[参见图 12.2]. 所以我们有以下结论：除非 $u // v$ 或 $dv // v$，S'' 相对于 S 的转动角为

$$d\theta = \frac{\gamma^2}{\gamma + 1}\frac{dv \times v}{c^2}, \tag{17.33}$$

由于其方向与 dv 和 v 构成右手系，故称之为进动角. 如果一个物体在 dt 时间内的速度变化为 dv，则它的进动角速度为

$$\omega = \frac{d\theta}{dt} = \frac{\gamma^2}{\gamma + 1}\frac{a \times v}{c^2} \quad \left(a = \frac{dv}{dt}\right). \tag{17.34}$$

对于一般宏观运动，这个进动角速度极其微小，完全可以忽略，但在微观状态下是有测量意义的.

如图 17.4 所示，在原子的玻尔理论中，电子绕原子核(或原子实)做圆周运动. 设电子在 t 时刻的速度为 v(对应于瞬时惯性系 S')，在 $t + dt$ 时刻的速度是 $v + dv$(对应于 S'' 系). 在 S 系中观测电子具有一个向心加速度，它是由于原子核作用在

电子上的电场力$-e\boldsymbol{E}$产生的

$$\boldsymbol{a}=\frac{\mathrm{d}\boldsymbol{v}}{\mathrm{d}t}=-\frac{e\boldsymbol{E}}{m_{\mathrm{e}}},$$

e和m_{e}是电子的电荷绝对值和固有质量. 根据(17.34)式,电子除了具有平动速度外,还有一个进动角速度,转动方向垂直于$\boldsymbol{a}$和$\boldsymbol{v}$构成的平面

$$\boldsymbol{\omega}\approx\frac{\boldsymbol{a}\times\boldsymbol{v}}{2c^{2}}=\frac{e}{2m_{\mathrm{e}}c^{2}}\boldsymbol{v}\times\boldsymbol{E}. \tag{17.35}$$

这个现象是托马斯在1926年研究电子自旋时发现的,故称之为**托马斯进动**,它是一个纯粹的相对论运动学效应(Thomas L T, 1926, 1927; Wigner E P, 1939; Møller C, 1952).

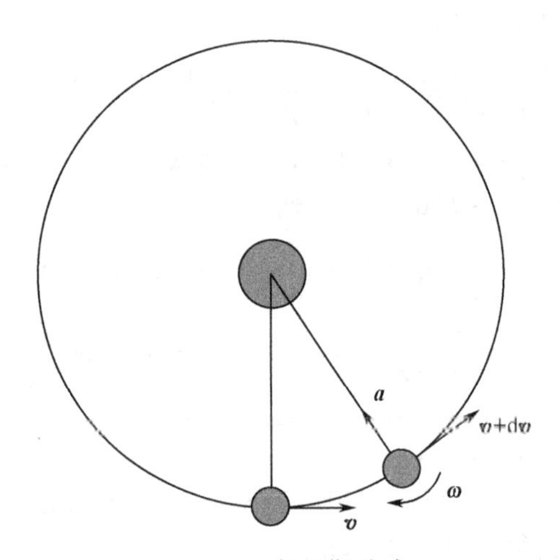

图17.4　托马斯进动

托马斯进动还表明,即使S和S''都与S'的坐标轴对应平行,S和S''的坐标轴也不一定平行,虽然S和S''到S'的变换都适用无空间转动的变换式(17.24),但S和S''的变换并不适用该式. 这就是我们在17.4节所指出的:无空间转动的固有洛伦兹变换并不构成群,而一般固有洛伦兹变换式(17.27)的集合才构成群.

18　相对论质点运动方程

18.1　四维力和力的变换

在16节曾经定义了一个洛伦兹力密度[(16.13)式],构成四维时空的矢量,有理由认为该定义在相对论力学中也成立

$$f_{\mu}=\left(\boldsymbol{f},\frac{\mathrm{i}}{c}\boldsymbol{f}\cdot\boldsymbol{u}\right), \tag{18.1}$$

我们根据它来寻求四维力的形式.

在相对论中体元 $\mathrm{d}V\neq\mathrm{d}V'$ 不是标量，因此对四维洛伦兹力密度矢量作通常的体积分，不可能得到相对论意义的矢量. 为此引入一个**固有体元**，它是在粒子的瞬时惯性系 S' 中测量的粒子体元，是一个标量：

$$\mathrm{d}V_0=\mathrm{d}x'_1\wedge\mathrm{d}x'_2\wedge\mathrm{d}x'_3.$$

设观察者所在的 S 系相对粒子以速度 u 运动，根据长度收缩效应：

$$\mathrm{d}x'_1=\gamma_u\mathrm{d}x_1,\quad \mathrm{d}x'_2=\mathrm{d}x_2,\quad \mathrm{d}x'_3=\mathrm{d}x_3,$$

在 S 系中测量的体元 $\mathrm{d}V$ 与固有体元的关系是

$$\mathrm{d}V_0=\gamma_u\mathrm{d}x_1\wedge\mathrm{d}x_2\wedge\mathrm{d}x_3=\gamma_u\mathrm{d}V.$$

因此，将洛伦兹力密度对固有体元积分，就得到一个具有力的量纲的四维矢量：

$$K_\mu=\int f_\mu\mathrm{d}V_0=\int\gamma_u f_\mu\mathrm{d}V. \tag{18.2}$$

这就是**四维力**或**闵可夫斯基力**的定义式.

将力密度的定义(18.1)式代入(18.2)式，分别得到 K_μ 的空间分量和时间分量：

$$\boldsymbol{K}=\int\gamma_u\boldsymbol{f}\mathrm{d}V,\quad K_4=\frac{\mathrm{i}}{c}\int\gamma_u\boldsymbol{f}\cdot\boldsymbol{u}\mathrm{d}V.$$

对于质点或平动的刚体，在任一坐标系中各点都以同一速度运动，可将上面两式积分出来，此时四维力就写成

$$K_\mu=\gamma_u\left(\boldsymbol{F},\frac{\mathrm{i}}{c}\boldsymbol{F}\cdot\boldsymbol{u}\right). \tag{18.3}$$

在相对论力学中，通常以此式作为四维力的定义. 它的时间分量与功率 $\boldsymbol{F}\cdot\boldsymbol{u}$ 有关，空间分量和牛顿力 $\boldsymbol{F}$ 有关，且当 $u\ll c$ 时退化为牛顿力 $\boldsymbol{K}\to\boldsymbol{F}$.

根据四维矢量的变换式可得四维力的变换为

$$K'_\mu=L_{\mu\nu}K_\nu, \tag{18.4}$$

亦即

$$\gamma'_u\begin{bmatrix}F'_1\\F'_2\\F'_3\\\mathrm{i}\boldsymbol{F}'\cdot\boldsymbol{\beta}'_u\end{bmatrix}=\gamma_u\begin{bmatrix}\gamma&0&0&\mathrm{i}\gamma\beta\\0&1&0&0\\0&0&1&0\\-\mathrm{i}\gamma\beta&0&0&\gamma\end{bmatrix}\begin{bmatrix}F_1\\F_2\\F_3\\\mathrm{i}\boldsymbol{F}\cdot\boldsymbol{\beta}_u\end{bmatrix}.$$

利用 γ'_u 与 γ_u 的关系式(17.12)，不难求得

$$\begin{cases}F'_1=\dfrac{F_1-(\boldsymbol{F}\cdot\boldsymbol{u})v/c^2}{1-u_1v/c^2},\\[2ex]F'_2=\dfrac{F_2}{\gamma(1-u_1v/c^2)},\\[2ex]F'_3=\dfrac{F_3}{\gamma(1-u_1v/c^2)}.\end{cases} \tag{18.5}$$

这就是三维**力的洛伦兹变换**,在形式上类似于洛伦兹速度变换(5.5)式.

由此还可以看出:在相对论中,四维力 K_μ 才具有矢量性质. 三维力 $\boldsymbol{F}$ 不再是矢量,也不是矢量 K_μ 的空间分量.

18.2 相对论质点运动方程

设 m_0 是在瞬时惯性系中测得的粒子质量,称作**固有质量或静止质量**,是一个不随时间变化的标量. 将 m_0 和四维加速度矢量相乘,可以得到一个具有力的量纲的四维矢量. 把它和四维力等同起来就得到一个四维矢量方程:

$$K_\mu = m_0 W_\mu = m_0 \frac{\mathrm{d}U_\mu}{\mathrm{d}\tau}. \tag{18.6}$$

注意到 m_0 与时间无关,利用(17.1)式将(18.6)式改写成

$$K_\mu = m_0 \frac{\mathrm{d}t}{\mathrm{d}\tau}\frac{\mathrm{d}U_\mu}{\mathrm{d}t} = \gamma_u \frac{\mathrm{d}(m_0 U_\mu)}{\mathrm{d}t},$$

将四维力(18.3)式和四维速度的分量(17.9)式代入上式,故方程的分量式为

$$\begin{cases} \boldsymbol{F} = \dfrac{\mathrm{d}}{\mathrm{d}t}(\gamma_u m_0 \boldsymbol{u}), \\ \boldsymbol{F}\cdot\boldsymbol{u} = \dfrac{\mathrm{d}}{\mathrm{d}t}(\gamma_u m_0 c^2). \end{cases} \tag{18.7}$$

这就是我们预期的质点的**相对论运动方程**,也将这两式分别叫做相对论质点动量定理和能量定理.

相对论运动方程满足修改牛顿力学的两个条件:第一,(18.6)式是四维时空的张量方程,因而是洛伦兹协变的;第二,当 $u\ll c$ 时,(18.7)的两式分别退化为牛顿力学的动量定理和能量定理:

$$\begin{cases} \boldsymbol{F} \approx m_0 \dfrac{\mathrm{d}\boldsymbol{u}}{\mathrm{d}t} = m_0 \boldsymbol{a}, \\ \boldsymbol{F}\cdot\boldsymbol{u} \approx \dfrac{\mathrm{d}}{\mathrm{d}t}\left(\dfrac{1}{2}m_0 u^2\right), \end{cases} \quad (u \ll c).$$

作为例子,我们来分析一维相对论谐振子的运动,它在量子力学和统计物理中具有重要意义.

设谐振子的静止质量为 m_0,振动角频率和振幅分别为 ω 和 A. 以平衡位置为坐标原点建立坐标系 $\{O;x\}$,谐振子所受的弹性力正比于弹簧伸长量

$$F = -m_0\omega^2 x.$$

根据式(18.7),并将式中的时间微分变为空间微分

$$m_0\omega^2 x = -u\frac{\mathrm{d}}{\mathrm{d}x}(\gamma_u m_0 u).$$

因为当 $x=A$ 时 $u=0$,对上式积分

$$\omega^2\int_x^A x\,\mathrm{d}x = -\int_u^0 u\,\mathrm{d}(\gamma_u u)\ ,$$

就得到方程

$$\frac{1}{2}\omega^2(A^2-x^2)=c^2\left(\frac{1}{\sqrt{1-u^2/c^2}}-1\right). \tag{18.8}$$

我们将在下节看到,此式实际上是谐振子的能量守恒表达式.

由此解出粒子的速度

$$u^2=\frac{\omega^2(A^2-x^2)[1+\omega^2(A^2-x^2)/4c^2]}{[1+\omega^2(A^2-x^2)/2c^2]^2}.$$

由于$|x|<A$,可设$x=A\cos\varphi$,并取初始状态为$x_0=A(\varphi_0=0)$,则可求得

$$u=-A\omega\sin\varphi\frac{\sqrt{1+\kappa^2\sin^2\varphi/4}}{1+\kappa^2\sin^2\varphi/2}\quad\left(\kappa=\frac{\omega A}{c}\right).$$

由此得到运动方程:

$$\begin{aligned}\omega t &= \int_A^x\frac{\omega}{u}\mathrm{d}x=\int_0^\varphi\frac{1+\kappa^2\sin^2\varphi'/2}{\sqrt{1+\kappa^2\sin^2\varphi'/4}}\mathrm{d}\varphi'\\ &\approx\varphi+\frac{3\kappa^2}{32}(2\varphi-\sin2\varphi).\end{aligned} \tag{18.9}$$

上面的积分没有严格的初等函数解析形式,我们仅取级数近似解,精确到κ^2量级.显然,当$\kappa\ll1(\omega A\ll c)$的低速近似下退化为经典谐振子:

$$x_N=A\cos\varphi=A\cos\omega t,\quad u_N=-A\omega\sin\omega t.$$

18.3　电磁场中的质点运动方程

设荷电粒子的固有质量和电量分别为m_0和$q=\int\rho\mathrm{d}V$.将电磁场力密度(16.14)式代入运动方程(18.6)式,则有

$$m_0\frac{\mathrm{d}U_\mu}{\mathrm{d}\tau}=\int f_\mu\mathrm{d}V_0=\int F_{\mu\nu}J_\nu\mathrm{d}V_0.$$

对于荷电粒子,四维电流密度$J_\nu=(\boldsymbol{u}\rho,\mathrm{i}c\rho)$的体积分为

$$\int J_\nu\,\mathrm{d}V_0=\int\gamma_u(\boldsymbol{u}\rho,\mathrm{i}c\rho)\mathrm{d}V=q\gamma_u(\boldsymbol{u},\mathrm{i}c)=qU_\nu,$$

故荷电粒子运动方程的四维形式为

$$\frac{\mathrm{d}U_\mu}{\mathrm{d}\tau}=\frac{q}{m_0}F_{\mu\nu}U_\nu. \tag{18.10}$$

这是关于粒子四维速度的微分方程.

(18.10)式可以表示成三维形式.利用坐标时与固有时的关系,将(18.7)式写成

$$\boldsymbol{F}=m_0\frac{\mathrm{d}\boldsymbol{u}}{\mathrm{d}\tau}+\frac{\boldsymbol{u}}{c^2}(\boldsymbol{u}\cdot\boldsymbol{F}). \tag{18.11}$$

式中将时间变量用固有时 $\mathrm{d}\tau$ 表示，其优点是在某些情况下（例如 $\boldsymbol{u}\cdot\boldsymbol{F}=\text{const.}$）避免了 u 与 u_i 的耦合. 设荷电粒子在电磁场中以速度 $\boldsymbol{u}$ 运动，所受的洛伦兹力为 $\boldsymbol{F}=q(\boldsymbol{E}+\boldsymbol{u}\times\boldsymbol{B})$，其中的磁场力与速度正交，$(\boldsymbol{u}\times\boldsymbol{B})\cdot\boldsymbol{u}\equiv 0$，故三维运动方程为

$$\frac{\mathrm{d}\boldsymbol{u}}{\mathrm{d}\tau}=\frac{q}{m_0}\left(\boldsymbol{E}-\frac{(\boldsymbol{E}\cdot\boldsymbol{u})\boldsymbol{u}}{c^2}+\boldsymbol{u}\times\boldsymbol{B}\right). \tag{18.12}$$

以此式为基础，我们来分析电磁场中荷电粒子的两种特殊情况.

(1)粒子在均匀电场中的运动

设仅存在均匀电场 $\boldsymbol{E}=E\boldsymbol{e}_3$，代入(18.12)式得到

$$\frac{\mathrm{d}\boldsymbol{u}}{\mathrm{d}\tau}=\frac{\kappa}{c}(c^2\boldsymbol{e}_3-u_3\boldsymbol{u}),\quad \kappa=\frac{qE}{m_0c}, \tag{18.13}$$

分量式为

$$\frac{\mathrm{d}u_1}{\mathrm{d}\tau}=-\frac{\kappa}{c}u_1u_3,\quad \frac{\mathrm{d}u_2}{\mathrm{d}\tau}=-\frac{\kappa}{c}u_2u_3,\quad \frac{\mathrm{d}u_3}{\mathrm{d}\tau}=\frac{\kappa}{c}(c^2-u_3^2).$$

设初始速度为 $\boldsymbol{u}_0=(u_{01},u_{02},0)$，由第 3 式解出 u_3 后代入到第 1 和第 2 式求得另外两个分量，最后得到

$$\boldsymbol{u}=(u_{01}\cosh^{-\kappa}(\kappa\tau),u_{02}\cosh^{-\kappa}(\kappa\tau),c\tanh(\kappa\tau)). \tag{18.14}$$

如果初始时刻粒子静止于电场中 $\boldsymbol{u}_0=0$（$u_{01}=u_{02}=0$），则速度沿 z 轴即电场方向

$$u=c\tanh(\kappa\tau)=\frac{c\kappa t}{\sqrt{1+\kappa^2t^2}},$$

式中用到 $\mathrm{d}t=\gamma_u\mathrm{d}\tau=\cosh(\kappa\tau)\mathrm{d}\tau$. 其加速度为

$$a=\frac{\mathrm{d}u}{\mathrm{d}t}=\frac{c\kappa}{(1+\kappa^2t^2)^{3/2}}.$$

设初始时刻粒子位于坐标原点，可求得位移为

$$x=\int_0^t u\mathrm{d}t=\frac{c}{\kappa}(\sqrt{1+\kappa^2t^2}-1).$$

显然，电荷的速度不可能超光速，并且加速度并非常量. 仅当 $u\ll c$ 时，上面三式退化到经典方程：

$$a_N=c\kappa=\frac{qE}{m_0},\quad u_N=at,\quad x_N=\frac{1}{2}at^2.$$

(2)粒子在均匀磁场中的运动

假设仅存在均匀磁场 $\boldsymbol{B}=B\boldsymbol{e}_3$，则(18.12)式成为

$$\frac{\mathrm{d}\boldsymbol{u}}{\mathrm{d}\tau}=k(u_2\boldsymbol{e}_1-u_1\boldsymbol{e}_2),\quad k=\frac{qB}{m_0}. \tag{18.15}$$

分量式为

$$\frac{\mathrm{d}u_1}{\mathrm{d}\tau}=ku_2,\quad \frac{\mathrm{d}u_2}{\mathrm{d}\tau}=-ku_1,\quad \frac{\mathrm{d}u_3}{\mathrm{d}\tau}=0,$$

前两式化成振动方程:

$$\frac{\mathrm{d}^2u_j}{\mathrm{d}\tau^2}+k^2u_j=0,\quad (j=1,2).$$

考虑到原方程,其解可表示为

$$\boldsymbol{u}=(A\sin(k\tau+\varphi),A\cos(k\tau+\varphi),u_{03}),\tag{18.16}$$

式中的常量 $A\sin\varphi=u_{01}$, $A\cos\varphi=u_{02}$ 和 u_{03} 是粒子的初始速度.

粒子的三维加速度是

$$\boldsymbol{a}=\frac{\mathrm{d}\boldsymbol{u}}{\mathrm{d}\tau}\frac{\mathrm{d}\tau}{\mathrm{d}t}=\frac{Ak}{\gamma_u}(\cos(k\tau+\varphi),-\sin(k\tau+\varphi),0).\tag{18.17}$$

(18.16)式表明粒子速度的大小不变,$u^2=u_iu_i=u_0^2$,因而 γ_u 不随时间变化,所以这是一个螺旋线运动,在 x-y 平面内做匀速圆周运动,沿 z 轴做匀速直线运动.

如果设 $u_{03}=0$,则粒子在 x-y 平面内做匀速圆周运动,速度为 $u=u_0=A$. 设 r 为圆周的半径,由(18.17)式可得加速度是

$$a=\frac{u^2}{r}=\frac{Ak}{\gamma_u}=uk\sqrt{1-\frac{u^2}{c^2}}.$$

注意公式 $a=u^2/r$ 在相对论中仍然成立,因为在径向没有长度收缩. 由此解出

$$u=\frac{kr}{\sqrt{1+(kr/c)^2}}.$$

所以磁场中荷电粒子的速度也不可能超过光速.

值得指出的是,虽然相对论粒子的轨迹与经典力学的结论相同,但它是以固定在粒子上的时钟记录的时间来度量的. 粒子的旋转周期是指的固有时

$$\Delta\tau=\frac{2\pi}{k}=\frac{2\pi m_0}{qB}.$$

用坐标时度量的周期应该是

$$\Delta t=\gamma_u\Delta\tau=\frac{2\pi\gamma_u m_0}{qB},\tag{18.18}$$

角频率则为

$$\omega=\frac{2\pi}{\Delta t}=\frac{qB}{m_0}\sqrt{1-\frac{u^2}{c^2}}.\tag{18.19}$$

仅当 $u\ll c$ 时退化为经典结论:

$$\omega_N=\frac{2\pi}{\Delta t}=\frac{qB}{m_0}.$$

图 18.1 给出相对论和经典角频率的比较,实验已经证实相对论的结论是正确的

(见下节).

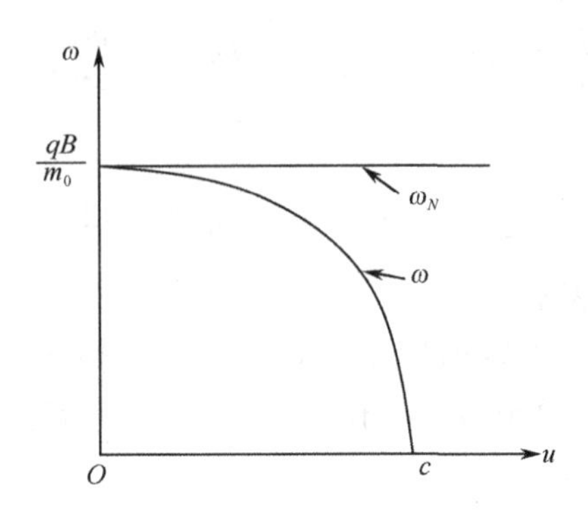

图 18.1 相对论角频率与速度的关系

19 相对论质量、动量和能量

由相对论运动方程可以得到两个极重要的结论:质量速度关系和质量能量关系.检验这两个结论的正确性,无疑也就验证了运动方程的正确性.

19.1 相对论质量和质速关系

先考虑(18.7)式的空间分量.我们令

$$m = \frac{m_0}{\sqrt{1 - u^2/c^2}}, \tag{19.1}$$

$$\boldsymbol{p} = \frac{m_0 \boldsymbol{u}}{\sqrt{1 - u^2/c^2}} = m\boldsymbol{u}. \tag{19.2}$$

则空间分量为

$$\boldsymbol{F} = \frac{\mathrm{d}(m\boldsymbol{u})}{\mathrm{d}t} = \frac{\mathrm{d}\boldsymbol{p}}{\mathrm{d}t}. \tag{19.3}$$

由(19.1)和(19.2)式定义的 m 和 $\boldsymbol{p}$ 称作**相对论质量**和**相对论动量**.在此定义下,相对论运动方程与牛顿方程的形式相同,但是这里的质量并非常量,由此产生的变革是深远的.

(19.1)式说明粒子的质量随速度的增大而增大,故称作**质量速度关系式**.如图 19.1所示,当 $u \ll c$ 时就是静止质量 m_0,即相对于粒子瞬时静止的惯性系所测得的质量最小.一旦粒子相对于惯性系有了速度,其质量无例外地都增大;当 $u \to c$ 时,$m \to \infty$.这表明当速度接近光速时,质量趋于无限大.所以无法用有限的力使得粒子加速到光速,这一点与光速极值原理相符合.由此可见在相对论中,物质的一个根本属性——惯性乃是一个相对量.

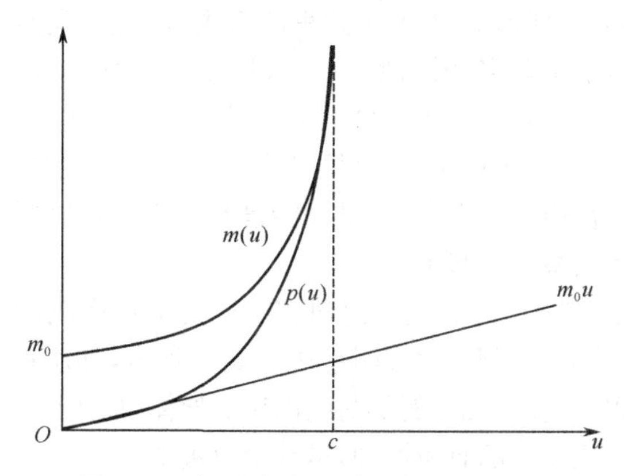

图 19.1　相对论质量、动量与速度的关系

相对论质量公式已被实验所证实. 从 1901～1906 年,考夫曼从镭的 β 射线中观测电子的运动轨迹,发现电子的荷质比与速度有关,他假定电子电量不随速度变化,那么电子的质量将随速度增大而增大,但这个实验的精确度不高. 直到 1915 年,居伊和拉旺希的实验才被普遍接受. 1940 年,罗格等以 1% 的精度证实了(19.1)式. 1953 年,Grove 和 Fox 等使用同步回旋加速器做实验,用来加速电子的交变电压的频率是[参见(18.19)式和图 18.1]

$$\omega = \frac{eB}{m} = \frac{eB}{\gamma_u m_0}.$$

如果 m 确如(19.1)式变化,ω 将随速度的增加而减少. 实验终于以 0.1%的极高精度证实了质量速度公式(Kaufmann W,1906;Guye C E,Lavanchy C,1915;Rogers M M et al.,1940; Grove D J,Fox J G,1953).

19.2　相对论能量和质能关系

再来考察(18.7)式的时间分量

$$\boldsymbol{F}\cdot\boldsymbol{u} = \frac{\mathrm{d}}{\mathrm{d}t}\left(\frac{m_0 c^2}{\sqrt{1-u^2/c^2}}\right).$$

上式左边是外力对粒子所作的功率,等式右边是某个量的全微分. 且当 $u \ll c$ 时,就是经典的动能定理. 因此,括弧内的量就是粒子的总能量. 考虑到运动质量(19.1)式,粒子的**相对论能量**为

$$E = mc^2 = \frac{m_0 c^2}{\sqrt{1-u^2/c^2}}. \tag{19.4}$$

则有

$$\boldsymbol{F}\cdot\boldsymbol{u} = \frac{\mathrm{d}E}{\mathrm{d}t}. \tag{19.5}$$

虽然它与经典的动能定理形式相同，但这里的 E 并非动能，我们来详细讨论.

(1)公式(19.4)就是著名的**质能关系式**，是相对论所揭示的最惊人的结论之一，可以看成爱因斯坦对人类文明的最大贡献(Einstein，1905b). 它说明物质系统的总能量和系统的总质量成正比. 只要具有质量，就一定具有能量，反之亦然. 这和经典力学全然不同. 在经典力学中，质量和能量是没有直接联系的两个量，但是在相对论中，两者紧密联系在一起了.

还应当指出，虽然(19.4)式是通过研究粒子的运动得到的，但是不能把它理解为仅适用于粒子的运动情况. 它说明系统的能量越多，其质量也越大. 对于非机械运动的能量，此式也是成立的. 例如荷电以后的导体，加热以后的物体，压缩以后的弹簧，它们的质量比原来的有所增加，尽管增值极微.

(2)质能关系式还说明物质系统具有的能量是一个相对量，它随速度增加而增加. 特别是当速度等于零时，亦即在瞬时惯性系中测量的能量最小，但不等于零，这时的能量叫做**静止能量**或者**固有能量**：

$$E_0 = m_0 c^2. \tag{19.6}$$

相对静止的物体，不管其组成成分是什么，也不问是否处在力场中，都具有大小为 $m_0 c^2$ 的能量. 这是一个异常巨大的能量，远比人们已知的任何能源都大. 例如 1 克质量的任意物质都蕴藏着 9×10^{13} J 的能量，相当于燃烧三千吨煤的化学能. 尽管物体的固有能量很大，但是它蕴含在物质内部，在没有释放出来以前，是测量不出来的. 因此在牛顿力学时代，人们始终不了解这一点，只有相对论首次揭示了质量和能量的内在联系.

(3)由(19.4)式立刻得到物质系统的能量变化和质量变化成正比，即

$$\Delta E = \Delta m c^2. \tag{19.7}$$

若粒子的速度变化为 $0\to u$(设无其他能量)，将(19.1)式代入(19.7)式后展开分母成级数：

$$\Delta E = (m - m_0)c^2 = \frac{1}{2}m_0 u^2 + \frac{3}{8}\frac{m_0 u^4}{c^2} + \cdots.$$

若 $u \ll c$，略去高次项，上式就成为通常力学中的动能表达式. 因此**相对论动能**定义为

$$E_k = (m - m_0)c^2 = (\gamma_u - 1)m_0 c^2. \tag{19.8}$$

我们看到，平常所测得的动能只是总能量增量中的一项. 在动能不太大时，它引起粒子质量的变化是极微的，故在牛顿近似时，可以始终认为质量是不变的.

图 19.2 给出相对论能量、相对论动能与速度的关系，并与经典力学的动能进行了比较.

爱因斯坦在得出质能关系式时就断言："用所含能量可以有很大变化的物体(如镭盐)来使这个理论成功的接受检验，并非是不可能的."(Einstein A，1905b)

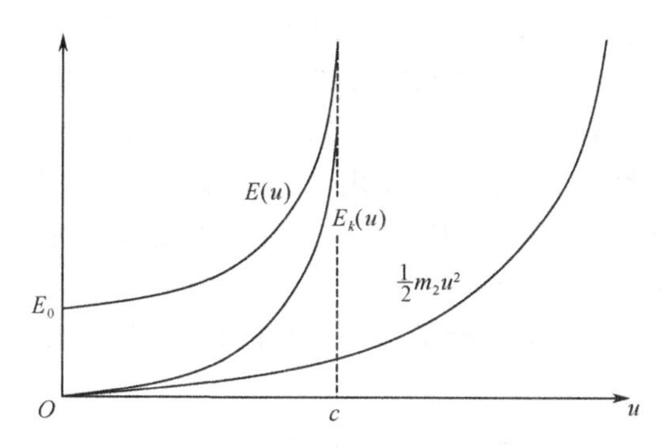

图 19.2　相对论能量、动能与速度的关系

事实确实如此.因为由(19.7)式可知,只要系统的质量减小(质量亏损),其固有能量就要部分释放出来,但是实际上只有通过核反应才能实现.下面就来分析几个核反应.

(1)重核的裂变

重核(例如铀核)很不稳定,利用中子轰击,就可以把一个重核分裂成两个或者更多的较轻的核.例如用中子轰击铀可以裂变成钡和氪,反应式如下

$$\mathrm{n}+{}^{235}\mathrm{U}\rightarrow{}^{141}\mathrm{Ba}+{}^{92}\mathrm{Kr}+3\mathrm{n}.$$

把各种元素的原子量代入,可得反应前原子总质量为 236.133u(u 是原子质量单位,$1\mathrm{u}=931.5\mathrm{MeV}/c^2$),反应后为 235.918u,亏损值 0.235u.最后算出 1g 原子量的铀裂变时放出的能量为

$$\Delta E=0.235\times931.5\approx200\mathrm{MeV}.$$

(2)轻核的聚变

轻核(如氘、氚等)在一定条件下(高温高压)可以聚合成较重的核.聚变以后核子结合得更紧密,也会发生质量亏损,从而释放出大量能量.例如氢弹的聚合反应是氘与氚合成为氦,其反应式是

$${}^{2}\mathrm{H}+{}^{3}\mathrm{H}\rightarrow{}^{4}\mathrm{He}+\mathrm{n}.$$

把各种元素的原子量代入,就能算出反应后释放出 17.6MeV 的能量.

相对论预言的质能关系式已被实验所证实.其原理是检验核反应是否满足质能关系式.1932 年柯克罗夫特和瓦尔顿用快质子束射到锂靶上,产生两个大角散射的 α 核子,反应式如下

$${}^{1}\mathrm{H}+{}^{7}\mathrm{Li}\rightarrow2{}^{4}\mathrm{He}+17.2\mathrm{MeV}.$$

式中的能量是通过测量 α 粒子在云室中迹线的长度而得出的.据(19.7)式应产生 0.01843u 的质量亏损.又从质谱仪测出各元素的质量,得出质量亏损为 0.0185u,

两者符合的精度高达 0.6%(Cockcroft J D, Walton E T S, 1932).

总之,实验证实了相对论对牛顿力学的修正以及对于质量、能量等概念的重新认识,都是正确的. 爱因斯坦曾经总结道:"狭义相对论导致的具有一般意义的最重要的结果是关于质量的概念. 在相对论出现之前,物理学认识到两个具有根本重要性的守恒定律,即能量和质量守恒定律,这两个守恒定律是完全相互独立的. 由于相对论,它们联合成了一个定律."

下面谈谈粒子在势场中的能量问题. 设在某一特定的惯性系中具有势能函数为

$$V = V(x),$$

式中 $x=(x_i)$ 表示空间坐标. 注意势能函数并非不变量,因为根据洛伦兹变换,在其他惯性系中该函数不一定仅为空间坐标的函数.

在经典力学中势场力与势能的关系在相对论中仍然成立

$$\boldsymbol{F} = -\nabla V(x).$$

如果粒子仅受到势场力的作用,将上式代入(19.5)式,得到

$$\frac{\mathrm{d}E}{\mathrm{d}t} = -\nabla V \cdot \frac{\mathrm{d}\boldsymbol{x}}{\mathrm{d}t},$$

由此解出

$$E = -\int \nabla V \cdot \mathrm{d}\boldsymbol{x} = -V + \text{const.},$$

亦即

$$E + V = \text{const.}. \tag{19.9}$$

可见势场中粒子的总能量包括粒子的静止能、动能和势能,当它仅受势场力的作用时总能量守恒. 例如,我们在 18.3 节中求出的(18.8)式,实际上就是谐振子的能量守恒律.

19.3 能量动量矢量及其变换

将上面定义的相对论动量和能量 $\boldsymbol{p}=m\boldsymbol{u}$, $E=mc^2$ 合在一起,则构成四维空间的一个矢量,定义为**能量动量矢量**或**四维动量**:

$$P_\mu = m_0 U_\mu = \left(\boldsymbol{p}, \frac{\mathrm{i}}{c}E\right). \tag{19.10}$$

其空间分量是牛顿力学中相应定义 $m_0\boldsymbol{u}$ 的推广,时间分量 P_4 与粒子的总能量有关,这样四维动量就把动量和能量统一在一起了.

由于矢量的内积是标量,故

$$P_\mu P_\mu = p^2 - \frac{E^2}{c^2} = p^2 - m^2c^2 = \text{inv.}.$$

因为在粒子的瞬时惯性系中,$\boldsymbol{p}=m\boldsymbol{u}=0$,不变量就是 $-m_0^2c^2$,因此

$$E^2 - p^2c^2 = m_0^2c^4. \tag{19.11}$$

假设能量不可能为负值(对这个问题我们不作深入讨论),则此式又写成

$$E = \sqrt{p^2c^2 + m_0^2c^4}. \tag{19.12}$$

这就是相对论粒子的**能量动量关系式**. 它有两种等价的意义:(19.11)式表示在不同惯性系中测量,粒子的能量和动量的平方差 $E^2 - p^2c^2$ 为不变量;(19.12)式是指在同一惯性系中测量的粒子能量和动量所满足的相互关系. 如图 19.3 所示.

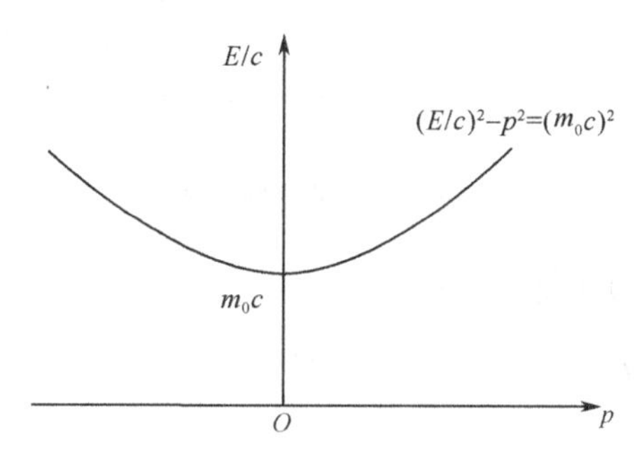

图 19.3　相对论能量与动量的关系

根据矢量的变换规律,四维动量的变换为

$$P'_\mu = L_{\mu\nu}P_\nu,$$

其分量变换与时空坐标变换的形式相同:

$$\begin{cases} p'_1 = \gamma\left(p_1 - \dfrac{v}{c^2}E\right), \\ p'_2 = p_2, \\ p'_3 = p_3, \\ E' = \gamma(E - vp_1). \end{cases} \tag{19.13}$$

(19.13)式也可以通过洛伦兹速度变换得到. 例如,设在 S' 和 S 系中测量粒子的能量分别为

$$E' = \frac{m_0c^2}{\sqrt{1 - u'^2/c^2}}, \quad E = \frac{m_0c^2}{\sqrt{1 - u^2/c^2}}.$$

根据洛伦兹速度变换的极坐标表达式(5.7),即可得到(19.13)式的第 4 式

$$E' = \frac{m_0c^2(1 - \boldsymbol{u}\cdot\boldsymbol{v}/c^2)}{\sqrt{1 - u^2/c^2}\sqrt{1 - v^2/c^2}} = \gamma(E - vp_1).$$

我们来分析动量变换的相图. 为简单起见,仅考虑二维空间运动. 在 S 系中大小为 p 而方向任意的平面矢量的两个分量是

$$p_1 = p\cos\theta, \quad p_2 = p\sin\theta.$$

在 $\boldsymbol{p}$ 的相图 $\{p_1, p_2\}$ 中,$\boldsymbol{p}$ 的矢端将位于中心在 O、半径为 p 的圆上,如图19.4(a).

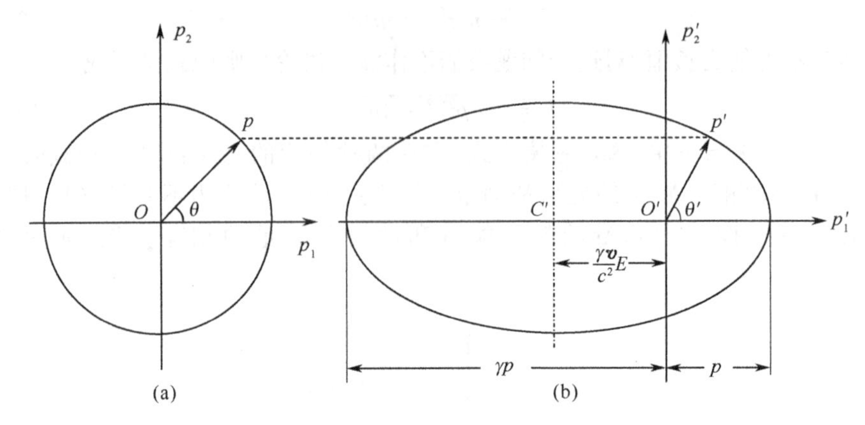

图 19.4　动量变换的相图

在 S' 系测量,由(19.13)式得

$$p_1' = \gamma\left(p\cos\theta - \frac{v}{c^2}E\right), \quad p_2' = p\sin\theta,$$

联立两式消去 θ,因而有

$$\left(\frac{p_1' + \gamma vE/c^2}{\gamma p}\right)^2 + \left(\frac{p_2'}{p}\right)^2 = 1.$$

上式表明 $\boldsymbol{p}'$ 的矢端位于一个椭圆上,椭圆的中心在 $C'(-\gamma vE/c^2, 0)$,长半轴和短半轴分别为 γp 和 p,如图 19.4(b).

利用(19.13)式及图 19.4 可以说明在 S' 系中测量动量时发生的变化. 由于 S 系相对于 S' 系向左运动,所以粒子动量在 v 的方向增加了. 速度 v 越大,椭圆中心越向左移,椭圆也越扁长. 如果椭圆中心距离大于长半轴,即

$$\frac{\gamma v}{c^2}E > \gamma p,$$

甚至整个椭圆都移到 O' 的左边,这时即使在 S 系中向右运动的粒子($p_1 > 0$),在 S' 系观测也向左运动($p'_1 < 0$). 事实上在经典力学中,当粒子群质心速度 v 大于相对于质心的速度 u 时,也会发生这种情况.

19.4　质点系能量动量守恒律

对于 N 个质点构成的质点系,每一个质点的四维动量为

$$P^a = (\boldsymbol{p}^a, \mathrm{i}E^a/c),$$

这里已经省略矢量的分量指标,式中的指标 $a=1,2,\cdots,N$ 是粒子的标号. 当体系不受外力作用时,根据运动方程式(18.6)式

$$\sum_{a=1}^{N}\frac{\mathrm{d}P^a}{\mathrm{d}\tau} = \frac{\mathrm{d}}{\mathrm{d}\tau}\left(\sum_{a=1}^{N}P^a\right) = 0$$

可知各个质点的四维动量之和为常矢量：

$$\sum_{a=1}^{N} P^a = \sum_{a=1}^{N} \boldsymbol{p}^a + \frac{\mathrm{i}}{c}\sum_{a=1}^{N} E^a = \text{四维常矢量}. \tag{19.14}$$

其空间和时间分量分别为

$$\sum_{a=1}^{N} \boldsymbol{p}^a = \text{三维常矢量}, \quad \sum_{a=1}^{N} E^a = \text{常量}. \tag{19.15}$$

这就是**质点系能量动量守恒律**.

下面我们以高速运动火箭为例，讨论一种特殊的质点系——变质量物体的守恒律.

设火箭的初始固有质量为 M_0，从静止开始做直线运动，速度为 v 时的固有质量为 M_v，向后喷射的气体相对于火箭的速度为 $-u_r$（负号表示与火箭运动方向相反）. 不考虑重力和空气阻力的影响，我们来求火箭的质量变化与运动速度的关系.

将火箭本体和喷射气体看成一个质点系. 考虑一个无穷小过程：当火箭本体的速度变换 $v \to v + \mathrm{d}v$ 时，固有质量变化是 $M \to M + \mathrm{d}M$（$\mathrm{d}M < 0$），同时放出固有质量为 m_0、相对于地面速度为 u（$u < 0$）的气体. 在此过程中质量并不守恒，而是能量和动量守恒：

$$\frac{(M+\mathrm{d}M)c^2}{\sqrt{1-(v+\mathrm{d}v)^2/c^2}} - \frac{Mc^2}{\sqrt{1-v^2/c^2}} + \frac{m_0 c^2}{\sqrt{1-u^2/c^2}} = 0,$$

$$\frac{(M+\mathrm{d}M)(v+\mathrm{d}v)}{\sqrt{1-(v+\mathrm{d}v)^2/c^2}} - \frac{Mv}{\sqrt{1-v^2/c^2}} + \frac{m_0 u}{\sqrt{1-u^2/c^2}} = 0.$$

或者用微分表示为

$$\mathrm{d}(\gamma M) + \gamma_u m_0 = 0, \tag{19.16}$$

$$\mathrm{d}(\gamma M v) + \gamma_u m_0 u = 0. \tag{19.17}$$

由洛伦兹速度逆变换可知 u 与 u_r 的关系是

$$u = \frac{-u_r + v}{1 - u_r v/c^2},$$

且有[见(5.8)式]

$$\gamma_u = \gamma\gamma_{u_r}\left(1 - \frac{u_r v}{c^2}\right).$$

将上两式代入(19.16)和(19.17)式并消去 m_0，化简为

$$\frac{\mathrm{d}M}{M} = -\frac{\mathrm{d}v}{u_r(1 - v^2/c^2)}.$$

从初态到末态积分，$M = M_0 \to M_v$，$v = 0 \to v$，就得到

$$\frac{M_0}{M_v} = \left(\frac{c+v}{c-v}\right)^{\frac{c}{2u_r}}, \tag{19.18}$$

亦即

$$\frac{v}{c}=\frac{(M_0/M_v)^{2u_r/c}-1}{(M_0/M_v)^{2u_r/c}+1}. \tag{19.18'}$$

这就是火箭初末态质量比与末态速度及喷气速度的关系，是瑞士科学家阿克莱特在 1946 年首先得到的，称之为**阿克莱特公式**(Ackeret J，1946)．显然火箭初末态质量比越大，喷气速度越大，获得的末速度也就越大．

对(19.18)式两边取对数后再作级数展开

$$\ln\frac{M_0}{M_v}=\frac{c}{2u_r}\ln\left(\frac{1+v/c}{1-v/c}\right)=\frac{v}{u_r}\left(1+\frac{v^2}{3c^2}+\frac{v^4}{5c^4}+\cdots\right).$$

故在低速近似下($v\ll c$)，上式化为

$$v=u_r\ln\frac{M_0}{M_v}\quad \text{或}\quad \frac{M_0}{M_v}=\exp\left(\frac{v}{u_r}\right). \tag{19.19}$$

此即我们熟知的低速火箭的**齐奥尔科夫斯基公式**，它是阿克莱特公式的低速近似．

20 光子的能量动量及其效应

20.1 四维波矢量和相位不变性

按照爱因斯坦的光量子假设，光子的能量取决于光的频率 $h\nu$(Einstein A，1905c)，由相对论能量表达式可知

$$h\nu=\frac{m_\gamma c^2}{\sqrt{1-u_\gamma^2/c^2}}.$$

由于光子的速度 $u_\gamma=c$，要保证能量为有限值，只有一种可能：光子的静止质量 $m_\gamma=0$，这是相对论的一个重要推论！这一结论得到了大量实验的支持，根据目前的实验结果，光子静止质量的上限是 $m_\gamma<1.2\times10^{-51}$ g(Luo Jun et al.，2003)．

利用(19.11)式，我们将光子的能量和动量表示为

$$\begin{cases}E=h\nu=\hbar\omega,\\ \boldsymbol{p}=\dfrac{h}{\lambda}\boldsymbol{n}=\hbar\boldsymbol{k}.\end{cases} \tag{20.1}$$

其中：h 和 $\hbar=\dfrac{h}{2\pi}$ 为普朗克常量；ν 和 $\omega=2\pi\nu$ 是光波的频率和角频率；λ 和 $\boldsymbol{k}=\dfrac{2\pi}{\lambda}\boldsymbol{n}$ 为波长和波矢，$\boldsymbol{n}$ 是沿光传播方向的单位矢量；$\nu\lambda=\dfrac{\omega}{k}=u_p=c$ 是光波的相速度，在真空中与能量传播速度或群速度相同．

根据(19.10)式，光子的四维动量为

$$P_\mu=\left(\boldsymbol{p},\frac{\mathrm{i}}{c}E\right)=\hbar\left(\boldsymbol{k},\frac{\mathrm{i}}{c}\omega\right),$$

等价地，常常定义光子的**四维波矢量**：

$$k_\mu = \frac{P_\mu}{\hbar} = \left(\boldsymbol{k}, \frac{\mathrm{i}}{c}\omega\right). \tag{20.2}$$

根据四维动量的关系式(19.11)，四维波矢量的模方

$$k_\mu k_\mu = k^2 - \left(\frac{\omega}{c}\right)^2 = 0, \tag{20.3}$$

故光子的四维波矢量是类光矢量(或零矢量)，它实际上反映的相速度为光速. 四维波矢量的分量变换关系满足(19.13)式

$$\begin{cases} k'_1 = \gamma\left(k_1 - \dfrac{v}{c^2}\omega\right), \\ k'_2 = k_2, \\ k'_3 = k_3, \\ \omega' = \gamma(\omega - v k_1). \end{cases} \tag{20.4}$$

由于四维波矢 k_μ 和四维位矢 x_μ 均为矢量，二者的缩并是一标量：

$$k_\mu x_\mu = \boldsymbol{k} \cdot \boldsymbol{x} - \omega t = \text{inv.}.$$

它反映的正是光传播的相位为不变量，称之为**相位不变性**：

$$\varphi(\boldsymbol{x}, t) = \boldsymbol{k} \cdot \boldsymbol{x} - \omega t = \varphi'(\boldsymbol{x}', t'). \tag{20.5}$$

其中三维波矢、角频率与光波相位的关系是

$$\boldsymbol{k} = \nabla\varphi, \quad \omega = -\frac{\partial\varphi}{\partial t}. \tag{20.6}$$

相位不变性可以作两方面理解：对于一个时空点(x_μ;x'_μ)，光波的相位是一个实实在在的物理现象，与观测者的运动状态无关，如果在 S 系中测量光波在该点(x_μ)处于波峰，在 S' 中测量(x'_μ)点也一定是波峰；对于两个时空点的时空间隔($\mathrm{d}x_\mu$;$\mathrm{d}x'_\mu$)，光波的相位差也与观测者的运动状态无关，即

$$\mathrm{d}\varphi(\boldsymbol{x}, t) = \boldsymbol{k} \cdot \mathrm{d}\boldsymbol{x} - \omega \mathrm{d}t = \mathrm{d}\varphi'(\boldsymbol{x}', t').$$

应该说明：相位不变性不仅适用于光波，对一般平面波均成立. 事实上，相位不变性的前提为四维波矢是四维时空的矢量，并不要求它是零矢量($k_\mu k_\mu = 0$).

20.2　多普勒效应

设在 S 和 S' 系中，光子的波矢和角频率分别为($\boldsymbol{k}$,ω)和($\boldsymbol{k}'$,ω')，$\boldsymbol{k}$ 和 $\boldsymbol{k}'$ 与 $\boldsymbol{v}$ 的夹角分别为 θ 和 θ'，即

$$\cos\theta = \frac{\boldsymbol{v} \cdot \boldsymbol{k}}{vk}, \quad \cos\theta' = \frac{\boldsymbol{v} \cdot \boldsymbol{k}'}{vk'}.$$

根据(20.4)式的第4式

$$\omega' = \gamma(\omega - vk_1) = \gamma\omega(1 - \beta\cos\theta),$$

设光源静止于 S' 系，在 S' 系中测得的频率为**固有频率** $\nu' = \nu_0$，则相对于光源运动的观测者测得的频率为

$$\frac{\nu}{\nu_0} = \frac{\sqrt{1-\beta^2}}{1-\beta\cos\theta}. \tag{20.7}$$

(20.7)式表明，相对于光源运动的观测者接收到的频率不同于光源的固有频率.

这种现象是多普勒在 1842 年首先预言的，故称作**多普勒效应**. 1868 年，Huggins 在远离地球的星体发射的谱线中首次观测到这种效应，并计算出星体的远离速度. 1992 年，McGowan 等在氖中测量光子束的实验精确地验证了相对论多普勒效应，测量精度达到 10^{-6}(McGowan R W et al.，1993).

多普勒效应有以下几种特殊情况：

(1)若 $\theta=0$，对应于光源向着观测者而来，观测者接收到的频率大于固有频率，发生**蓝移**现象：

$$\nu = \sqrt{\frac{1+\beta}{1-\beta}}\nu_0 > \nu_0 \quad (\theta = 0); \tag{20.8}$$

(2)若 $\theta=\pi$，对应于光源离开观察者而去，产生**红移**：

$$\nu = \sqrt{\frac{1-\beta}{1+\beta}}\nu_0 < \nu_0 \quad (\theta = \pi); \tag{20.9}$$

这两种情况都是纵向多普勒效应，与经典多普勒效应类似.

(3)值得一提的是，当光源横向运动即 $\theta=\pi/2$ 时，也产生红移

$$\nu = \sqrt{1-\beta^2}\,\nu_0 < \nu_0 \quad \left(\theta = \frac{\pi}{2}\right). \tag{20.10}$$

这种现象又称作**横向多普勒效应**，它是由于相对论的时间延缓引起的. 在经典多普勒效应中不存在这种情况，因为在低速运动状态下的时间延缓可忽略.

必须指出，虽然(20.7)式是就光子的情况得出的，也适用于其他粒子的平面波，只是分母中的 c 应换成平面波的相速度. 为了说明这一点，我们应用相位不变性再作一次推导.

如图 20.1 所示，以观测者为参考点建立坐标系 $\{t,r\}$(r 代表空间坐标)，则他的世界线为时间轴，波源相对于观测者的速度为 v，世界线是斜直线. 设波源发射两个信号的事件分别为 $P_1(t,r)$和 $P_2(t+\mathrm{d}t, r+\mathrm{d}r)$，这两事件在光源参考系中时空坐标分别为$(\tau_0, 0)$和$(\tau_0+\mathrm{d}\tau_0, 0)$，相位的改变是 $\mathrm{d}\varphi$；观测者接收到第一个和第二个信号的时空坐标分别为 $O_1(\tau, 0)$和 $O_2(\tau+\mathrm{d}\tau, 0)$，根据相位不变性，相位变化也是 $\mathrm{d}\varphi$. 由(20.6)式可知，波源的固有频率和观测者接收到的频率分别为

$$\nu_0 = \frac{1}{2\pi}\frac{\mathrm{d}\varphi}{\mathrm{d}\tau_0}, \quad \nu = \frac{1}{2\pi}\frac{\mathrm{d}\varphi}{\mathrm{d}\tau}.$$

设平面波传播的相速度为 v_p，信号发射时间 $t \to t+\mathrm{d}t$ 与接收时间 $\tau \to \tau+\mathrm{d}\tau$ 的关系是

$$\tau = t + \frac{r}{v_p}, \quad \tau + \mathrm{d}\tau = (t+\mathrm{d}t) + \frac{r+\mathrm{d}r}{v_p},$$

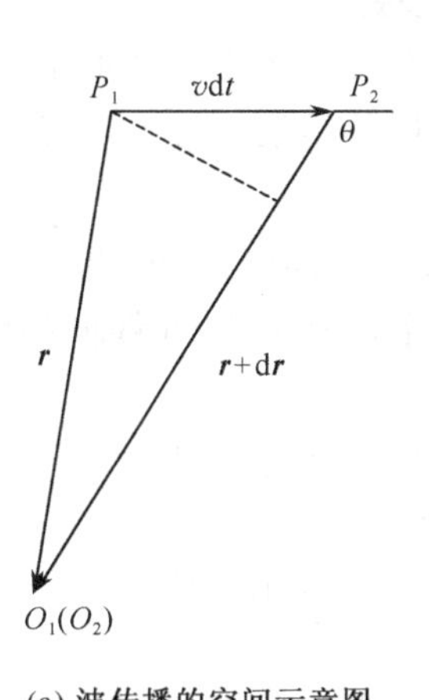

(a) 波传播的空间示意图

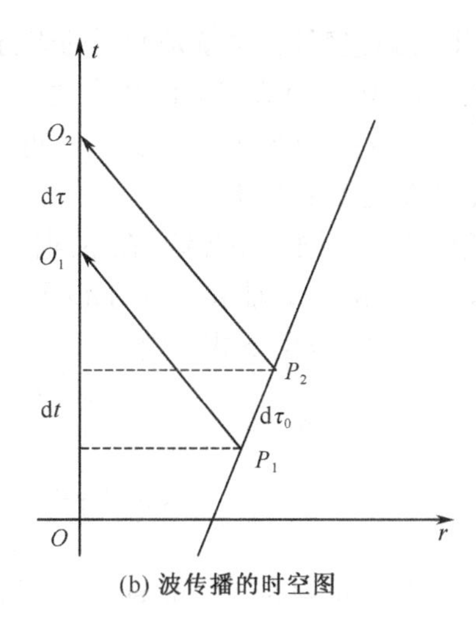

(b) 波传播的时空图

图 20.1　多普勒效应

两式相减得到

$$\mathrm{d}\tau = \mathrm{d}t\left(1+\frac{1}{v_p}\frac{\mathrm{d}r}{\mathrm{d}t}\right)=\mathrm{d}t\left(1-\frac{v\cos\theta}{v_p}\right),$$

其中 $\mathrm{d}r/\mathrm{d}t=-v\cos\theta$ 可由图 20.1(a)看出. 再由时间延缓,波源经历的时间 $\tau_0\to\tau_0+\mathrm{d}\tau_0$ 是固有时,与对应的坐标时 $t\to t+\mathrm{d}t$ 的关系为

$$\mathrm{d}\tau_0 = \mathrm{d}t\sqrt{1-\beta^2}.$$

于是得到

$$\frac{\nu}{\nu_0}=\frac{\mathrm{d}\tau_0}{\mathrm{d}\tau}=\frac{\sqrt{1-\beta^2}}{1-v\cos\theta/v_p}. \tag{20.11}$$

因为光波的相速度 $v_p=c$,故(20.11)式与(20.7)式相符.

20.3　光行差效应

现在考查光子的波矢变换. 根据变换关系(20.4)式的第 1 和第 2 式得

$$\begin{cases}k'_1 = k'\cos\theta' = \gamma k(\cos\theta-\beta),\\ k'_2 = k'\sin\theta' = k\sin\theta.\end{cases}$$

消去 k 和 k',即得到光子运动方向的变换关系为

$$\begin{cases}\sin\theta' = \dfrac{\sin\theta\sqrt{1-\beta^2}}{1-\beta\cos\theta},\\[2ex] \cos\theta' = \dfrac{\cos\theta-\beta}{1-\beta\cos\theta},\end{cases} \tag{20.12}$$

或者

$$\cot\theta' = \gamma(\cot\theta-\beta\csc\theta). \tag{20.12$'$}$$

将 $\beta \to -\beta$，即得到逆变换，这就是所谓的**光行差公式**.

事实上，将(20.12′)式与洛伦兹速度变换式(5.7)的第2式进行比较，只需将那里的粒子速度 u 换成光子的速度 c，就得到同样的结果. 所以光行差实际上是洛伦兹速度变换在光子上的体现.

光行差效应表明同一条光线，在不同惯性系中，动量的大小(或波长)不同，方向也不相同. 在 S 系与 x 轴成 θ 角的光线，在 S' 系将成 θ' 角，光线向相对运动方向转过的角度 $\Delta\theta=\theta'-\theta$ 由下式决定：

$$\sin(\Delta\theta)=\frac{\sin\theta\left[\beta-(1-\sqrt{1-\beta^2})\cos\theta\right]}{1-\beta\cos\theta}$$

$$=\frac{\sin\theta'\left[\beta+(1-\sqrt{1-\beta^2})\cos\theta'\right]}{1+\beta\cos\theta'}. \tag{20.13}$$

当 θ' 或 $\theta=90°$ 时，转角均为 $\Delta\theta=\arcsin\beta$. 可见相对速度越大，转过的角度 $\Delta\theta$ 也越大.

光的行差现象早在1728年就已经被发现，但直到狭义相对论建立后才得到正确的解释. 它是指地球上观测者在不同时间观测同一星体，发现该星体在运动方向上有明显位移. 实际上是星体发射光波到地球时，地球上的观测者在不同时间接收到光波传播方向不相同，导致所谓的"视差"，如图20.2所示.

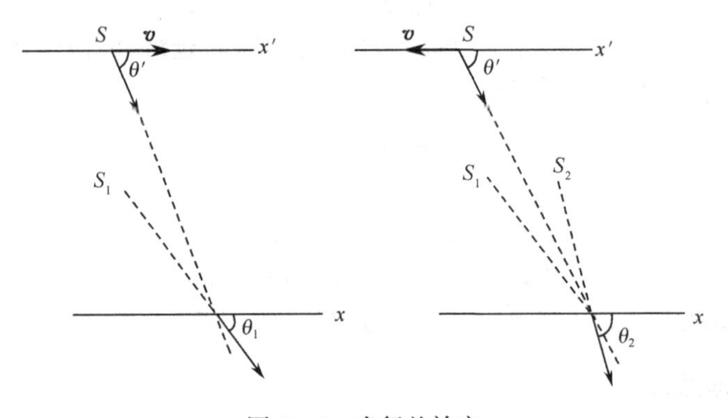

图20.2 光行差效应

我们知道，如果在冬天时太阳相对于地球向东运动，则半年后的夏天太阳向西运动，可以假设星体相对于太阳静止，则星体相对于地球的运动与太阳的运动相同. 设星体 S 发射光波的传播方向与 $x(x')$ 轴的夹角为 θ'，由于观测者相对于星体的运动方向不同，接收光子的方向分别为 θ_1 和 θ_2，其视像则分别是 S_1 和 S_2. 根据(20.12)式得到

$$\sin\theta'=\frac{\sin\theta_1\sqrt{1-\beta^2}}{1-\beta\cos\theta_1}=\frac{\sin\theta_2\sqrt{1-\beta^2}}{1+\beta\cos\theta_2},$$

由此解出

$$\sin\theta_2 - \sin\theta_1 = \beta\sin(\theta_2 + \theta_1).$$

根据实验观测值 θ_1 和 θ_2，可由上式求得地球相对于星体的速度. 如果 $v=0$ 或者 $c=\infty$，则 $\theta_1=\theta_2$，所以光行差现象是由于地球相对星体的运动($v\neq0$)和光速的有限性($c\neq\infty$)产生的.

20.4　高速运动物体的视像问题

作为实例，我们来讨论高速运动物体的视像问题(Terrell J，1959).

在第 8 节曾经提到，狭义相对论诞生后很长一段时间内，人们不自觉地认为洛伦兹收缩是可以看到的，或者能被摄影机拍摄下来. 现在我们来分析，观看(摄影)和观测(测量)是不同的.

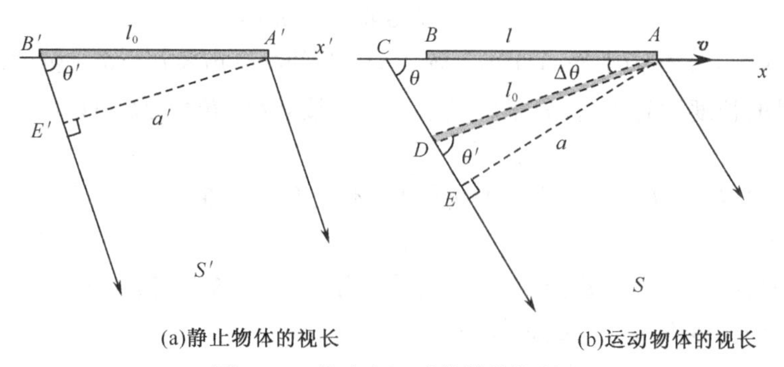

(a)静止物体的视长　(b)运动物体的视长

图 20.3　静止和运动物体的视长

如图 20.3(a)所示，设固有长度为 l_0 的尺 $A'B'$ 静止于 S' 系的 x' 轴上. 位于 θ' 处的静止观测者看到或拍摄到尺的长度是 $A'E'$，因为观看或拍摄是记录同时到达眼睛(底片)的光子像，也就是记录处在同一波阵面 $A'E'$ 上的光子距离，即视长

$$a' = l_0\sin\theta'.$$

在图 20.3(b)中，在 S 中的观测者的测量(观测)，是记录运动尺两端 A，B 同时发出来的光子距离，其长度为 $AB=l=l_0\sqrt{1-\beta^2}$. 而观看或拍摄是记录处在同一波阵面 AE 上的光子距离，即视长 $AE=a$. 显然到达 A 和 E 的光子不是运动尺两端同时发射出来的. 到达 E 的光子是 B 在 C 处时发射的光子，它到达 E 处时，收缩了的尺 AB 走过 Δl 的距离，此刻 A 端发射出来的光子，将和 E 处的光子同时到达底片，故有

$$(l + \Delta l)\cos\theta = c\Delta t = \frac{c\Delta l}{v},$$

解出 Δl 为

$$\Delta l = \frac{\beta l\cos\theta}{1-\beta\cos\theta}.$$

由此求得视长

$$a = (l + \Delta l)\sin\theta = \frac{l\sin\theta}{1 - \beta\cos\theta}.$$

利用固有长度 l_0 和 l 的关系以及(20.12)式，最后求出拍摄或观看到运动尺的长度应为

$$a = l_0 \frac{\sqrt{1-\beta^2}\sin\theta}{1-\beta\cos\theta} = l_0 \sin\theta' = a'. \tag{20.14}$$

因此有以下结论：

(1)无论观测者相对于物体是静止还是运动，视长度是相同的.

(2)当 $\theta'=90°$时视长度具有最大值，这时

$$\sin\theta = \gamma(1-\beta\cos\theta), \quad (a = l_0). \tag{20.15}$$

(3)在图 20.3(b)中作 $AD=l_0$，则它与 CE 的夹角就是$\theta'=\theta+\Delta\theta$. 单从照片上看仿佛尺的长度没有缩短，只是转过了一个角度，这个转角 $\Delta\theta$ 由(20.13)式确定，取决于 θ 和 β.

另外，当我们观看高速飞来的物体时，不仅看到它在旋转，而且由于多普勒效应，还看到它的颜色变化. 如果物体发射可见光，根据(20.7)式，开始时 $\theta=0$，观察者看到的是频率甚高的紫光(甚至紫外光)；随着 θ 的增大，颜色渐渐转向正常；观察者能看到物体本来颜色的条件是

$$\cos\theta = \frac{1}{\beta}(1 - \sqrt{1-\beta^2}), \quad (\nu = \nu_0). \tag{20.16}$$

接着物体远离而去，颜色渐渐变红，“庐山真面目”只能在一瞬间看到.

综合上面的讨论，看一个实际例子. 如图 20.4，假设一把长为 1m 的尺以速度 $v=0.6c$ 运动，表面发射波长为 5500Å 的绿光. 当它从极远处迎面飞来时，利用(20.7)和(20.13)式，观测者的视觉印象大致分成下面几个阶段：

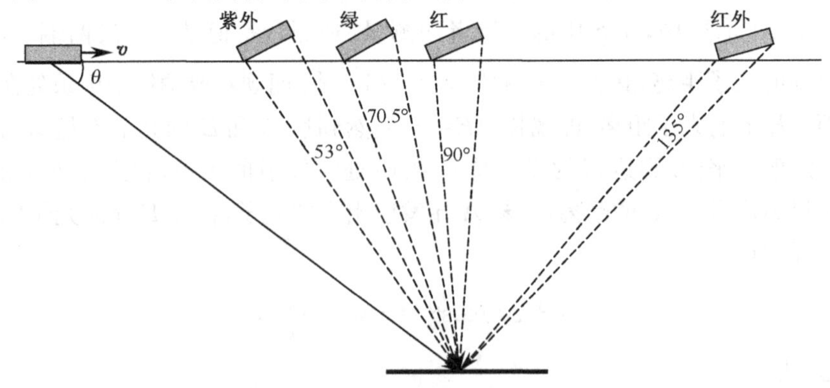

图 20.4　高速运动物体的视觉印象

(1)开始时($\theta\to 0$),尺的视长度 $a=0$,波长约 2750Å,是看不见的紫外光;

(2)当 $\theta\approx 53°$ 时,视长度是原长 1m,波长约 3235Å,处在紫外边缘,仍然不可见;

(3)当 $\theta\approx 70.5°$ 时,看到的是原波长 5500Å 的绿尺,视长度约 0.9m;

(4)当 $\theta=90°$ 时,是波长为 6875Å、视长度为 0.8m 的红尺;

(5)大约在 $\theta=135°$ 时,尺的颜色已到红外边缘,视长度约 0.4m;

(6)最后,当尺在视野中消失时($\theta\to 180°$),是一个波长为 11000Å 的红外光点.

读者不妨试证,对于运动的球,将只能看到它的旋转像,不会看到扁缩的球. 因为无论圆球怎样转动,直径总是不变的.

21 微观粒子的能量动量及其守恒律

21.1 微观粒子的德布罗意波

按照德布罗意假设,任意微观粒子必然伴随一个物质波(德布罗意波),粒子的能量、动量与频率、波长的关系为

$$\begin{cases} E = mc^2 = h\nu, \\ \boldsymbol{p} = m\boldsymbol{u} = \dfrac{h}{\lambda}\boldsymbol{\kappa}. \end{cases} \tag{21.1}$$

式中 $\boldsymbol{\kappa}$ 是粒子运动方向单位矢,即运动轨迹的切矢量.

我们强调指出:式中的频率是指德布罗意波的振动频率,而不是固定在粒子上的时钟的振荡频率. 因为根据相对论的能量关系

$$h\nu = \frac{m_0 c^2}{\sqrt{1-u^2/c^2}},$$

频率 ν 将随着粒子速度 u 的增大而增大,如果它是指粒子的固有频率(正比于固有时间),则与时间延缓效应矛盾. 事实上,德布罗意在提出这个假设时,正是利用了相对论的能量动量关系才得出正确结论(De Broglie L,1924).

根据相速度和群速度的定义式(9.9)和(9.10),由(21.1)式求得德布罗意波的相速度和群速度分别为

$$u_p = \nu\lambda = \frac{E}{p} = \frac{c^2}{u},$$

$$u_g = \frac{\mathrm{d}E}{\mathrm{d}p} = \frac{\mathrm{d}}{\mathrm{d}p}\sqrt{p^2c^2 + m_0^2c^4} = u,$$

故有

$$u_g u_p = u u_p = c^2. \tag{21.2}$$

由于群速度或粒子运动速度 $u<c$,所以德布罗意波的传播速度 $u_p>c$. 对于光子来

说，$u_g=u_p=c$.

我们来看一个很有意思的现象.考虑一维空间运动，设惯性系 S' 相对于 S 以速度 v 沿 $x(x')$ 轴正向运动.将许多相同的粒子放置在惯性系 S' 中的不同位置(x_i $|i=1,2,\cdots$)，设想它们在 S' 系的同一时刻($t'_i=t'_j|i,j=1,2,\cdots$)发生某种事件，例如同时发出闪光.根据洛伦兹变换，在 S 中测量任意两个事件的空间和时间间隔分别为

$$\Delta x=\gamma[(x'_i-x'_j)+v(t'_i-t'_j)]=\gamma\Delta x',$$

$$\Delta t=\gamma\left[(t'_i-t'_j)+\frac{v(x'_i-x'_j)}{c^2}\right]=\gamma\frac{v\Delta x'}{c^2},$$

得到

$$\frac{\Delta x}{\Delta t}=\frac{c^2}{v}.$$

故在 S 中的观测结果是这样的：

(1) $\Delta t\neq 0$ 表明这些事件不是同时的，它们是一个接着一个沿 $x(x')$ 轴正向相继发生，这实际上体现了同时的相对性.

(2)如果相邻粒子的空间间隔非常小，可以认为这些事件连续发生，相当一列波沿 $x(x')$ 轴正向传播，传播速度 $\Delta x/\Delta t$ 即为德布罗意波的相速度 c^2/v.所以从相对论的角度来看，德布罗意波是一种“同时波”.

(3)另外，由于这些事件是类空的($\Delta t'=0$)，不可能建立实际的联系，不存在违背光速极限性的问题.

21.2 能量动量守恒律的矢量解法

实验证明，相对论的能量动量及其守恒律对宏观和微观粒子均成立.但在实际应用中，由于微观粒子的能量(质量)的变化较大，并且常常伴随有光子的作用，具有更加明显的相对论效应，所以相对论的守恒律主要应用于微观粒子体系.微观粒子体系的能量动量守恒律当然可以采用(19.15)式的方程，不过有时直接应用守恒律的四维矢量形式，即(19.14)式可能更加方便，下面我们介绍这种解法.

首先，在任意时刻，自由粒子的四维动量的模方为一常量：

$$P\cdot P\equiv \boldsymbol{p}\cdot\boldsymbol{p}-\frac{E^2}{c^2}=\begin{cases}0 & (\text{光子});\\ -m_0^2c^2 & (\text{其他}).\end{cases} \tag{21.3}$$

式中 $P\cdot P=P_\mu P_\mu$，这里及以下省略四维动量的分量指标.其次，任意两个粒子 a 和 b 的四维动量的标量积虽然不是常量，但为不变量，即与惯性系的选择无关：

$$P^a\cdot P^b\equiv \boldsymbol{p}^a\cdot\boldsymbol{p}^b-\frac{E^aE^b}{c^2}=\text{inv.}. \tag{21.4}$$

由(21.3)和(21.4)两式，两个粒子四维动量的矢量和(差)的标量积也是不变量

$$(P^a \pm P^b)^2 = P^a P^a \pm 2P^a P^b + P^b P^b = \text{inv.}. \tag{21.5}$$

利用这些关系有助于问题的求解. 这是因为:对于多个质点的相互作用过程,我们往往只关心其中的一部分质点,它们的能量动量或者为已知、或者是待求量,利用上面的关系就可以不必考虑其他质点的运动;另外,利用不变性的特点,可以在一个方便的参考系中求得相应的不变量,然后在较复杂惯性系中求解.

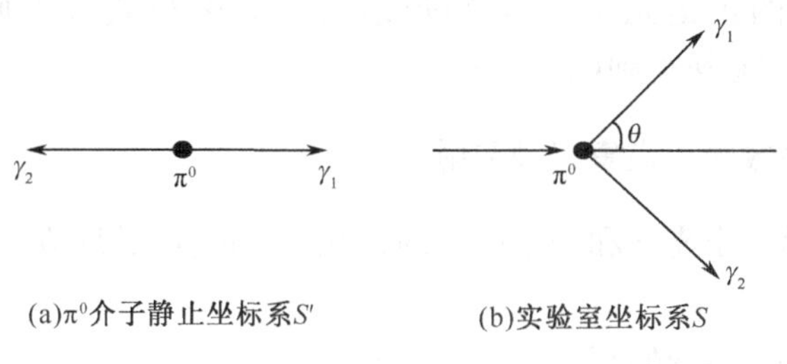

(a)π^0介子静止坐标系S'　(b)实验室坐标系S

图 21.1　π^0 介子衰变

我们以中性 π 介子的衰变为例来说明这种解法. 中性 π^0 介子的平均寿命仅为 10^{-16}s,是荷电 $\pi^\pm$ 介子的 10^{-19}倍,通过弱相互作用衰变为两个光子

$$\pi^0 \rightarrow \gamma_1 + \gamma_2,$$

我们来求衰变产生的光子能量.

在 π^0 介子的静止参考系 S'中[图 21.1(a)],设 π^0 介子的静止质量为 m_π,根据能量守恒律求得两个光子的能量均为

$$h\nu' = \frac{1}{2}m_\pi c^2. \tag{21.6}$$

在实验室参考系 S 中[图 21.1(b)],设 π^0 介子的速度为$\boldsymbol{v}=v\boldsymbol{e}_x$,也是 S'相对于 S 的速度. π^0 介子和第 1 个光子的四维动量

$$P_\pi = \gamma m_\pi c(\beta \boldsymbol{e}_x, \mathrm{i}), P_\gamma = \frac{h\nu}{c}(\boldsymbol{n}, \mathrm{i}).$$

其中 $\beta=v/c$,$\gamma=(1-\beta^2)^{-1/2}$,$\boldsymbol{n}$ 是第 1 个光子的单位矢. 根据(21.3)～(21.5)式求得不变量

$$\begin{aligned}(P_\pi - P_\gamma)^2 &= P_\pi \cdot P_\pi - 2P_\pi P_\gamma + P_\gamma \cdot P_\gamma \\ &= -m_\pi^2 c^2 - 2\gamma m_\pi h\nu(\beta\cos\theta - 1),\end{aligned} \tag{21.7}$$

其中 $\cos\theta=\boldsymbol{n}\cdot\boldsymbol{e}_x$. 由于上式的不变性,我们在 π^0 介子的静止参考系 S'中,根据(21.6)式

$$P'_\pi = m_\pi c(0, \mathrm{i}), P'_\gamma = \frac{1}{2}m_\pi c(\boldsymbol{e}_x, \mathrm{i}),$$

求出不变量

$$(P_\pi - P_\gamma)^2 = (P'_\pi - P'_\gamma)^2 = 0.$$

于是(21.7)式成为

$$2\gamma h\nu(1-\beta\cos\theta)=m_\pi c^2.$$

同理,对第 2 个光子也有类似的结果. 所以在实验室的 θ 角方向测量到光子的频率为

$$\nu=\frac{m_\pi c^2}{2h\gamma(1-\beta\cos\theta)}=\nu'\frac{\sqrt{1-\beta^2}}{1-\beta\cos\theta}. \tag{21.8}$$

后一表达式反映的正是光子的多普勒效应[见(20.7)式],因此也可以直接由(21.6)式经洛伦兹变换得到(21.8)式.

21.3　例:康普顿散射和逆康普顿散射

图 21.2 表示一个光子和一个电子的相互作用过程,其反应方程为

$$\gamma_0+e_0\rightarrow\gamma+e.$$

根据能量动量守恒律,我们有

$$P_{\gamma 0}+P_{e0}=P_\gamma+P_e. \tag{21.9}$$

一般分为三种情况:

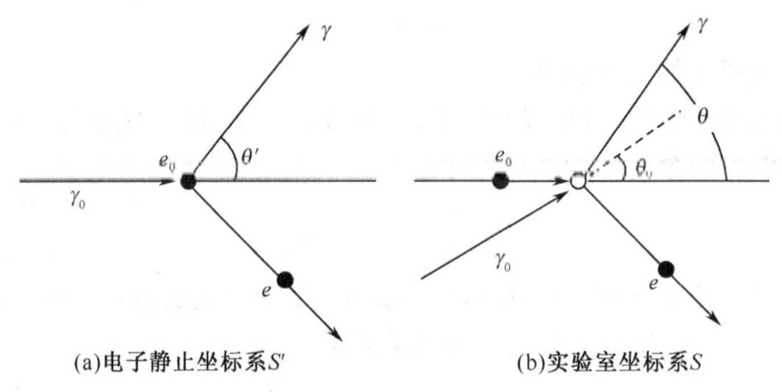

(a)电子静止坐标系S'　　(b)实验室坐标系S

图 21.2　康普顿散射(a)和逆康普顿散射(b)

(1)如果初始电子相对于观测者静止,$P_{e0}=m_ec^2$(m_e 是电子的静止质量),称作康普顿散射,这种情况下电子的能量得到增加;

(2)如果电子是运动的,$P_{e0}=\gamma m_ec^2$,则电子将能量传递给低能光子,自身的能量降低,故称作逆康普顿散射;

(3)当入射光子的能量远小于电子的静止能,$h\nu\ll m_ec^2$,则退化为经典的汤姆逊散射. 下面分别讨论之.

因为我们仅关心散射光子 γ 与入射光子 γ_0 的关系,不必考虑反冲电子 e 的运动情况,将(21.9)式写成 $P_e=P_{e0}+(P_{\gamma 0}-P_\gamma)$后求标量积

$$\begin{aligned}P_e\cdot P_e&=P_{e0}\cdot P_{e0}+(P_{\gamma 0}-P_\gamma)^2+2P_{e0}(P_{\gamma 0}-P_\gamma)\\&=-m_e^2c^2-2P_{\gamma 0}P_\gamma+2P_{e0}\cdot(P_{\gamma 0}-P_\gamma)=-m_e^2c^2,\end{aligned}$$

式中用到(21.3)式，故有

$$P_{\gamma 0}\cdot P_{\gamma}=P_{e0}\cdot(P_{\gamma 0}-P_{\gamma}). \tag{21.10}$$

(21.10)式对不同的惯性系均成立.

如图 21.2(a)，在初始电子静止的惯性系 S' 中，以初始光子运动方向为 x' 轴，电子和光子的四维动量分别为

$$P'_{e0}=m_e c(0,\mathrm{i}),P'_{\gamma 0}=\frac{h}{\lambda'_0}(\boldsymbol{e}_x,\mathrm{i}),P'_{\gamma}=\frac{h}{\lambda'}(n',\mathrm{i}),$$

代入(21.10)式即得

$$\frac{h^2}{\lambda'_0\lambda'}(\cos\theta'-1)=-m_e c\left(\frac{h}{\lambda'_0}-\frac{h}{\lambda'}\right),$$

其中 $\cos\theta'=\boldsymbol{n}'\cdot\boldsymbol{e}_x$，最后得到

$$\lambda'-\lambda'_0=\frac{h}{m_e c}(1-\cos\theta')=2\lambda_c\sin^2\frac{\theta'}{2}. \tag{21.11}$$

式中

$$\lambda_c=\frac{h}{m_e c}\approx 0.242\text{Å}$$

为电子的康普顿波长，这就是著名的**康普顿散射**公式. 因(21.11)式右边为正值，必有$\lambda'\geqslant\lambda'_0$，即散射光子的能量减小；当 $m_e c\gg h/\lambda'_0$ 或 $\lambda'_0\gg\lambda_c$ 时，$\lambda'\approx\lambda'_0$，退化为经典的汤姆逊散射.

康普顿散射效应是康普顿、吴有训、仁科芳雄和塔姆等在 1923 年发现并应用相对论理论进行了圆满的解释，它“令人心服地表明辐射不仅携带能量，而且携带着定向的动量”(Compton A H，1923).

在实验室坐标系中考虑初始电子的运动时，可以对上式进行洛伦兹变换，但直接应用(21.10)式可能更加简便.

如图 21.2(b)，以电子运动方向为 x 轴，电子速度 $\boldsymbol{v}=v\boldsymbol{e}_x$，初始光子和散射光子的单位波矢为 $\boldsymbol{n}_0$ 和 $\boldsymbol{n}$，则电子和光子的四维动量分别为

$$P_e=\gamma m_e c(\beta\boldsymbol{e}_x,\mathrm{i}),P_{\gamma 0}=\frac{h}{\lambda_0}(\boldsymbol{n}_0,\mathrm{i}),P_{\gamma}=\frac{h}{\lambda}(\boldsymbol{n},\mathrm{i}).$$

代入(21.10)式可得

$$\frac{h^2}{\lambda_0\lambda}(\boldsymbol{n}\cdot\boldsymbol{n}_0-1)=\gamma m_e c\left[\beta\boldsymbol{e}_x\cdot\left(\frac{h}{\lambda_0}\boldsymbol{n}_0-\frac{h}{\lambda}\boldsymbol{n}\right)-\left(\frac{h}{\lambda_0}-\frac{h}{\lambda}\right)\right].$$

设 $\boldsymbol{n}_0\cdot\boldsymbol{e}_x=\cos\theta_0$，$\boldsymbol{n}\cdot\boldsymbol{e}_x=\cos\theta$，则 $\boldsymbol{n}\cdot\boldsymbol{n}_0=\cos(\theta-\theta_0)$，故有

$$\lambda-\lambda_0=\frac{\lambda_c\sqrt{1-\beta^2}[1-\cos(\theta-\theta_0)]-\lambda_0\beta(\cos\theta-\cos\theta_0)}{1-\beta\cos\theta_0}. \tag{21.12}$$

显然，当 $\beta=0$ 且 $\theta_0=0$ 时回到(21.11)式；与康普顿散射不同的是，当 θ,θ_0 和 β 满足一定条件，例如

$$\theta_0 = 0, \quad \theta < \arccos\left(\frac{\lambda_c}{\lambda_c + \lambda_0 \gamma\beta}\right),$$

将导致 $\lambda<\lambda_0$,光子的能量增加,故称之为**逆康普顿散射**.

22 相对论连续介质力学

以上讨论了质点和质点系的相对论力学,下面简单介绍相对论连续介质力学.连续介质是一种特殊的质点系,例如松散介质或尘埃,是无相互作用的微粒的组合,理想介质是指不存在黏滞性的气体或液体.在本节的讨论中不涉及热力学问题.

22.1 连续介质的连续性方程

在经典力学中,设 ρ 为连续介质中某处的质量密度,$\boldsymbol{u}$ 是该处质点的速度,则它们满足连续性方程

$$\nabla \cdot (\rho \boldsymbol{u}) + \frac{\partial \rho}{\partial t} = 0.$$

将上式对任意体积积分:

$$\oint_{\partial V} \rho \boldsymbol{u} \cdot \mathrm{d}\boldsymbol{\sigma} = -\frac{\partial}{\partial t}\int_V \rho \mathrm{d}V,$$

它表明流出体积边界∂V 的质量等于体元 V 中质量的减少量,故也称之为质量守恒定律.

由于上式不具备洛伦兹协变性,我们来对这个经典定律进行修改.引入瞬时惯性系中的**固有质量密度** ρ_0,它是指固有体元 ΔV_0 内的固有质量 Δm_0,与 ρ 不相同:

$$\rho_0 = \frac{\Delta m_0}{\Delta V_0}, \quad \rho = \frac{\Delta m}{\Delta V}. \tag{22.1}$$

根据质量和体积的变换 $\Delta m = \gamma_u \Delta m_0$,$\Delta V = \Delta V_0 / \gamma_u$,可知两个质量密度的关系为

$$\rho = \gamma_u^2 \rho_0. \tag{22.2}$$

由于 ρ_0 为一标量,它与四维速度 U_μ 的乘积是四维矢量:

$$J_\mu = \rho_0 U_\mu = \gamma_u \rho_0 (\boldsymbol{u}, \mathrm{i}c). \tag{22.3}$$

我们称之为**四维质量流密度**.将 $\gamma_u \rho_0$ 替代经典连续性方程中的 ρ,就得到微分方程

$$\frac{\partial J_\mu}{\partial x_\mu} = 0. \tag{22.4}$$

它明显具有洛伦兹协变性,且当 $u \ll c$ 时,$\rho_0 \to \rho$,$U_i \to u_i$,方程退化为经典的连续性方程,满足修改牛顿力学的两个条件,所以(22.4)式是相对论**连续性方程**.

将上式对任意体元积分,利用 $\mathrm{d}V = \mathrm{d}V_0 / \gamma_u$ 可得

$$\oint_{\partial V_0} \rho_0 \boldsymbol{u} \cdot \mathrm{d}\boldsymbol{\sigma}_0 = -\frac{\partial}{\partial t}\int_{V_0} \rho_0 \mathrm{d}V_0 .$$

这表明流出静止体元边界∂V_0 的质量等于静止体元 V_0 中质量的减少量,所以相对论连续性方程反映的是静止质量守恒,或者粒子数守恒,而运动质量是不守恒的.

22.2　四维运动方程和能动张量

为明确起见,我们首先讨论无相互作用的松散介质(例如所谓“尘埃”),然后将所得结论推广到任意的连续介质.

我们知道,松散介质的经典运动方程是

$$\boldsymbol{f} = \rho \frac{\mathrm{d}\boldsymbol{u}}{\mathrm{d}t} = \rho\left[(\boldsymbol{u} \cdot \boldsymbol{\nabla})\boldsymbol{u} + \frac{\partial \boldsymbol{u}}{\partial t}\right],$$

$\boldsymbol{f}$ 是作用在质点上的力密度. 后一式利用了复合函数的求导法则:

$$\frac{\mathrm{d}}{\mathrm{d}t} = \frac{\mathrm{d}x_i}{\mathrm{d}t}\frac{\partial}{\partial x_i} + \frac{\partial}{\partial t} = (\boldsymbol{u} \cdot \boldsymbol{\nabla}) + \frac{\partial}{\partial t}. \tag{22.5}$$

经典运动方程实际上是牛顿方程,不具备洛伦兹协变性.

根据四维力的定义(18.3)式和运动方程(18.5)式:

$$K_\mu = \int f_\mu \mathrm{d}V_0 = m_0 \frac{\mathrm{d}U_\mu}{\mathrm{d}\tau}.$$

在瞬时惯性系中,取无穷小静止体元 $\mathrm{d}V_0$,则体元的静止质量为 $m_0 = \int \rho_0 \mathrm{d}V_0$,作用其上的四维力为 $f_\mu \mathrm{d}V_0$,于是得到松散介质的运动方程:

$$f_\mu = \rho_0 \frac{\mathrm{d}U_\mu}{\mathrm{d}\tau}. \tag{22.6}$$

因 ρ_0 和 $\mathrm{d}\tau$ 为标量,(22.6)式具有洛伦兹协变性. 在瞬时惯性系中,$U_i = u_i$,$\rho_0 = \rho$,(22.6)式的空间分量为与经典方程相同,但在其他参考系中上式仍然成立,而经典方程不再成立.

(22.6)式仅仅适用于松散介质,下面我们以此为基础,引出具有普遍意义的运动方程.

利用连续性方程(22.4)式,可将运动方程(22.6)式变为

$$f_\mu = \rho_0 \frac{\mathrm{d}x_\mu}{\mathrm{d}\tau}\frac{\partial U_\mu}{\partial x_\nu} = \rho_0 U_\nu \frac{\partial U_\mu}{\partial x_\nu} = \frac{\partial}{\partial x_\nu}(\rho_0 U_\mu U_\nu) \tag{22.7}$$

即作用在物质系统上的四维力密度 f_μ 等于一个二阶对称张量 $\rho_0 U_\mu U_\nu$ 的散度. 我们将此对称张量的负值定义为**松散介质的能动张量**:

$$T_{\mu\nu} = -\rho_0 U_\mu U_\nu, \tag{22.8}$$

亦即

$$T_{\mu\nu}=\rho\begin{bmatrix} & (-u_iu_j) & & -\mathrm{i}cu_1 \\ & & & -\mathrm{i}cu_2 \\ & & & -\mathrm{i}cu_3 \\ -\mathrm{i}cu_1 & -\mathrm{i}cu_2 & -\mathrm{i}cu_3 & c^2\end{bmatrix}. \tag{22.8'}$$

根据质量密度的含义,式中各分量的物理意义为

$$T_{44}=\rho c^2=\frac{\Delta E}{\Delta V},$$

$$T_{4i}=-\frac{\mathrm{i}}{c}(\rho c^2u_i)=-\frac{\mathrm{i}}{c}\frac{\Delta Eu_i}{\Delta V},$$

$$T_{i4}=-\mathrm{i}c(\rho u_i)=-\mathrm{i}c\frac{\Delta p_i}{\Delta V},$$

$$T_{ij}=-\rho u_iu_j=-\frac{\Delta p_iu_j}{\Delta V},$$

$\Delta E=\Delta mc^2$ 和 $\Delta p_i=\Delta mu_i$ 是在质量元 Δm 的能量和动量分量.

因此我们分别定义:

$$w=T_{44}=\rho c^2 \tag{22.9}$$

为**能量密度**,即单位体元内的能量;

$$S_i=\mathrm{i}cT_{4i}=wu_i \quad (\boldsymbol{S}=w\boldsymbol{u}) \tag{22.10}$$

为**能量流密度**,能量流 $\int S_i\mathrm{d}V$ 表示单位时间内通过 $\boldsymbol{e}_i$ 方向单位面积的能量;

$$g_i=\frac{\mathrm{i}}{c}T_{i4}=\rho u_i \quad (\boldsymbol{g}=\rho\boldsymbol{u}) \tag{22.11}$$

为**动量密度**,是单位体元内的动量;

$$T_{ij}=-g_iu_j \quad (\overleftrightarrow{\boldsymbol{T}}=-\boldsymbol{g}\boldsymbol{u}) \tag{22.12}$$

为**应力张量**,是指作用在法向为 $\boldsymbol{e}_j$ 单位面积上的应力 i 分量(见 12.5 节). $-T_{ij}=g_iu_j$ 则为**动量流密度**,动量流 $\int g_iu_j\mathrm{d}V$ 是指动量的 i 分量在 $\boldsymbol{e}_j$ 方向单位面积上的改变量.

于是**连续介质的能动张量**成为

$$T_{\mu\nu}=\begin{bmatrix} & (T_{ij}) & & -\mathrm{i}cg_1 \\ & & & -\mathrm{i}cg_2 \\ & & & -\mathrm{i}cg_3 \\ -\frac{\mathrm{i}}{c}S_1 & -\frac{\mathrm{i}}{c}S_2 & -\frac{\mathrm{i}}{c}S_3 & w\end{bmatrix}. \tag{22.13}$$

运动方程(22.6)式写成

$$f_\mu=-\frac{\partial T_{\mu\nu}}{\partial x_\nu}. \tag{22.14}$$

此式称作连续介质的**四维运动方程**. 当 $\mu=1,2,3$ 及 $\mu=4$ 时的分量方程为

$$f_i=-\frac{\partial T_{i\nu}}{\partial x_\nu}=-\frac{\partial T_{ij}}{\partial x_j}+\frac{\partial g_i}{\partial t},$$

$$f_4=-\frac{\partial T_{4\nu}}{\partial x_\nu}=\frac{\mathrm{i}}{c}\left(\frac{\partial S_j}{\partial x_j}+\frac{\partial w}{\partial t}\right).$$

故(22.14)式的矢量形式为

$$\begin{cases}\boldsymbol{f}=f_i\boldsymbol{e}_i=-\nabla\cdot\overleftrightarrow{T}+\dfrac{\partial \boldsymbol{g}}{\partial t},\\ \boldsymbol{f}\cdot\boldsymbol{u}=-\mathrm{i}cf_4=\nabla\cdot\boldsymbol{S}+\dfrac{\partial w}{\partial t}.\end{cases}\tag{22.14'}$$

分别称作**连续介质的动量定理**和**能量定理**. 这两式对应于电动力学的(12.1)和(12.7)式,但差一负号,因为这里的力是指物质体系所受的外力,而洛伦兹力则是由电磁场本身产生的.

对任意的连续介质,上面得出的能动张量定义式(22.13)和运动方程(22.14)也仍然成立,能动张量的物理含义仍然正确. 但对于非松散介质,(22.9)～(22.12)式不再有效,例如 T_{44} 仍然表示能量密度 w 但并不等于 ρc^2.

22.3　理想流体的运动方程和能动张量

所谓**理想流体**,是指不存在黏滞性的气体或液体. 这意味着相对于介质静止的观测者 S',只有法向应力 $T'_{ii}\neq 0$,而没有切向应力 $T'_{ij}=0(i\neq j)$. 又因为理想介质必定各向同性,故可设

$$T'_{ij}=-P\delta_{ij},$$

式中 P 是静止观测者测量的介质压强,即单位体积的流体沿坐标轴方向传递的动量(参见 12.5 节). 由于介质静止,不存在动量和能量流而只有固有能量密度 $w'=\rho_0c^2$,所以静止理想流体的能动张量简记为

$$T'_{\mu\nu}=\begin{bmatrix}-P\delta_{ij} & 0\\ 0 & \rho_0c^2\end{bmatrix}.\tag{22.15}$$

设介质以速度 $\boldsymbol{u}$ 相对于惯性系 S 运动,则在 S 系中观测的能动张量可以对(22.15)式进行洛伦兹逆变换得到

$$T_{\mu\nu}=L_{\alpha\mu}L_{\beta\nu}T'_{\alpha\beta}.$$

设 S 和 S' 的坐标轴对应平行,因为相对速度 $\boldsymbol{u}$ 沿任意方向,我们应取固有洛伦兹变换(17.23)式. 在该式中令 $\boldsymbol{v}=\boldsymbol{u}$,并用四维速度 U_μ 表示,则变换系数为

$$L_{\mu\nu}=\begin{bmatrix}\delta_{ij}+(\gamma_u-1)\dfrac{U_iU_j}{U_kU_k} & \mathrm{i}\dfrac{U_i}{c}\\ -\mathrm{i}\dfrac{U_j}{c} & \gamma_u\end{bmatrix}.$$

由上面三式不难求出，**理想流体的能动张量**为

$$T_{\mu\nu}=-\sigma_0(x)U_\mu U_\nu-P(x)\delta_{\mu\nu}, \tag{22.16}$$

式中

$$\sigma_0(x)=\rho_0(x)+\frac{P(x)}{c^2} \tag{22.17}$$

相当于介质的等效固有密度，其中的固有密度 $\rho_0(x)$和压强 $P(x)$是时空点(x_μ)的函数，二者通过实际流体的物态方程 $P=P(\rho_0)$建立联系.

将(22.16)式代入(22.14)式，即得到理想流体的四维运动方程：

$$f_\mu=-\frac{\partial T_{\mu\nu}}{\partial x_\nu}=\frac{\partial}{\partial x_\nu}(\sigma_0U_\mu U_\nu)+\frac{\partial P}{\partial x_\mu}. \tag{22.18}$$

令介质的等效密度为 σ，与 σ_0 的关系类似于 ρ 和 ρ_0 的关系式(22.2)：

$$\sigma=\gamma_u^2\sigma_0=\frac{\rho_0+P/c^2}{1-u^2/c^2}, \tag{22.19}$$

则(22.18)式的三维矢量形式为

$$\begin{cases}\boldsymbol{f}=\boldsymbol{u}\left(\nabla\cdot(\sigma\boldsymbol{u})+\dfrac{\partial\sigma}{\partial t}\right)+\sigma\dfrac{\mathrm{d}\boldsymbol{u}}{\mathrm{d}t}+\nabla P,\\ \boldsymbol{f}\cdot\boldsymbol{u}=c^2\left(\nabla\cdot(\sigma\boldsymbol{u})+\dfrac{\partial\sigma}{\partial t}-\dfrac{1}{c^2}\dfrac{\partial P}{\partial t}\right),\end{cases} \tag{22.20}$$

这里用到(22.5)式以及并矢的散度公式[见(12.37)式的第 5 式]. 将第二式乘上 $\boldsymbol{u}/c^2$ 后与第一式相减，就得到三维运动方程：

$$\boldsymbol{f}-\frac{\boldsymbol{u}}{c^2}(\boldsymbol{f}\cdot\boldsymbol{u})=\sigma\frac{\mathrm{d}u}{\mathrm{d}t}+\nabla P+\frac{\boldsymbol{u}}{c^2}\frac{\partial P}{\partial t}, \tag{22.21}$$

此式也称作相对论性**理想流体的欧拉方程**.

在一般情况下，理想的中性介质仅受到内部介质的压力作用，这时体系的能量动量守恒，即有

$$\nabla P+\frac{\boldsymbol{u}}{c^2}\frac{\partial P}{\partial t}=-\sigma\frac{\mathrm{d}u}{\mathrm{d}t},\quad(\boldsymbol{f}=0). \tag{22.22}$$

方程的右边是压强的空间和时间变化率，相当于作用在质点上的压力密度的负值；左边可以视为质点的加速度与质量密度 σ 的乘积，所以此式可以看成质点在介质内部压强作用下的三维运动方程，也有文献将(22.22)式称作欧拉方程(Einstein A,1922).

有以下几种近似情况：

(1)低速近似

$$\nabla P=-\sigma_0\frac{\mathrm{d}u}{\mathrm{d}t}=-\left(\rho_0+\frac{P}{c^2}\right)\frac{\mathrm{d}\boldsymbol{u}}{\mathrm{d}t},\quad(u\ll c); \tag{22.23}$$

(2)低压强近似

$$\nabla P = -\rho \frac{\mathrm{d}\boldsymbol{u}}{\mathrm{d}t} = -\gamma_u^2 \rho_0 \frac{\mathrm{d}\boldsymbol{u}}{\mathrm{d}t}, \quad (P \ll \rho_0 c); \tag{22.24}$$

(3)低速和低压强近似,即经典力学情况

$$\nabla P = -\rho_0 \frac{\mathrm{d}\boldsymbol{u}}{\mathrm{d}t}, \quad (u \ll c, P \ll \rho_0 c). \tag{22.25}$$

以上三式是内部压力密度(即压强梯度的负值)与加速度的关系,质量密度分别为 σ_0,ρ 和 ρ_0.

从应用的角度来说,上述三种近似基本上包括了一般的实验情况,高速和高压强的相对论流体仅在天体物理中得到应用.

22.4　荷电理想流体的运动方程和能动张量

如果连续介质是荷电系统,它除了受内部压力作用外,还将受到体系内部的电磁相互作用.压力的作用已经反映在介质的能动张量 $T_{\mu\nu}$ 之中,而由(16.16)式,电磁相互作用力也可以表示为电磁能动张量 $T_{\mu\nu}^{\mathrm{em}}$ 的梯度,综合(16.16)和(22.14)式,可得

$$f_\mu = \frac{\partial T_{\mu\nu}^{\mathrm{em}}}{\partial x_\nu} = -\frac{\partial T_{\mu\nu}}{\partial x_\nu}. \tag{22.26}$$

这里的电磁力对于系统内部的体元来说是外力,但将电磁场和荷电介质看成一个体系时则是系统的内力.将荷电系统的物质能量动量张量 $T_{\mu\nu}$ 和电磁场能量动量张量 $T_{\mu\nu}^{\mathrm{em}}$ 合在一起,定义荷电流体的总能量动量张量:

$$\Pi_{\mu\nu} = T_{\mu\nu} + T_{\mu\nu}^{\mathrm{em}}, \tag{22.27}$$

则(22.26)式成为

$$\frac{\partial \Pi_{\mu\nu}}{\partial x_\nu} = 0. \tag{22.28}$$

可见,如果将电磁力看成物质系统的内部作用,则整个体系的能量动量守恒.根据电磁场和连续介质的能动张量表达式(16.15)和(22.13),动量和能量守恒律分别为

$$\nabla \cdot (\overleftrightarrow{\boldsymbol{T}} + \overleftrightarrow{\boldsymbol{T}}^{\mathrm{em}}) - \frac{\partial}{\partial t}(\boldsymbol{g} + \boldsymbol{g}^{\mathrm{em}}) = 0, \tag{22.29}$$

$$\nabla \cdot (\boldsymbol{S} + \boldsymbol{S}^{\mathrm{em}}) + \frac{\partial}{\partial t}(w + w^{\mathrm{em}}) = 0. \tag{22.30}$$

对于任意的不受外力作用的孤立物质体系,将(22.29),(22.30)式对整个体系积分,因为孤立体系与外界没有动量和能量的交换,即

$$\oint (\overleftrightarrow{\boldsymbol{T}} + \overleftrightarrow{\boldsymbol{T}}^{\mathrm{em}})\mathrm{d}\boldsymbol{\sigma} = \oint (\boldsymbol{S} + \boldsymbol{S}^{\mathrm{em}}) \cdot \mathrm{d}\boldsymbol{\sigma} = 0,$$

故积分守恒量是体系的总动量和总能量:

$$\boldsymbol{P}=\int(\boldsymbol{g}+\boldsymbol{g}^{\mathrm{em}})\mathrm{d}V=\text{常矢}, \tag{22.31}$$

$$E=\int(w+w^{\mathrm{em}})\mathrm{d}V=\text{常量}. \tag{22.32}$$

作为一例,我们来求磁流体的动力学方程.

荷电流体在磁场中运动时产生感应电流,磁场通过对电流的作用力影响流体的运动. 将磁场和流体看成一个整体,则体系满足能量和动量守恒条件. 根据(16.15)和(22.16)式,可知磁场和理想流体的能动张量分别为

$$\begin{cases}w^{\mathrm{em}}=\dfrac{1}{2}\mu H^2,\\ \boldsymbol{S}^{\mathrm{em}}=c^2\boldsymbol{g}^{\mathrm{em}}=0,\\ \overleftrightarrow{\boldsymbol{T}}^{\mathrm{em}}=\mu\boldsymbol{H}\boldsymbol{H}-\dfrac{1}{2}\mu H^2\overleftrightarrow{\boldsymbol{I}}.\end{cases} \tag{22.33}$$

$$\begin{cases}w=\sigma c^2-P,\\ \boldsymbol{S}=c^2\boldsymbol{g}=\sigma c^2\boldsymbol{u},\\ \overleftrightarrow{\boldsymbol{T}}=-\sigma\boldsymbol{u}\boldsymbol{u}-P\overleftrightarrow{\boldsymbol{I}}.\end{cases} \tag{22.34}$$

代入(22.29)和(22.30)式后联立求解,得到

$$\sigma\frac{\mathrm{d}\boldsymbol{u}}{\mathrm{d}t}=\nabla\cdot(\mu\boldsymbol{H}\boldsymbol{H})-\nabla\left(\frac{1}{2}\mu H^2+P\right)+\frac{\boldsymbol{u}}{c^2}\frac{\partial}{\partial t}\left(\frac{1}{2}\mu H^2-P\right). \tag{22.35}$$

这就是相对论性磁流体的守恒律,也称作**磁流体动力学方程**或欧拉方程. 对于低速和低压强的经典情况 $u\ll c,\sigma\to\rho_0$,(22.35)式化成磁流体的经典运动方程:

$$\rho_0\frac{\mathrm{d}\boldsymbol{u}}{\mathrm{d}t}=\nabla\cdot(\mu\boldsymbol{H}\boldsymbol{H})-\nabla\left(\frac{1}{2}\mu H^2+P\right). \tag{22.36}$$

在(22.35)和(22.36)两式中有关磁场项的物理意义是这样的:根据(16.2)式,当电场为0时的洛伦兹力密度为

$$\boldsymbol{f}=\nabla\cdot\left[\boldsymbol{H}\boldsymbol{B}-\left(\frac{1}{2}\boldsymbol{H}\cdot\boldsymbol{B}\right)\overleftrightarrow{\boldsymbol{I}}\right]=\nabla\cdot(\mu\boldsymbol{H}\boldsymbol{H})-\nabla\left(\frac{1}{2}\mu H^2\right).$$

由于$\nabla\cdot\boldsymbol{H}=0$,右边第一项$\nabla\cdot(\mu\boldsymbol{H}\boldsymbol{H})=\mu(\boldsymbol{H}\cdot\nabla)\boldsymbol{H}$是沿磁场线方向的张力;而力密度相应于压强的负梯度,第二项中的$\frac{1}{2}\mu H^2$就是流体所受的静磁压强或**磁压**.

显然,当磁场为0时,(23.35)和(23.36)两式分别退化为中性理想介质的欧拉方程(22.22)及其经典近似(22.25)式.

相对论论述的正是空间和时间这个四维连续域的固有对称性.

——外尔《对称》

第6章 相对论的拉格朗日表述

我们在引言中曾经指出,相对论的核心并不是时间和长度等的"相对性",而是物理规律的"绝对性",是时间和空间连续域的固有对称性.本章的内容有助于我们对这一方面的理解.虽然本章叙述的并不涉及相对论的新内容,但绝不是前面几章的简单重复,它是从不变性或对称性的角度对相对论理论结构的深入分析,这对于我们进一步理解相对论的理论精髓和优美结构是非常有益的.事实上,对于一个理论,仅仅知道如何应用或者将它作为一个工具还远远不够,还应该对它的基本思想有一个清楚地认识,对它所揭示的事物本质有深入的体会.

23 运动方程的拉格朗日表述

23.1 变分原理和哈密顿原理

首先介绍变分原理(变分法).

我们知道,几何光学的一个基本原理是费马原理(最小光程律):对于光波的实际传播过程 $P\to Q$,必定满足光程取极小值,即

$$\delta I=\delta\int_p^q n(x)\mathrm{d}x=0,\quad \delta x|_p=\delta x|_q=0,$$

其中 $n(x)$ 是光波经过介质的折射率,为传播路径 x 的函数.由此即可导出反射定律、折射定律等几何光学的规律.

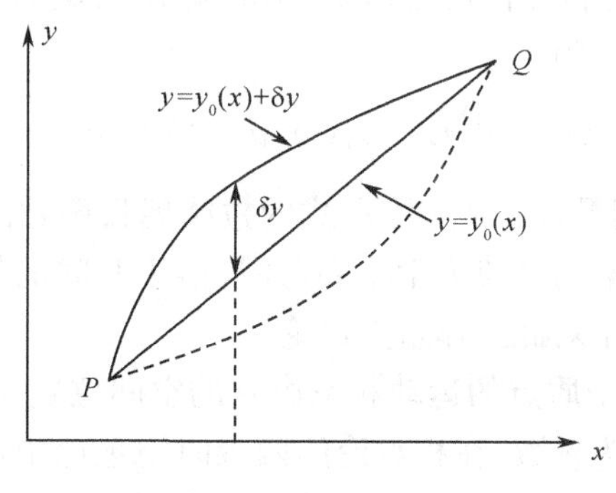

图23.1 变分的几何意义

上面的 δI 和 δx 是泛函和自变量的变分. 其几何意义是这样的:如图 23.1 所示,经过空间两点 P,Q 的路径有许多条 $y=y(x)$,其中有一条路径取极值 $y=y_0(x)$,我们定义

$$\delta y = y(x) - y_0(x), \quad \delta x\big|_p = \delta x\big|_q = 0,$$

δy 和 δx 称作函数和自变量的变分. 对于一个泛函 $I=I[y(x)]$,其变分定义为

$$\delta I = \lim_{\alpha\to 0}\frac{I[y_0(x)+\alpha\delta y]-I[y_0(x)]}{\alpha} = \frac{\partial I[y_0(x)+\alpha\delta y]}{\partial\alpha}\bigg|_{\alpha=0}$$

由定义可知,变分 δ 的运算法则与微分 d 完全相同,并且二者可以对易,即

$$\begin{aligned}\delta(\mathrm{d}I) &= \delta[I(y+\mathrm{d}y)-I(y)]\\ &= \frac{\partial}{\partial\alpha}(I+\mathrm{d}y+\alpha\delta y)\bigg|_{\alpha=0} - \frac{\partial}{\partial\alpha}I(y+\alpha\delta y)\bigg|_{\alpha=0}\\ &= \mathrm{d}(\delta I).\end{aligned}$$

如果泛函 $I=I[y(x)]$在 $y=y_0(x)$上有极值,则它的变分

$$\delta I[y(x)]\big|_{y=y_0} = \frac{\partial}{\partial\alpha}I(y_0+\alpha\delta y)\big|_{\alpha=0} = 0.$$

这就是所谓的**变分原理**.

那么,数学上的变分原理是否具有真实的物理意义呢? 也就是说,对于某个物理体系是否也存在一个泛函,在某一个真实的物理过程中取极值? 我们来看几个例子:在竖直平面内,如果一个粒子从固定点 P 运动到 Q,不考虑自身重力时的粒子沿直线运动的时间最短,在计及自身重力时沿悬链线的时间最短;四周固定的肥皂膜的自然形状必定是最小曲面,不考虑自转的天体的自然形状必然是球体,因为在相同的体积下球的表面积最小——自然界就是如此神奇!

1788 年,法国数学和物理学家拉格朗日出版了著名的《分析力学》,后来英国科学家哈密顿进一步发展了拉格朗日的理论,于 1843 年提出了著名的**哈密顿原理**或**最小作用量原理**:对于一个理想的保守力学体系,在相同的时间内的任何真实的动力学过程 $P\to Q$,必定满足作用量取极小值,即作用量的变分为 0. 在经典力学中,哈密顿原理通常表示为

$$\delta I = \delta\int_p^q L^*(x_i(t),u_i(t))\mathrm{d}t = 0. \tag{23.1}$$

其中的泛函 I 叫做**作用量**,L^* 是三维形式的**拉格朗日函数**. 此式在相对论中也仍然成立,但拉格朗日函数与经典力学不同,并且由于时间的相对性,拉格朗日函数并非不变量,这里我们不对此式作重点讨论.

在经典力学中,一个质点的运动状态由它的空间位置 $x_i(t)$和三维速度 $u_i(t)$来确定,时间变量则作为参数. 在相对论的四维时空理论中,质点的状态参数是四维时空 $x_\mu(\tau)$和四维速度 $U_\mu(\tau)$,运动参数是固有时间,由此构成的 8 维空间 $\{x_\mu;U_\mu\}$称作**态空间(位形空间)**. 根据几何学的知识,一个空间由一个线元来确

定，相对论的 8 维态空间由下面的两个不变性确定[见(17.7)和(17.18)式]：

$$\begin{cases} ds^2 = -dx_\mu dx_\mu, \\ du_0^2 = dU_\mu dU_\mu. \end{cases} \tag{23.2}$$

将(23.1)式中的积分变量用固有时间表示，$d\tau = dt/\gamma_u$，并令 $L = \gamma_u L^*$，则哈密顿原理表示成

$$\delta I = \delta\int_p^q L(x_\mu, \dot{x}_\mu) d\tau = 0, \tag{23.3}$$

这里及以下的"."号表示对 τ 求导($\dot{x}_\mu \equiv U_\mu$)，$L(x_\mu, \dot{x}_\mu)$是 8 维态空间$\{x_\mu, \dot{x}_\mu\}$上的函数，称作四维形式的**拉格朗日函数**. 因为固有时间是不变量，故拉格朗日函数也是不变量.

我们认为，哈密顿原理具有深刻的物理和哲学意义，与能量守恒定律一样是自然界的普遍规律，是整个物理学的最高原理——其地位相当于几何学中的公理. 哈密顿原理对所有参考系都应该成立，对于一个确定的物理体系，关键是如何选取拉格朗日函数，下面对此做一些讨论：

(1)哈密顿原理要求拉格朗日函数具有能量的量纲，且应该是实函数，这是因为一切可观测量都是实数，而它们由拉氏函数来确定.

(2)如上所说，拉格朗日函数是不变量，这就要求它必须是标量函数，而不能是任意的矢量或张量. 例如 $x_\mu x_\mu$，$\dot{x}_\mu \dot{x}_\mu$，$\dot{x}_\mu A_\mu$，$F_{\mu\nu}F_{\mu\nu}$ 等都是不变量.

(3)对于动力学体系，拉格朗日函数应是四维坐标和四维速度的函数

$$L = L(x_\mu, \dot{x}_\mu).$$

注意：在哈密顿理论中，x_μ 和 $\dot{x}_\mu$ 是独立变量，正如空间坐标相互独立一样. 例如，考虑到条件(2)，自由粒子的拉氏函数可能是坐标和速度的双线性组合

$$a_{\mu\nu}x_\mu x_\nu + b_{\mu\nu}x_\mu \dot{x}_\nu + c_{\mu\nu}\dot{x}_\mu \dot{x}_\nu + \cdots,$$

a，b，c 为常数. 对于势场中的粒子，拉氏函数可能是

$$a_\mu(x)\dot{x}_\mu + (b_{\mu\nu}(x)\dot{x}_\mu \dot{x}_\nu)^{1/2} + (c_{\mu\nu\sigma}(x)\dot{x}_\mu \dot{x}_\nu \dot{x}_\sigma)^{1/3} + \cdots,$$

$a(x)$，$b(x)$，$c(x)$为坐标的函数.

(4)不言而喻，在满足上述要求的前提下，应考虑简单性原则.

(5)另外，满足哈密顿原理的拉氏函数不是唯一的. 对于一个给定的物理体系，拉氏函数可以相差一个标量函数 $f(x_\mu, \dot{x}_\mu)$对固有时的微分. 如果 L 是拉氏函数，则函数

$$L' = L + \dot{f}(x). \tag{23.4}$$

也满足哈密顿原理，因为

$$\int_p^q (\delta L + \delta\dot{f}) d\tau = \int_p^q \delta L d\tau + \delta f|_p^q = 0$$

最后一步是因为在积分上下限的变分 $\delta f|_p = \delta f|_q = 0$.

可见哈密顿原理只是提供一个原则，要建立理论体系还必须考虑其他的物理因素.

23.2 拉格朗日和哈密顿正则方程

(1)拉格朗日方程

我们来证明，哈密顿原理的一个等价表示是拉格朗日方程.

因为 $\delta\tau|_p = \delta\tau|_q = 0$，哈密顿原理(23.3)式成为

$$\delta I = \int_p^q \delta L(x_\mu, \dot{x}_\mu)\mathrm{d}\tau = 0. \tag{23.5}$$

根据变分的定义，当变量 $x_\mu, \dot{x}_\mu$ 发生变化时拉格朗日函数的变分为

$$\begin{aligned}\delta L &= L(x_\mu + \delta x_\mu, \dot{x}_\mu + \delta\dot{x}_\mu) - L(x_\mu, \dot{x}_\mu)\\ &= \frac{\partial L}{\partial x_\mu}\delta x_\mu + \frac{\partial L}{\partial \dot{x}_\mu}\delta\left(\frac{\mathrm{d}x_\mu}{\mathrm{d}\tau}\right)\\ &= \frac{\partial L}{\partial x_\mu}\delta x_\mu - \frac{\mathrm{d}}{\mathrm{d}\tau}\left(\frac{\partial L}{\partial \dot{x}_\mu}\right)\delta x_\mu + \frac{\mathrm{d}}{\mathrm{d}\tau}\left(\frac{\partial L}{\partial \dot{x}_\mu}\delta x_\mu\right).\end{aligned}$$

将上式代入到(23.5)式，最后一项的积分为

$$\int_p^q \frac{\mathrm{d}}{\mathrm{d}\tau}\left(\frac{\partial L}{\partial \dot{x}_\mu}\delta x_\mu\right)\mathrm{d}\tau = \frac{\partial L}{\partial \dot{x}_\mu}\delta x_\mu \Big|_p^q = 0,$$

上式中用到在积分上下限处，坐标变分 $\delta x|_p = \delta x|_q = 0$，于是得到

$$\int \left[\frac{\mathrm{d}}{\mathrm{d}\tau}\left(\frac{\partial L}{\partial \dot{x}_\mu}\right) - \frac{\partial L}{\partial x_\mu}\right]\delta x_\mu \mathrm{d}\tau = 0.$$

由于 δx_μ 的任意性，故有

$$\frac{\mathrm{d}}{\mathrm{d}\tau}\left(\frac{\partial L}{\partial \dot{x}_\mu}\right) - \frac{\partial L}{\partial x_\mu} = 0. \tag{23.6}$$

这就是相对论中四维形式的**拉格朗日方程**.

必须说明，如果拉氏函数不仅仅是坐标及其一阶的函数，则拉格朗日方程不是上述的形式. 例如在一维情况下，如果拉氏函数是坐标及其一阶和二阶导数的函数

$$L = L(x, \dot{x}, \ddot{x}).$$

不难证明，这时的拉格朗日方程应为

$$\frac{\partial L}{\partial x} - \frac{\mathrm{d}}{\mathrm{d}\tau}\left(\frac{\partial L}{\partial \dot{x}}\right) + \frac{\mathrm{d}^2}{\mathrm{d}\tau^2}\left(\frac{\partial L}{\partial \ddot{x}}\right) = 0.$$

(2)哈密顿正则方程

哈密顿原理的另一个等价表示是哈密顿正则方程，当然也与拉格朗日方程等价.

由于拉格朗日函数具有能量的量纲，也称作能量函数，它对速度的导数具有动量的量纲. 因此我们定义拉氏函数对四维速度的偏导为四维**正则动量**，其分量是三维正则动量和正则能量：

$$P_\mu = \frac{\partial L}{\partial \dot{x}_\mu} = \left(\boldsymbol{P}, \frac{\mathrm{i}}{c}E\right). \tag{23.7}$$

将拉氏方程与四维速度缩并，注意到拉氏函数仅为$(x_\mu, \dot{x}_\mu)$的函数，我们得到一个重要的关系式

$$\begin{aligned} 0 &= \frac{\mathrm{d}x_\mu}{\mathrm{d}\tau}\left[\frac{\mathrm{d}}{\mathrm{d}\tau}\left(\frac{\partial L}{\partial \dot{x}_\mu}\right) - \frac{\partial L}{\partial x_\mu}\right] \\ &= \frac{\mathrm{d}}{\mathrm{d}\tau}\left(\dot{x}_\mu \frac{\partial L}{\partial \dot{x}_\mu}\right) - \left(\frac{\mathrm{d}x_\mu}{\mathrm{d}\tau}\frac{\partial L}{\partial x_\mu} + \frac{\mathrm{d}\dot{x}_\mu}{\mathrm{d}\tau}\frac{\partial L}{\partial \dot{x}_\mu}\right) \\ &= \frac{\mathrm{d}}{\mathrm{d}\tau}(\dot{x}_\mu P_\mu - L), \end{aligned}$$

故存在一个守恒量，将其定义为**哈密顿函数**：

$$H(x_\mu, P_\mu) = \dot{x}_\mu P_\mu - L(x_\mu, \dot{x}_\mu). \tag{23.8}$$

注意，H 是 8 维相空间$\{x_\mu, P_\mu\}$的函数，而 L 是 8 维状态空间$\{x_\mu, \dot{x}_\mu\}$的函数，即有

$$\frac{\partial H}{\partial \dot{x}_\mu} = 0, \quad \frac{\partial L}{\partial P_\mu} = 0.$$

对(23.8)式微分，利用拉氏方程可得

$$\frac{\partial H}{\partial x_\mu} = -\frac{\mathrm{d}P_\mu}{\mathrm{d}\tau}, \quad \frac{\partial H}{\partial P_\mu} = \frac{\mathrm{d}x_\mu}{\mathrm{d}\tau}. \tag{23.9}$$

(23.9)式称作**哈密顿正则方程**. 上面的第一式表明，如果哈密顿函数中不包含某一个坐标 x_ν，该坐标称作**循环坐标**，则相应的正则动量为守恒量($\dot{P}_\nu = 0$). 若循环坐标是 x_0 或 x_i，表示能量守恒或动量的 i 分量守恒.

四维形式的拉格朗日方程(23.6)和哈密顿正则方程(23.9)都是张量方程，因而具有明显的协变性. 对于一个给定的物理体系，将拉格朗日函数代入相应的拉格朗日方程，或者将哈密顿函数代入哈密顿正则方程，就可得到体系的运动方程以及场方程. 因此拉格朗日和哈密顿方程的不变性导致所有物理规律保持不变——这正是相对性原理要求的.

(3)三维形式的拉格朗日和哈密顿正则方程

如果以式(23.1)为基础，重复上面的证明，就得到我们熟知的三维形式拉格朗日方程：

$$\frac{\mathrm{d}}{\mathrm{d}t}\left(\frac{\partial L^*}{\partial u_i}\right) - \frac{\partial L^*}{\partial x_i} = 0. \tag{23.10}$$

还可以得到三维形式的哈密顿函数：

$$H^*(x_i,P_i^*)=u_iP_i^*-L^*,\quad P_i^*=\frac{\partial L^*}{\partial u_i},\tag{23.11}$$

以及哈密顿正则方程：

$$\frac{\partial H^*}{\partial x_i}=-\frac{\mathrm{d}P_i^*}{\mathrm{d}t},\quad \frac{\partial H^*}{\partial P_i^*}=\frac{\mathrm{d}x_i}{\mathrm{d}t}.\tag{23.12}$$

以上 3 式等价于(23.6)～(23.9)式. 但式中的拉格朗日函数 $L^*(x_i,u_i)$、哈密顿函数 $H^*(x_i,P_i^*)$与 $L(x_\mu,\dot{x}_\mu)$和 $H(x_\mu,P_\mu)$，无论是函数值还是函数形式都不相同.

事实上，一个物理体系的拉格朗日函数可以有不同的表示，相应地，正则动量和哈密顿函数也随之改变，但是根据拉格朗日方程或哈密顿正则方程求得的运动方程是唯一的.

23.3 质点运动方程的拉格朗日表述

(1) 自由质点的运动方程

首先考虑最简单的情况，即不受任何外力作用的自由粒子的运动.

我们知道，由时空间隔不变性得到四维速度的缩并为不变量：

$$U_\mu U_\mu=\dot{x}_\mu\dot{x}_\mu=-c^2,$$

由于拉氏函数应具有能量的量纲，因此可取

$$L_0(x_\mu,U_\mu)=\frac{1}{2}m_0U_\mu U_\mu=-\frac{1}{2}m_0c^2.\tag{23.13}$$

其中的因子 1/2 不是实质性的，因为拉氏函数是 U_μ 的双线性函数，引入该因子将给计算带来方便[参见下面的(23.23 式)].

将(23.13)式代入拉氏方程(23.7)式，得到自由粒子的正则动量为

$$P_\mu=\frac{\partial L_0}{\partial U_\mu}=m_0U_\mu,\tag{23.14}$$

将它们代入拉格朗日方程，得到

$$\frac{\mathrm{d}P_\mu}{\mathrm{d}\tau}=m_0\frac{\mathrm{d}U_\mu}{\mathrm{d}\tau}=0.\tag{23.15}$$

此即惯性运动方程，表示自由粒子的(正则)动量和(正则)能量保持不变：

$$\begin{cases}\boldsymbol{P}=m\boldsymbol{u}=\text{常矢},\\ E=mc^2=\text{常量}.\end{cases}\tag{23.16}$$

以上的结论是我们熟知的，从动力学的角度分析，不受外力作用的粒子必然作惯性运动. 但从哈密顿原理的角度来看，是说自由粒子的运动轨迹必定是作用量

$$I_0=\int L_0\,\mathrm{d}\tau=-\frac{1}{2}m_0c^2\int\mathrm{d}\tau\tag{23.17}$$

取极值，也就是固有时间间隔 $\int \mathrm{d}\tau$ 取极值. 我们在 10 节已经证明，两个固定点之间的所有可能的运动轨迹中，惯性运动的固有时具有最大值. 因此可将这两种表述表示为等价关系：

$$\boldsymbol{F}=0 \Leftrightarrow \delta\int \mathrm{d}\tau=0\ . \tag{23.18}$$

此式是闵可夫斯基在 1908 年指出来的(Minkowski H，1908). 注意，哈密顿原理是说在相同的时间内作用量取极小值，既然惯性运动的固有时最大，在相同的时间内作用量就必然最小.

(2)荷电粒子的运动方程

荷电粒子在电磁场中运动时受到电磁场力的作用，根据运动的迭加性，当电磁场消失时荷电粒子应该成为自由粒子. 因此拉氏函数可分成两部分：

$$L=L_0+L_\mathrm{e},$$

其中 L_0 是自由粒子的拉氏函数(23.13)式，由于拉氏函数必须是标量，且具有能量的量纲，L_e 应该与粒子的电磁势能有关，我们取

$$L_\mathrm{e}(x_\mu,U_\mu)=qU_\mu A_\mu(x_\nu).$$

故总的拉氏函数为

$$L(x_\mu,U_\mu)=\frac{1}{2}m_0U_\mu U_\mu+qU_\mu A_\mu(x_\nu). \tag{23.19}$$

代入拉格朗日方程得到

$$\frac{\mathrm{d}}{\mathrm{d}\tau}(m_0U_\mu+qA_\mu)=qU_\nu\frac{\partial A_\nu}{\partial x_\mu}. \tag{23.20}$$

此即荷电粒子运动方程的四维形式. 它与用洛伦兹力表示的运动方程是一致的，因为(23.20)式可以变成

$$\begin{aligned}m_0\frac{\mathrm{d}U_\mu}{\mathrm{d}\tau}&=q\left(U_\nu\frac{\partial A_\nu}{\partial x_\mu}-\frac{\mathrm{d}A_\mu}{\mathrm{d}\tau}\right)\\&=qU_\nu\left(\frac{\partial A_\nu}{\partial x_\mu}-\frac{\partial A_\mu}{\partial x_\nu}\right)\\&=qU_\nu F_{\mu\nu},\end{aligned}$$

这与(18.10)式相同.

进一步求得四维正则动量为

$$P_\mu=\frac{\partial L}{\partial U_\mu}=m_0U_\mu+qA_\mu, \tag{23.21}$$

根据正则动量的分量表示，得到荷电粒子的三维正则动量和能量分别为

$$\begin{cases}\boldsymbol{P}=m\boldsymbol{u}+q\boldsymbol{A},\\E=mc^2+q\varphi.\end{cases} \tag{23.22}$$

它们是机械能量 mc^2 和机械动量 $m\boldsymbol{u}$ 与附加值之和，其中的附加能量是粒子的电势能 $q\varphi$，附加动量 $q\boldsymbol{A}$ 的意义可以作如下理解. 将矢势 $A(t,x_i(t))$ 对时间求导：

$$\begin{aligned}\frac{\mathrm{d}\boldsymbol{A}}{\mathrm{d}t}&=\frac{\partial \boldsymbol{A}}{\partial t}+(\boldsymbol{u}\cdot\boldsymbol{\nabla})\boldsymbol{A}\\&=\frac{\partial \boldsymbol{A}}{\partial t}-\boldsymbol{u}\times\boldsymbol{\nabla}\times\boldsymbol{A}+\boldsymbol{\nabla}(\boldsymbol{u}\cdot\boldsymbol{A})-\boldsymbol{A}\times\boldsymbol{\nabla}\times\boldsymbol{u}-(\boldsymbol{A}\cdot\boldsymbol{\nabla})\boldsymbol{u}\\&=\frac{\partial \boldsymbol{A}}{\partial t}+\boldsymbol{\nabla}\varphi-\boldsymbol{u}\times\boldsymbol{\nabla}\times\boldsymbol{A}+\boldsymbol{\nabla}(\boldsymbol{u}\cdot\boldsymbol{A}-\varphi)\\&=-(\boldsymbol{E}+\boldsymbol{u}\times\boldsymbol{B})+\boldsymbol{\nabla}(\boldsymbol{u}\cdot\boldsymbol{A}-\varphi).\end{aligned}$$

第 2 步用到矢量微分公式(12.37)的第 2 式，第 3 步是因为拉氏表述是在态空间 $\{x_\mu,U_\mu\}$ 中讨论，坐标和速度为独立变量，算符$\boldsymbol{\nabla}$ 作用在 $\boldsymbol{u}$ 上的结果为零；第 4 步用到电磁场与电磁势的关系(14.3)式. 上式表明当 $\boldsymbol{u}\cdot\boldsymbol{A}=\varphi$ 时

$$q\boldsymbol{A}=-\int q(\boldsymbol{E}+\boldsymbol{v}\times\boldsymbol{B})\mathrm{d}t=-\int \boldsymbol{F}\mathrm{d}t\ ,$$

即为洛伦兹力 $\boldsymbol{F}$ 的冲量的负值，故表现为动量.

从上面的讨论中可以看出，虽然采用拉格朗日方程求解有时并不比动力学方法简单，但是哈密顿原理揭示的物理规律的不变性，有助于我们理解相对论的实质.

最后指出，由于一个物理体系的拉格朗日函数并不是唯一的，我们也可以采用另外的形式. 例如，将(23.13)和(23.19)式分别改成

$$L'_0(x_\mu,U_\mu)=m_0c\sqrt{-U_\mu U_\mu}=m_0c^2,\tag{23.23}$$

$$L'(x_\mu,U_\mu)=m_0c\sqrt{-U_\mu U_\mu}+qU_\mu A_\mu.\tag{23.24}$$

根据拉格朗日方程(23.6)或哈密顿正则方程(23.9)，仍然可以得到自由粒子和荷电粒子的四维运动方程. 如果取三维形式的拉氏函数：

$$L_0^*(x_i,u_i)=-m_0c^2\sqrt{1-u^2/c^2}\ ,\tag{23.25}$$

$$L^*(x_i,u_i)=-m_0c^2\sqrt{1-u^2/c^2}+q(\boldsymbol{u}\cdot\boldsymbol{A}-\varphi),\tag{23.26}$$

代入拉氏方程(23.10)或(23.12)，还可以得到三维形式的运动方程. 读者不妨一试.

24 场方程的拉格朗日表述

24.1 哈密顿原理的场量形式

上节讨论的哈密顿原理仅应用到运动质点，下面我们将其推广到质点系、连续介质乃至于连续场分布.

设质点系中的质点 $k(k=1,2,3,\cdots)$ 的四维坐标和速度为 $(x_\mu^{(k)},\dot{x}_\mu^{(k)})$，其拉氏

函数为 L_k，则体系的拉氏函数为各质点拉氏函数之和：

$$L=\sum_k L_k(x_\mu^{(k)},\dot{x}_\mu^{(k)}),\tag{24.1}$$

故质点系的哈密顿原理为

$$\delta I=\delta\Big(\sum_k\int L_k\mathrm{d}\tau\Big)=0.\tag{24.2}$$

在此基础上 23.2 节的所有结论仍然成立.

对于连续介质或场系统中一个无穷小固有体元 $\mathrm{d}V_0=\gamma_u\mathrm{d}V$，将其视为一个质点，则拉氏函数变为

$$L_k\to\mathscr{L}\mathrm{d}V_0=\gamma_u\mathscr{L}\mathrm{d}V,$$

式中的 $\mathscr{L}$ 称作**拉格朗日密度**，表示单位固有体元内的拉氏函数. 由于 $\mathrm{d}t=\gamma_u\mathrm{d}\tau$，体系的作用量变成

$$I=\sum_k\int L_k\mathrm{d}\tau\to\int\mathscr{L}\mathrm{d}V\mathrm{d}t=\frac{1}{\mathrm{i}c}\int\mathscr{L}\mathrm{d}\Omega,$$

其中，

$$\mathrm{d}\Omega=\mathrm{d}x_1\wedge\mathrm{d}x_2\wedge\mathrm{d}x_3\wedge\mathrm{d}x_4\quad(\mathrm{d}x_4=\mathrm{i}c\mathrm{d}t)$$

为四维闵氏空间的坐标体元，我们在 13.3 节已经说明它是一个赝标量，在特殊或固有洛伦兹变换下保持不变[参见(13.16)式]，故拉格朗日密度也是不变量.

对于分立的质点，不同点的质点用记号 k 来标记，对于连续的场分布，不同时空点的识别就应该用连续变量 x_μ 表示；分立质点的运动状态由四维坐标 x_μ 及其速度 $\dot{x}_\mu$ 来描述，而场的状态则是由场量 φ_σ 及其变化 $\partial_\mu\varphi_\sigma$ 来刻画，这里的下标 σ 是场量指标，对于标量场 σ 可以略去，对于电磁场，$\varphi_\sigma=A_\sigma(\sigma=1,2,3,4)$. 例如，给出空间各点的电磁势 A_σ 及其 $\partial_\mu A_\sigma$，也就确定了电磁场分布. 以上的对应关系可以写成

$$\begin{cases}k\to x_\mu,\\ x_\mu\to\varphi_\sigma,\end{cases}\qquad\begin{cases}x_\mu^{(k)}\to\varphi_\sigma(x_\mu),\\ \dot{x}_\mu^{(k)}\to\partial_\mu\varphi_\sigma(x_\nu).\end{cases}$$

因此对于连续介质或场系统来说，拉氏密度应该是场量及其一阶导数的函数：

$$\mathscr{L}=\mathscr{L}(\varphi_\sigma(x_\nu),\partial_\mu\varphi_\sigma(x_\nu)),\tag{24.3}$$

用场量表示的**哈密顿原理**为

$$\delta\int\mathscr{L}(\varphi_\sigma,\partial_\mu\varphi_\sigma)\mathrm{d}\Omega=0.\tag{24.4}$$

和拉氏函数不唯一的情况类似，满足哈密顿原理的拉氏密度也不是唯一的，可以相差一个矢量的散度. 设四维矢量 $\Lambda_\mu=\Lambda_\mu(x)$ 及相应的拉氏密度：

$$\mathscr{L}'=\mathscr{L}+\partial_\mu\Lambda_\mu(x).\tag{24.5}$$

则 $\mathscr{L}$ 和 $\mathscr{L}'$ 都满足哈密顿原理. 证明如下：

$$\delta\int_{\Omega}\mathscr{L}'\mathrm{d}\Omega=\int_{\Omega}\delta\mathscr{L}\mathrm{d}\Omega+\int_{\Omega}\partial_{\mu}\delta\Lambda_{\mu}\mathrm{d}\Omega$$
$$=\int_{\Omega}\delta\mathscr{L}\mathrm{d}\Omega+\oint_{\partial\Omega}\delta\Lambda_{\mu}\mathrm{d}\Omega_{\mu}$$
$$=0+\delta\Lambda_{\mu}|_{\partial\Omega}=0,$$

其中

$$\mathrm{d}\Omega_{\mu}=(\mathrm{d}x_2\wedge\mathrm{d}x_3\wedge\mathrm{d}x_4,-\mathrm{d}x_1\wedge\mathrm{d}x_3\wedge\mathrm{d}x_4,\cdots)$$

是三维超曲面的微元,对应于三维欧氏空间的 2 维面积元:

$$\mathrm{d}\sigma_i=(\mathrm{d}x_2\wedge\mathrm{d}x_3,-\mathrm{d}x_1\wedge\mathrm{d}x_3,\mathrm{d}x_1\wedge\mathrm{d}x_2).$$

第 2 步用到四维矢量散度的积分公式,它是三维欧氏空间中高斯积分公式的推广:

$$\int_{V}\nabla\cdot\boldsymbol{X}\mathrm{d}V=\oint_{\partial V}\boldsymbol{X}\cdot\mathrm{d}\boldsymbol{\sigma}\rightarrow\int_{\Omega}\partial_{\mu}X_{\mu}\mathrm{d}\Omega=\oint_{\partial\Omega}X_{\mu}\cdot\mathrm{d}\Omega_{\mu},$$

最后一步是因为在超曲面上的变分 $\delta\Lambda_{\mu}|_{\partial\Omega}=0$.

24.2 拉格朗日和哈密顿正则方程的场量形式

类似于质点的拉格朗日方程的证明,根据变分的定义,当场量 φ_σ 发生变化时拉氏密度的变分为

$$\delta\mathscr{L}=\mathscr{L}[\varphi_\sigma(x)+\delta\varphi_\sigma,\partial_\mu\varphi_\sigma(x)+\delta(\partial_\mu\varphi_\sigma)]-\mathscr{L}[\varphi_\sigma(x),\partial_\mu\varphi_\sigma(x)]$$
$$=\frac{\partial\mathscr{L}}{\partial\varphi_\sigma}\delta\varphi_\sigma+\frac{\partial\mathscr{L}}{\partial(\partial_\mu\varphi_\sigma)}\delta(\partial_\mu\varphi_\sigma)$$
$$=\frac{\partial\mathscr{L}}{\partial\varphi_\sigma}\delta\varphi_\sigma-\frac{\partial}{\partial x_\mu}\left(\frac{\partial\mathscr{L}}{\partial(\partial_\mu\varphi_\sigma)}\right)\delta\varphi_\sigma+\frac{\partial}{\partial x_\mu}\left(\frac{\partial\mathscr{L}}{\partial(\partial_\mu\varphi_\sigma)}\delta\varphi_\sigma\right),$$

第 3 步用到 $\delta\partial_\mu=\partial_\mu\delta$. 将上式代入到(24.4)式,利用矢量散度的积分公式,最后一项的积分:

$$\int_{\Omega}\frac{\partial}{\partial x_\mu}\left(\frac{\partial\mathscr{L}}{\partial(\partial_\mu\varphi_\sigma)}\delta\varphi_\sigma\right)\mathrm{d}\Omega=\int_{\partial\Omega}\frac{\partial\mathscr{L}}{\partial(\partial_\mu\varphi_\sigma)}\delta\varphi_\sigma\mathrm{d}\Omega_\mu=0,$$

最后一步是因为在超曲面上 $\delta\varphi|_{\partial\Omega}=0$. 于是得到

$$\int\left[\frac{\partial}{\partial x_\mu}\left(\frac{\partial\mathscr{L}}{\partial(\partial_\mu\varphi_\sigma)}\right)-\frac{\partial\mathscr{L}}{\partial\varphi_\sigma}\right]\delta\varphi_\sigma\mathrm{d}\Omega=0,$$

由于 $\delta\varphi_\sigma$ 的任意性,故有

$$\frac{\partial}{\partial x_\mu}\left(\frac{\partial\mathscr{L}}{\partial(\partial_\mu\varphi_\sigma)}\right)-\frac{\partial\mathscr{L}}{\partial\varphi_\sigma}=0. \tag{24.6}$$

这是用场量表示的**拉格朗日方程**.

等价地,定义**正则动量密度**和**哈密顿密度**分别为

$$\pi_{\mu\sigma}=\frac{\partial\mathscr{L}}{\partial(\partial_\mu\varphi_\sigma)}, \tag{24.7}$$

$$\mathscr{H}(\varphi_\sigma,\pi_{\mu\sigma})=\partial_\mu\varphi_\sigma\pi_{\mu\sigma}-\mathscr{L}(\varphi_\sigma,\partial_\mu\varphi_\sigma). \tag{24.8}$$

因为哈密顿密度是相空间$\{\varphi_\sigma,\pi_{\mu\sigma}\}$的函数，而拉格朗日密度是态空间$\{\varphi_\sigma,\partial_\mu\varphi_\sigma\}$的函数，对上式求导并利用拉格朗日方程(24.6)式得

$$\begin{aligned}\mathrm{d}\mathscr{H}&=\frac{\partial\mathscr{H}}{\partial\varphi_\sigma}\mathrm{d}\varphi_\sigma+\frac{\partial\mathscr{H}}{\partial\pi_{\mu\sigma}}\mathrm{d}\pi_{\mu\sigma}\\&=-\frac{\partial\mathscr{L}}{\partial\varphi_\sigma}\mathrm{d}\varphi_\sigma+\partial_\mu\varphi_\sigma\mathrm{d}\pi_{\mu\sigma}\\&=-\partial_\mu\pi_{\mu\sigma}\mathrm{d}\varphi_\sigma+\partial_\mu\varphi_\sigma\mathrm{d}\pi_{\mu\sigma}\equiv 0.\end{aligned}$$

故由场量表示的**哈密顿正则方程**为

$$\frac{\partial\mathscr{H}}{\partial\varphi_\sigma}=-\partial_\mu\pi_{\mu\sigma},\quad \frac{\partial\mathscr{H}}{\partial\pi_\sigma}=\partial_\mu\varphi_\sigma. \tag{24.9}$$

以上的四个方程式(24.6)～(24.9)对应于23.2节的(23.6)～(23.9)式. 综合本节和上节的结论，我们将质点和场系统的公式归纳为表24.1.

表 24.1　质点和场系统的拉格朗日和哈密顿正则方程

	质点系统	场系统
态空间	$x_\mu,\dot{x}_\mu$	$\varphi_\sigma,\partial_\mu\varphi_\sigma$
哈密顿原理	$\delta\int L(x_\mu,\dot{x}_\mu)\mathrm{d}\tau=0$	$\delta\int\mathscr{L}(\varphi_\sigma,\partial_\mu\varphi_\sigma)\mathrm{d}\Omega=0$
拉格朗日方程	$\frac{\mathrm{d}}{\mathrm{d}\tau}\left(\frac{\partial L}{\partial\dot{x}_\mu}\right)-\frac{\partial L}{\partial x_\mu}=0$	$\frac{\partial}{\partial x_\mu}\left(\frac{\partial\mathscr{L}}{\partial(\partial_\mu\varphi_\sigma)}\right)-\frac{\partial\mathscr{L}}{\partial\varphi_\sigma}=0$
相空间	$x_\mu,P_\mu=\frac{\partial L}{\partial\dot{x}_\mu}$	$\varphi_\sigma,\pi_{\mu\sigma}=\frac{\partial\mathscr{L}}{\partial(\partial_\mu\varphi_\sigma)}$
哈密顿量	$H(x_\mu,P_\mu)=\dot{x}_\mu P_\mu-L$	$\mathscr{H}(\varphi_\sigma,\pi_{\mu\sigma})=\partial_\mu\varphi_\sigma\pi_{\mu\sigma}-\mathscr{L}$
哈密顿正则方程	$\begin{cases}\frac{\partial H}{\partial x_\mu}=-\frac{\mathrm{d}P_\mu}{\mathrm{d}\tau},\\\frac{\partial H}{\partial P_\mu}=\frac{\mathrm{d}x_\mu}{\mathrm{d}\tau}\end{cases}$	$\begin{cases}\frac{\partial\mathscr{H}}{\partial\varphi_\sigma}=-\partial_\mu\pi_{\mu\sigma},\\\frac{\partial\mathscr{H}}{\partial\pi_\sigma}=\partial_\mu\varphi_\sigma\end{cases}$

24.3　电磁场方程的拉格朗日表述

利用上小节的结论，我们分两步求解电磁场方程，先分析自由电磁场，即在场区内的自由电荷密度ρ和电流密度$\boldsymbol{J}$均为0，然后考虑一般情况.

(1) 自由电磁场的场方程

电磁场的场量是指四维电磁势，其分量为

$$A_\nu(x_\mu)=\left(\mathbf{A}(x_\mu),\frac{\mathrm{i}}{c}\varphi(x_\mu)\right),$$

由(24.6)式可得电磁场的拉格朗日方程为

$$\frac{\partial \mathscr{L}}{\partial A_\nu} - \frac{\partial}{\partial x_\mu}\left(\frac{\partial \mathscr{L}}{\partial(\partial_\mu A_\nu)}\right) = 0. \tag{24.10}$$

只要选定体系的拉格朗日密度,即可求得电磁场方程.

因为拉格朗日密度必须是标量,且只能是 A_ν 和$\partial_\mu A_\nu$ 的函数,自由电磁场的拉格朗日密度的可能形式为

$$\mathscr{L}_0 = aA_\mu A_\mu + b\partial_\mu A_\nu \partial_\mu A_\nu + cF_{\mu\nu}F_{\mu\nu}\cdots,$$

式中的系数 a,b,c 为任意常数. 我们已经知道,电磁场中存在一个不变量 $F_{\mu\nu}F_{\mu\nu}$ [见(15.6)式],且是$\partial_\mu A_\nu$ 的函数,考虑到拉格朗日密度应具有能量密度的量纲,故取

$$\mathscr{L}_0(\partial_\mu A_\nu) = -\frac{1}{4\mu_0}F_{\mu\nu}F_{\mu\nu}. \tag{24.11}$$

将(24.11)式代入拉格朗日方程(24.10)式,得到

$$\frac{\partial(F_{\alpha\beta}F_{\alpha\beta})}{\partial A_\nu} - \frac{\partial}{\partial x_\mu}\left(\frac{\partial(F_{\alpha\beta}F_{\alpha\beta})}{\partial(\partial_\mu A_\nu)}\right) = 0.$$

因 $\mathscr{L}_0$ 仅为$\partial_\mu A_\nu$ 的函数,故第 1 项为 0,第 2 项中的求导可以利用四维莱维-齐维塔张量[参见式(13.34)]如下进行:

$$\begin{aligned}\frac{\partial(F_{\alpha\beta}F_{\alpha\beta})}{\partial(\partial_\mu A_\nu)} &= 2F_{\alpha\beta}\,\frac{\partial}{\partial(\partial_\mu A_\nu)}(\varepsilon_{\bar{\alpha}\bar{\beta}\alpha\beta}\partial_\alpha A_\beta) \\ &= 2F_{\alpha\beta}\varepsilon_{\bar{\alpha}\bar{\beta}\alpha\beta}\delta_{\mu\alpha}\delta_{\nu\beta} = 2F_{\mu\nu}\varepsilon_{\bar{\alpha}\bar{\beta}\mu\nu} \\ &= 2(F_{\mu\nu} - F_{\nu\mu}) = 4F_{\mu\nu},\end{aligned}$$

于是拉格朗日方程成为

$$\partial_\mu F_{\mu\nu} = 0. \tag{24.12}$$

根据式(24.5)式,在满足哈密顿原理或拉格朗日方程的前提下,拉格朗日密度可以相差一个矢量的散度. 取该矢量为

$$\Lambda_\mu = \frac{1}{2\mu_0}A_\nu\partial_\nu A_\mu,$$

利用洛伦兹规范条件$\partial_\mu A_\mu=0$,可知其散度为

$$\partial_\mu\Lambda_\mu = \frac{1}{2\mu_0}\partial_\mu A_\nu\partial_\nu A_\mu.$$

故拉格朗日密度又可表示为

$$\mathscr{L}'_0(\partial_\mu A_\nu) = L_0 + \partial_\mu\Lambda_\mu = -\frac{1}{2\mu_0}\partial_\mu A_\nu\partial_\mu A_\nu. \tag{24.13}$$

代入到拉格朗日方程,注意 $\mathscr{L}'_0$ 是$\partial_\mu A_\nu$ 的双线性函数:

$$\begin{aligned}\frac{\partial(\partial_\alpha A_\beta\partial_\alpha A_\beta)}{\partial(\partial_\mu A_\nu)} &= 2\partial_\alpha A_\beta\,\frac{\partial(\partial_\alpha A_\beta)}{\partial(\partial_\mu A_\nu)} \\ &= 2\partial_\alpha A_\beta\delta_{\mu\alpha}\delta_{\nu\beta} = 2\partial_\mu A_\nu.\end{aligned}$$

故有

$$\partial_\mu \partial_\mu A_\nu = 0. \tag{24.14}$$

(24.12)和(24.14)式分别是用电磁场张量和电磁势表示的自由电磁场的麦克斯韦方程.

我们看到用电磁场张量和电磁势表示的场方程,是在不同的拉格朗日密度$\mathscr{L}_0$和$\mathscr{L}'_0$下的拉格朗日方程. 这是因为(24.12)式可以写成

$$\partial_\mu F_{\mu\nu} = \partial_\mu \partial_\mu A_\nu - \partial_\nu(\partial_\mu A_\mu) = 0,$$

在洛伦兹规范($\partial_\mu A_\mu = 0$)下与(24.14)式相同,取不同的拉格朗日密度体现了洛伦兹规范条件的作用. 可见采用不同的、且满足式(24.5)式的拉格朗日密度并不改变场方程的实质.

(2)一般电磁场的场方程

在考虑电荷和电流作用的情况下,一般电磁场的拉格朗日密度可以分成两部分:

$$\mathscr{L} = \mathscr{L}_0 + \mathscr{L}_e,$$

其中 $\mathscr{L}_0$ 是自由电磁场的拉氏密度,$\mathscr{L}_e$ 与电荷和电流有关. 这是因为我们假定电磁场满足场迭加原理,当电荷和电流消失时,应该回到自由电磁场;当存在许多源电荷时,场分布等于每一个电荷独立产生的场的线性组合. 但是,如果某种场不满足迭加原理(例如爱因斯坦引力场),上式是不成立的.

在 23.3 节已经求得与电荷和电流有关的拉氏函数为

$$\mathscr{L}_e = qU_\mu A_\mu = \int J_\mu A_\mu \mathrm{d}V_0,$$

根据拉氏函数与拉氏密度的关系可知

$$\mathscr{L}_e(A_\mu) = J_\mu A_\mu.$$

综合(24.11)式,我们取拉氏密度:

$$\mathscr{L}(A_\mu, \partial_\mu A_\nu) = \mathscr{L}_0 + \mathscr{L}_e = -\frac{1}{4\mu_0} F_{\mu\nu} F_{\mu\nu} + J_\mu A_\mu. \tag{24.15}$$

将其代入拉氏方程(24.10)式,得到

$$\partial_\mu F_{\mu\nu} = -\mu_0 J_\nu. \tag{24.16}$$

和自由电磁场的情况类似,我们也可以取拉氏密度为

$$\mathscr{L}'(A_\mu, \partial_\mu A_\nu) = \mathscr{L}'_0 + \mathscr{L}_e = -\frac{1}{2\mu_0} \partial_\mu A_\nu \partial_\mu A_\nu + J_\mu A_\mu. \tag{24.17}$$

故拉氏方程为

$$\partial_\mu \partial_\mu A_\nu = -\mu_0 J_\nu. \tag{24.18}$$

(24.16)和(24.18)式即为麦克斯韦方程的两种表示[见(14.15)和(14.12)式].

以上的结果可以等价地用哈密顿正则方程讨论. 对于由(24.16)式确定的拉氏

密度，由(24.7)和(24.8)式求出正则动量密度和哈密顿密度分别为

$$\pi_{\mu\nu} = \frac{\partial \mathscr{L}'}{\partial(\partial_\mu A_\nu)} = -\frac{1}{\mu_0}\partial_\mu A_\nu, \tag{24.19}$$

$$\begin{aligned}\mathscr{H}(A_\nu, \pi_{\mu\nu}) &= \partial_\mu A_\nu \pi_{\mu\nu} - \mathscr{L}' \\ &= -\frac{\mu_0}{2}\pi_{\mu\nu}\pi_{\mu\nu} - J_\mu A_\mu,\end{aligned} \tag{24.20}$$

根据哈密顿正则方程(24.9)式，得到

$$\partial_\mu \pi_{\mu\nu} = -\frac{\partial \mathscr{H}}{\partial A_\nu} = J_\nu, \quad \partial_\mu A_\nu = \frac{\partial \mathscr{H}}{\partial \pi_{\mu\nu}}. \tag{24.21}$$

将(24.19)式代入上面的第一式即为(24.18)式.

注意，如果采用(24.15)确定的拉氏密度 $\mathscr{L}$，虽然求出的正则动量密度和哈密顿密度与(24.19)和(24.20)式不同，但哈密顿正则方程与(24.21)式相一致.

25　时空对称性与守恒律

25.1　对称变换和对称性

“对称性”的概念源于几何学，是指一个图形在某种操作下保持不变的特性. 例如，一个球在任意角度转动下不改变它的形状，我们说它具有转动对称性；一个正长体关于三个坐标轴具有反射对称性等. 物理学中的“对称性”包含更加丰富的内容：如果一个物理体系在某种变换（操作）下保持所有的物理规律不变，我们就说体系具有某种**对称性**，这个变换又称作**对称变换**，所有的对称变换构成**对称变换群**.

在狭义相对论范畴，只考虑固有洛伦兹变换这种连续对称变换，它是指变换参量可以连续变换，例如转动变换，但反射变换不属于连续变换. 在这种连续对称变换下，体系所遵守的物理规律不变，闵氏时空的线元也不变.

为了便于理解，我们分三步导出对称变换的规律，然后讨论对称性.

(1)三维欧氏空间的无穷小转动变换

在 12.2 节曾经指出，转动变换既可以看成物理体系（几何量）不变坐标系转动，也可以认为坐标系不变物理体系发生转动.

如图 25.1(参见图 12.2)，设三维欧氏空间 $\{x_i\}$ 中任意一个矢量 $\boldsymbol{x}=(x_i)$，经历无穷小转动角 $\delta\theta$ 后变为矢量 $\boldsymbol{x}'$，则它们的关系是

$$\boldsymbol{x}' = \boldsymbol{x} + \delta\boldsymbol{x} = \boldsymbol{x} + \delta\boldsymbol{\theta} \times \boldsymbol{x} \quad (|\delta\theta| \ll 1),$$

其中 $\delta\boldsymbol{\theta}$ 的方向沿转动轴，和通常的角速度方向相同. 上式的分量形式为

$$\begin{aligned}x_i' &= x_i + \delta x_i = x_i + \varepsilon_{ijk}\delta\theta_j x_k \\ &= x_i + \varepsilon_{ik} x_k = (\delta_{ik} + \varepsilon_{ik}) x_k,\end{aligned}$$

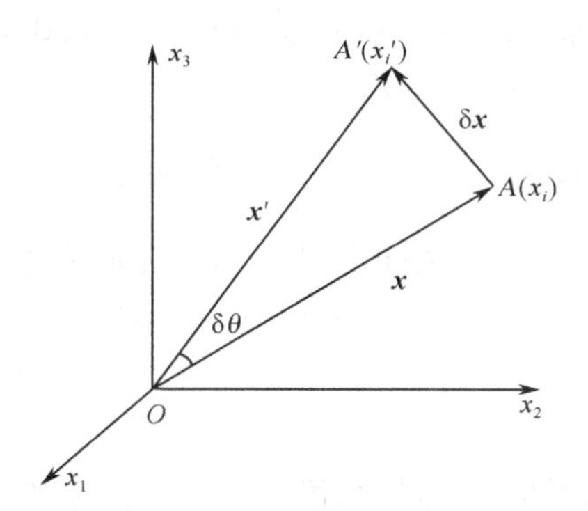

图 25.1 三维欧氏空间的转动变换

式中，$\delta x_i=\varepsilon_{ik}x_k$，$\varepsilon_{ik}=\varepsilon_{ijk}\delta\theta_j$ 是无穷小转动矩阵元. 由于转动变换不改变矢量的长度

$$
\begin{aligned}
x_i' x_i' &= (\delta_{ij}+\varepsilon_{ij})(\delta_{ik}+\varepsilon_{ik})x_j x_k \\
&= (\delta_{jk}+\varepsilon_{jk}+\varepsilon_{kj}+\varepsilon_{ij}\varepsilon_{ik})x_j x_k \\
&= (\delta_{jk}+\varepsilon_{jk}+\varepsilon_{kj})x_j x = \delta_{jk}x_j x_k,
\end{aligned}
$$

第三步略去的高阶无穷小量 $\varepsilon_{ij}\varepsilon_{ik}$，故有

$$\varepsilon_{jk}+\varepsilon_{kj}=0.$$

可见，欧氏空间的转动变换矩阵元只有 3 个独立变量，构成一个二阶反对称张量：

$$
\varepsilon_{jk}=\begin{bmatrix} 0 & -\delta\theta_3 & \delta\theta_2 \\ \delta\theta_3 & 0 & -\delta\theta_1 \\ -\delta\theta_2 & \delta\theta_1 & 0 \end{bmatrix}.
$$

(2)四维闵氏空间的转动变换——固有洛伦兹变换

推广到四维闵氏时空 $\{x_\mu\}$，则四维转动变换也就是无穷小固有洛伦兹变换为

$$x_\mu' = x_\mu+\delta x_\mu = (\delta_{\mu\nu}+\varepsilon_{\mu\nu})x_\nu \quad (|\varepsilon_{\mu\nu}|\ll 1), \tag{25.1}$$

式中，$\delta x_\mu=\varepsilon_{\mu\nu}x_\nu$，$\varepsilon_{\mu\nu}$是四维时空的无穷小转动矩阵元或变换系数. 与上面的证明相同，要保证四维矢量的长度不变 $x_\mu' x_\mu'=x_\mu x_\mu$，变换系数应满足

$$\varepsilon_{\mu\nu}+\varepsilon_{\nu\mu}=0. \tag{25.2}$$

这表明固有洛伦兹变换共有 6 个独立参数. 下面将看到，它们是 3 个欧拉角和惯性系相对速度的 3 个分量.

因为转动变换构成一个群，无穷小固有洛伦兹变换自然也构成群. 特殊洛伦兹变换是该群中的元素，自然也符合上面的变换式. 事实上，根据特殊洛伦兹变换的指数表达式(13.14)，对于无穷小变换($\delta\phi\to 0$)

$$L(\delta\phi)=\exp(J\delta\phi)=I+J\delta\phi,$$

其中的 $\delta\phi=\arctan i\beta\rightarrow i\beta$[见(13.11)式]. 与(25.1)式比较,$J\delta\phi$ 即为变换矩阵($\varepsilon_{\mu\nu}$),不为 0 的分量有:$\varepsilon_{14}=-\varepsilon_{41}=i\beta$.

(3)四维闵氏空间的连续对称变换——庞加莱变换

我们进一步将固有洛伦兹变换扩展为无穷小庞加莱变换:

$$x'_\mu=x_\mu+\delta x_\mu=x_\mu+\varepsilon\xi_\mu. \tag{25.3}$$

其中

$$\delta x_\mu=\varepsilon_\mu+\varepsilon_{\mu\nu}x_\nu=\varepsilon\xi_\mu,$$

ε 为无穷小标量,ε_μ 是无穷小常矢量. 它包含了 4 个坐标平移(ε_μ)和 6 个转动变换($\varepsilon_{\mu\nu}$). 对上式两边微分后利用(25.2)式得到

$$\partial_\mu\xi_\nu+\partial_\nu\xi_\mu=0. \tag{25.4}$$

我们将此式称作**基灵方程**,满足此式的矢量(ξ_μ)称作**基灵矢量**. 容易验证,满足基灵方程的基灵矢量必定满足线元不变性:

$$\begin{aligned}\mathrm{d}x'_\mu\mathrm{d}x'_\mu&=(\delta_{\mu\alpha}+\varepsilon\partial_\alpha\xi_\mu)(\delta_{\mu\beta}+\varepsilon\partial_\beta\xi_\mu)\mathrm{d}x_\alpha\mathrm{d}x_\beta\\&=[\delta_{\alpha\beta}+\varepsilon(\partial_\alpha\xi_\beta+\partial_\beta\xi_\alpha)]\mathrm{d}x_\alpha\mathrm{d}x_\beta\\&=\mathrm{d}x_\alpha\mathrm{d}x_\alpha.\end{aligned}$$

所以每一个基灵矢量代表一种对称变换,对应于一种对称性.

基灵矢量的几何意义可以由(25.3)式看出. 将该式写成函数形式:

$$x'_\mu=f_\mu(\varepsilon)=x_\mu+\varepsilon\xi_\mu,$$

则基灵矢量为

$$\xi_\mu=\lim_{\varepsilon\to0}\frac{f_\mu(\varepsilon)-f_\mu(0)}{\varepsilon}=\frac{\mathrm{d}f_\mu(\varepsilon)}{\mathrm{d}\varepsilon},$$

表示某一参数 ε(例如角度)发生无穷小变化时的坐标改变量与该参数的比值,即坐标随变换参数的变化率.

具体地求解闵氏时空的基灵方程(25.4)式,可得到 10 个基灵矢量:

$$\begin{cases}\xi_\mu^{(1)}=(0,0,0,1);\\\xi_\mu^{(2\sim4)}=(1,0,0,0);(0,1,0,0);(0,0,1,0);\\\xi_\mu^{(5\sim7)}=(x_4,0,0,-x_1);(0,x_4,0,-x_2);(0,0,x_4,-x_3);\\\xi_\mu^{(8\sim10)}=(x_2,-x_1 0,0);(0,x_3,-x_2,0);(-x_3,0,x_1,0).\end{cases} \tag{25.5}$$

根据(25.3)式,它们代表的对称变换分别为

$$\begin{cases}\xi_\mu^{(1)}:x'_4=x_4+\varepsilon;\\\xi_\mu^{(2\sim4)}:x'_1=x_1+\varepsilon;(1\rightarrow2\rightarrow3);\\\xi_\mu^{(5\sim7)}:x'_1=x_1+\varepsilon x_4,x'_4=x_4-\varepsilon x_1;(1\rightarrow2\rightarrow3);\\\xi_\mu^{(8\sim10)}:x'_1=x_1+\varepsilon x_2,x'_2=x_2-\varepsilon x_1;(1\rightarrow2\rightarrow3\rightarrow1).\end{cases} \tag{25.6}$$

不难看出:

$\xi_\mu^{(1)}$ 和 $\xi_\mu^{(2\sim4)}$ 分别表示**时间平移**和**空间平移**；

$\xi_\mu^{(5\sim7)}$ 代表特殊洛伦兹变换，即**时空转动**或**推进**(boost)，分别表示惯性系 S' 相对于 S 沿 x_1，x_2 和 x_3 方向运动的变换. 例如我们熟知的特殊洛伦兹变换：

$$\begin{bmatrix} x_1' \\ x_4' \end{bmatrix} = \gamma \begin{bmatrix} 1 & i\beta \\ -i\beta & 1 \end{bmatrix} \begin{bmatrix} x_1 \\ x_4 \end{bmatrix},$$

令 $\varepsilon = i\beta \to 0 (\gamma \to 1)$，即为 $\xi_\mu^{(5)}$ 表示的变换；

$\xi_\mu^{(8\sim10)}$ 则代表**空间转动**，例如，令 $\varepsilon = \delta\theta$，则 $\xi_\mu^{(8)}$ 代表的变换为

$$\begin{bmatrix} x_1' \\ x_2' \end{bmatrix} = \begin{bmatrix} 1 & \delta\theta \\ -\delta\theta & 1 \end{bmatrix} \begin{bmatrix} x_1 \\ x_2 \end{bmatrix},$$

表示绕 x_3 轴逆时针(逆着 x_3 轴观测)转动 $\delta\theta$ 角. 另两式表示绕 x_1 和 x_2 轴的转动.

特殊洛伦兹变换加上空间转动构成固有洛伦兹变换，再加上时间和空间平移就构成庞加莱变换.

(4)四维闵氏空间的对称性

可以证明，具有最高对称性的 n 维空间是常曲率空间，存在 $n(n+1)/2$ 个基灵矢量，其中 n 个表示平动，$n(n-1)/2$ 个表示转动变换(刘辽 赵峥，2004). 四维闵氏空间是常曲率空间，具有 $4\times(4+1)/2=10$ 个基灵矢量，4 个表示平动，6 个表示转动变换.

常曲率空间的最高对称性体现为均匀和各向同性的性质：

(a)所谓**均匀性**，是指不同点的物理和几何性质不存在任何差异，即任意的坐标平移不改变物理实质. 所以基灵矢量 $\xi_\mu^{(1\sim4)}$ 代表的时间和空间平移变换，表明了时间和空间是均匀的，亦即四维时空的均匀性.

(b)所谓**各向同性**，是在一点的不同方向上不存在物理和几何上的任何差异，也就是在任意的转动变换下物理和几何性质保持不变. 所以 $\xi_\mu^{(5\sim10)}$ 代表的时空转动和空间转动变换，表明四维时空和三维空间的各向同性.

综合上面两条，我们可以说四维闵氏时空是均匀且各向同性的时空. 事实上，欧氏空间必定是均匀和各向同性的，采用虚时间坐标后，四维闵氏时空也构成四维欧氏空间，所以上面的结论并不难理解.

25.2　对称性与守恒律——诺特定理

诺特在 1918 年提出了一个著名的论断：对于一个动力学体系，任意一个连续对称变换必定对应一个守恒律，从而确定了一个守恒量(Noether E，1918). 我们强调指出：仅由对称变换并不能保证守恒定律的存在，还必须加上哈密顿原理(最小作用量原理)，因为后者不是前者的必然结果. 因此我们将**诺特定理**表述为：满足哈

密顿原理的一个连续对称变换必定对应一个守恒律(刘辽,2003).

我们来证明诺特定理.根据哈密顿原理,在对称变换下作用量应为不变量,由于四维体元为不变量 $\mathrm{d}\Omega'=\mathrm{d}\Omega$,因而有

$$\begin{aligned}\delta\mathscr{L} &= \mathscr{L}(\varphi'_\sigma(x'),\partial'_\mu\varphi'_\sigma(x'))-\mathscr{L}(\varphi_\sigma(x),\partial_\mu\varphi_\sigma(x))\\ &= [\mathscr{L}(\varphi'_\sigma(x'),\partial'_\mu\varphi'_\sigma(x'))-\mathscr{L}(\varphi'_\sigma(x),\partial'_\mu\varphi'_\sigma(x))]\\ &\quad+[\mathscr{L}(\varphi'_\sigma(x),\partial'_\mu\varphi'_\sigma(x))-\mathscr{L}(\varphi_\sigma(x),\partial_\mu\varphi_\sigma(x))]\\ &\equiv \delta\mathscr{L}(x)+\delta\mathscr{L}(\varphi)=0. \end{aligned}\tag{25.7}$$

$\delta\mathscr{L}$包括两部分:一部分 $\delta\mathscr{L}(x)$是由于场量形式不变而坐标变化 $\delta x_\mu=x'_\mu-x_\mu$ 产生的

$$\begin{aligned}\delta\mathscr{L}(x) &= \mathscr{L}(\varphi'_\sigma(x'),\partial'_\mu\varphi'_\sigma(x'))-\mathscr{L}(\varphi'_\sigma(x),\partial'_\mu\varphi'_\sigma(x))\\ &= \partial_\mu\mathscr{L}\delta x_\mu=\partial_\mu(\mathscr{L}\delta x_\mu),\end{aligned}\tag{25.8}$$

最后一步利用了基灵方程(25.4)式,$\partial_\mu(\delta x_\mu)=\varepsilon\partial_\mu\xi_\mu=0$.

另一部分 $\delta\mathscr{L}(\varphi)$源于坐标保持不变而场量形式发生变化:

$$\delta\varphi_\sigma(x)=\varphi'_\sigma(x)-\varphi_\sigma(x),$$
$$\delta(\partial_\mu\varphi_\sigma)=\partial'_\mu\varphi'_\sigma(x)-\partial_\mu\varphi_\sigma(x).$$

可得这一部分为

$$\begin{aligned}\delta\mathscr{L}(\varphi) &= \mathscr{L}(\varphi'_\sigma(x),\partial'_\mu\varphi'_\sigma(x))-\mathscr{L}(\varphi_\sigma(x),\partial_\mu\varphi_\sigma(x))\\ &= \frac{\partial\mathscr{L}}{\partial\varphi_\sigma}\delta\varphi_\sigma+\frac{\partial\mathscr{L}}{\partial(\partial_\mu\varphi_\sigma)}\delta(\partial_\mu\varphi_\sigma)\\ &= \partial_\mu\left(\frac{\partial\mathscr{L}}{\partial(\partial_\mu\varphi_\sigma)}\right)\delta\varphi_\sigma+\left(\frac{\partial\mathscr{L}}{\partial(\partial_\mu\varphi_\sigma)}\right)\delta(\partial_\mu\varphi_\sigma)\\ &= \partial_\mu\left(\frac{\partial\mathscr{L}}{\partial(\partial_\mu\varphi_\sigma)}\delta\varphi_\sigma\right)\\ &= -\partial_\mu\left(\frac{\partial\mathscr{L}}{\partial(\partial_\mu\varphi_\sigma)}\partial_\nu\varphi_\sigma\delta x_\nu\right),\end{aligned}\tag{25.9}$$

第 3 步用到拉格朗日方程(24.6)式,最后一步是因为

$$\begin{aligned}\delta\varphi_\sigma(x) &= \varphi'_\sigma(x)-\varphi_\sigma(x)\\ &= [\varphi'_\sigma(x')-\varphi_\sigma(x)]-[\varphi'_\sigma(x')-\varphi'_\sigma(x)]\\ &= -\partial_\nu\varphi_\sigma\delta x_\nu.\end{aligned}$$

这里认为 $\varphi'_\sigma(x')-\varphi_\sigma(x)=0$,是指在 S'中用 x'表示的场量 $\varphi'_\sigma(x')$应该与 S 中用 x 表示的场量 $\varphi_\sigma(x)$的形式相同,这是相对性原理要求的.

将(25.8)和(25.9)式代入到(25.7)式,得到

$$\frac{\partial}{\partial x_\mu}\left(\mathscr{L}\delta x_\mu-\frac{\partial\mathscr{L}}{\partial(\partial_\mu\varphi_\sigma)}\partial_\nu\varphi_\sigma\delta x_\nu\right)=0.\tag{25.10}$$

故存在守恒量,定义为

$$J_\mu=\left(\mathscr{L}\delta_{\mu\nu}-\frac{\partial\mathscr{L}}{\partial(\partial_\mu\varphi_\sigma)}\partial_\nu\varphi_\sigma\right)\delta x_\nu.\tag{25.11}$$

由于 $\mathscr{L}$ 具有能量密度的量纲，故将 J_μ 称作**四维流密度**，其分量为

$$J_\mu = (J_i, J_4) = (\boldsymbol{J}, \mathrm{i}c\rho),$$

ρ 和 $\boldsymbol{J}$ 称作**荷密度**和**流密度**，$\int \rho \mathrm{d}V$ 和 $\int \boldsymbol{J} \cdot \mathrm{d}\boldsymbol{\sigma}$ 则是**荷**和**流**.

于是(25.10)式表示为

$$\frac{\partial J_\mu}{\partial x_\mu} = \nabla \cdot \boldsymbol{J} + \frac{\partial \rho}{\partial t} = 0, \tag{25.12}$$

积分形式是

$$\oint_{\partial V} \boldsymbol{J} \cdot \mathrm{d}\boldsymbol{\sigma} + \frac{\partial}{\partial t}\int_V \rho \mathrm{d}V = 0. \tag{25.12$'$}$$

它表示单位时间内体积 V 中荷的减少量，等于单位时间内流出包围 V 的闭合曲面 ∂V 的流量，故称上式为**守恒定律**.

诺特定理还可以用正则能动张量来表示. 因为 $\delta x_\nu = \varepsilon \xi_\nu$，四维流密度(25.11)式可以写成

$$J_\mu = \varepsilon T_{\mu\nu} \xi_\nu,$$

这里定义了一个张量：

$$T_{\mu\nu} = \mathscr{L}\delta_{\mu\nu} - \frac{\partial \mathscr{L}}{\partial(\partial_\mu \varphi_\sigma)} \partial_\nu \varphi_\sigma. \tag{25.13}$$

于是式(25.12)成为

$$\partial_\mu (T_{\mu\nu} \xi_\nu) = (\partial_\mu T_{\mu\nu}) \xi_\nu + T_{\mu\nu} (\partial_\mu \xi_\nu) = 0. \tag{25.14}$$

如果 $T_{\mu\nu} = T_{\nu\mu}$，由基灵方程 $\partial_\mu \xi_\nu = -\partial_\nu \xi_\mu$，(25.14)式的第 2 项为 0，所以守恒律又可表示为

$$\partial_\mu T_{\mu\nu} \xi_\nu = 0, \quad (T_{\mu\nu} = T_{\nu\mu}). \tag{25.15}$$

我们将二阶对称张量 $T_{\mu\nu}$ 称作**正则能量动量张量(能动张量)**：

$$T_{\mu\nu} = \begin{bmatrix} & & & -\mathrm{i}cg_1 \\ & (T_{ij}) & & -\mathrm{i}cg_2 \\ & & & -\mathrm{i}cg_3 \\ -\frac{\mathrm{i}}{c}S_1 & -\frac{\mathrm{i}}{c}S_2 & -\frac{\mathrm{i}}{c}S_3 & w \end{bmatrix}. \tag{25.16}$$

各个分量的物理意义为

$w = T_{44}$——**能量密度**；

$S_i = \mathrm{i}cT_{4i}$——**能量流密度**；

$g_i = \frac{S_i}{c^2} = \frac{\mathrm{i}}{c} T_{i4}$——**动量密度**；

T_{ij}——**应力张量**. 应力张量可以表示成并矢的形式

$$\overleftrightarrow{\boldsymbol{T}} = \boldsymbol{T}_i \boldsymbol{e}_i = T_{ij} \boldsymbol{e}_i \boldsymbol{e}_j \quad (\boldsymbol{T}_i = T_{ij} \boldsymbol{e}_j).$$

式中 $\boldsymbol{T}_i$ 是作用在以 $\boldsymbol{e}_i$ 为法向的面元上的应力矢量，T_{ij} 则是应力矢量 $\boldsymbol{T}_i$ 沿 $\boldsymbol{e}_j$ 方向的分量，其中 T_{ii}，$T_{ij}(i\neq j)$分别是正应力(法向应力)和剪应力(切向应力).

与拉氏密度不唯一的情况类似，正则能动张量也是不能唯一确定.对于一个给定的体系，可以相差一个三阶张量的散度.设三阶张量 $\Lambda_{\mu\nu\lambda}$ 关于后两指标反对称，并定义新的能动张量：

$$T'_{\mu\nu}=T_{\mu\nu}+\partial_\lambda\Lambda_{\mu\nu\lambda}\quad(\Lambda_{\mu\nu\lambda}=-\Lambda_{\mu\lambda\nu}),\tag{25.17}$$

则 $T_{\mu\nu}$ 和 $T'_{\mu\nu}$ 都满足守恒律：

$$\partial_\nu T_{\mu\nu}\xi_\mu=0,$$

$$\partial_\nu T'_{\mu\nu}\xi_\mu=\partial_\nu T_{\mu\nu}\xi_\mu+\frac{1}{2}(\partial_\nu\partial_\lambda\Lambda_{\mu\nu\lambda}+\partial_\lambda\partial_\nu\Lambda_{\mu\lambda\nu})\xi_\mu=0.$$

这种情况是可以理解的，因为微分方程的解并不是唯一的.

25.3 闵氏时空的对称性与守恒律

下面我们根据 25.1 节求得的基灵矢量，来求闵氏时空的能量、动量和角动量守恒律，由此可以明确看出守恒律与对称性的关系.

(1)对于时间平移的基灵矢量 $\xi_\mu=(0,0,0,1)$，由(25.14)式得到

$$\frac{\partial T_{4\mu}}{\partial x_\mu}=-\frac{\mathrm{i}}{c}\left(\frac{\partial S_k}{\partial x_k}+\frac{\partial w}{\partial t}\right)=0,$$

或者写成

$$\nabla\cdot\boldsymbol{S}+\frac{\partial w}{\partial t}=0.\tag{25.18}$$

此即**能量守恒定律**的微分形式，反映了时间的均匀性.

(2)对于空间平移的基灵矢量 $\xi_\mu=(1,0,0,0);(0,1,0,0);(0,0,1,0)$，由(25.14)式给出

$$\frac{\partial T_{i\mu}}{\partial x^\mu}=\frac{\partial T_{ik}}{\partial x^k}+\frac{\partial g_i}{\partial t}=0.$$

两边乘上单位矢 $\boldsymbol{e}_i$ 后对 i 求和，利用应力张量的并矢表示

$$\frac{\partial}{\partial x_k}T_{ki}\boldsymbol{e}_i=\frac{\partial}{\partial x_k}(\boldsymbol{e}_k\cdot T_{ki}\boldsymbol{e}_k\boldsymbol{e}_i)=\nabla\cdot\overleftrightarrow{\boldsymbol{T}},$$

则有

$$\nabla\cdot\overleftrightarrow{\boldsymbol{T}}+\frac{\partial\boldsymbol{g}}{\partial t}=0,\quad(\overleftrightarrow{\boldsymbol{T}}=T_{ij}\boldsymbol{e}_i\boldsymbol{e}_j).\tag{25.19}$$

称作**动量守恒定律**的微分形式，反映的是空间的均匀性.

(3)对于时空转动变换，3 个基灵矢量为

$$\xi_\mu=(x_4,0,0,-x_1);(0,x_4,0,-x_2);(0,0,x_4,-x_3).$$

守恒律是

$$\xi_\nu \frac{\partial T_{\nu\mu}}{\partial x_\mu} = x_4 \frac{\partial T_{i\mu}}{\partial x_\mu} - x_i \frac{\partial T_{4\mu}}{\partial x_\mu} = 0.$$

由于坐标$(x_\mu)=(x_i,x_4)$是任意的，因而有

$$\frac{\partial T_{4\mu}}{\partial x_\mu} = 0, \quad \frac{\partial T_{i\mu}}{\partial x_\mu} = 0 \quad (i = 1,2,3),$$

合并为

$$\frac{\partial T_{\nu\mu}}{\partial x_\mu} = 0 \quad (\nu = 1,2,3,4). \tag{25.20}$$

称之为**能量动量守恒定律**的微分形式，乃是四维时空均匀性的表现.

(4)对于空间转动变换的 3 个基灵矢量：

$$\xi_\mu = (-x_2,x_1,0,0);(0,-x_3,x_2,0);(x_3,0,-x_1,0),$$

注意这些矢量的第 4 个分量为 0，前 3 个分量可以统一用莱维-齐维塔张量表示，这 3 个分量分别为

$$\xi_j = (\varepsilon_{3ij}x_i);(\varepsilon_{1ij}x_i);(\varepsilon_{2ij}x_i) \quad (j = 1,2,3).$$

根据(25.14)式，对应的守恒律为

$$\begin{aligned}\frac{\partial}{\partial x_\mu}(\xi_j T_{j\mu}) &= \frac{\partial}{\partial x_\mu}(\varepsilon_{kij}x_i T_{j\mu}) \\ &= \frac{\partial}{\partial x_l}(\varepsilon_{kij}x_i T_{jl}) + \frac{\partial}{\partial t}(\varepsilon_{kij}x_i g_j) \\ &= \frac{\partial}{\partial x_l}(\boldsymbol{x}\times\boldsymbol{T}_l)_k + \frac{\partial}{\partial t}(\boldsymbol{x}\times\boldsymbol{g})_k = 0,\end{aligned}$$

式中的$(\boldsymbol{x}\times\boldsymbol{T}_l)_k$ 表示矢量$\boldsymbol{x}\times\boldsymbol{T}_l$ 的第k 分量[参见(12.32)式]. 两边乘上单位矢 $\boldsymbol{e}_k$ 后对 k 求和，得到

$$\frac{\partial}{\partial x_l}(\boldsymbol{x}\times\boldsymbol{T}_l) + \frac{\partial}{\partial t}(\boldsymbol{x}\times\boldsymbol{g}) = 0. \tag{25.21}$$

式中：$\boldsymbol{x}\times\boldsymbol{g}$ 是**角动量密度**，$\boldsymbol{x}$ 和 $\boldsymbol{g}$ 是空间位置和动量密度矢量；$\boldsymbol{x}\times\boldsymbol{T}_l$ 是**应力矩**，$\boldsymbol{T}_l=T_{lk}\boldsymbol{e}_k$是作用在以 $\boldsymbol{e}_l$ 为法向的面元上的应力. 故(25.21)式称作**角动量守恒定律**的微分形式，对应于空间转动对称性，这是空间各向同性的表现.

对于孤立体系，利用高斯积分公式将(25.18)式对体系的体积积分：

$$\int_V \frac{\partial w}{\partial t}\mathrm{d}V = -\int_V \nabla\cdot\boldsymbol{S}\mathrm{d}V = -\oint_{\partial V}\boldsymbol{S}\cdot\mathrm{d}\boldsymbol{\sigma} = 0,$$

最后一步是因为孤立体系与外界没有能量交换，故体系的总能量守恒. 同理，对(25.19)和(25.21)式积分，得到体系总动量和总角动量守恒. 体系的总能量、总动量和总角动量分别是

$$E = \int_V w\mathrm{d}V, \quad \boldsymbol{P} = \int_V \boldsymbol{g}\mathrm{d}V, \quad \boldsymbol{L} = \int_V (\boldsymbol{x}\times\boldsymbol{g})\mathrm{d}V. \tag{25.22}$$

25.4 电磁场能动张量及守恒律

最后，我们来分析电磁场的能量动量张量. 如果取定了电磁场的拉氏密度 $\mathscr{L}$，由(25.13)式可知体系的能动张量为

$$T_{\mu\nu} = \mathscr{L}\delta_{\mu\nu} - \frac{\partial \mathscr{L}}{\partial(\partial_\mu A_\sigma)}\partial_\nu A_\sigma, \tag{25.23}$$

从而得到体系的守恒定律.

在 24.3 节已经求出自由电磁场的拉氏密度，如果采用(24.11)式确定的拉氏密度，代入(25.23)式得到

$$T'_{\mu\nu} = \frac{1}{4\mu_0}F_{\alpha\beta}F_{\alpha\beta}\delta_{\mu\nu} - \frac{1}{\mu_0}F_{\mu\sigma}\partial_\nu A_\sigma. \tag{25.24}$$

但是，(25.24)式的后一项并非对称张量，也不满足规范不变性：

$$\partial_\nu A'_\sigma = \partial_\nu(A_\sigma + \partial_\sigma f) \neq \partial_\nu A_\sigma.$$

为此引入一个 3 阶张量，关于后两指标反对称：

$$\Lambda_{\mu\nu\sigma} = \frac{1}{\mu_0}A_\mu F_{\nu\sigma} = -\Lambda_{\mu\sigma\nu},$$

利用$\partial_\mu F_{\mu\nu}=0$ 求得散度为

$$\partial_\sigma \Lambda_{\mu\nu\sigma} = \frac{1}{\mu_0}(F_{\nu\sigma}\partial_\sigma A_\mu + A_\mu \partial_\sigma F_{\nu\sigma}) = \frac{1}{\mu_0}F_{\nu\sigma}\partial_\sigma A_\mu.$$

根据(25.17)式，在满足守恒律的前提下，能动张量可以相差上述张量的散度，即

$$T_{\mu\nu} = T'_{\mu\nu} + \partial_\sigma \Lambda_{\mu\nu\sigma} = \frac{1}{\mu_0}\left(\frac{1}{4}F_{\alpha\beta}F_{\alpha\beta}\delta_{\mu\nu} - X_{\mu\nu}\right),$$

式中的张量 $X_{\mu\nu} \equiv F_{\mu\sigma}\partial_\nu A_\sigma - F_{\nu\sigma}\partial_\sigma A_\mu$. 因为我们要求 $T_{\mu\nu}$ 是对称张量，因而 $X_{\mu\nu} = X_{\nu\mu}$，故有

$$\begin{aligned} X_{\mu\nu} &= \frac{1}{2}(X_{\mu\nu} + X_{\nu\mu}) \\ &= \frac{1}{2}[F_{\mu\sigma}(\partial_\nu A_\sigma - \partial_\sigma A_\nu) + (\mu \leftrightarrow \nu)] \\ &= \frac{1}{2}[F_{\mu\sigma}F_{\nu\sigma} + (\mu \leftrightarrow \nu)] = F_{\mu\sigma}F_{\nu\sigma}. \end{aligned}$$

所以对称的**电磁场能动张量**为

$$T_{\mu\nu} = \frac{1}{\mu_0}\left(\frac{1}{4}F_{\alpha\beta}F_{\alpha\beta}\delta_{\mu\nu} - F_{\mu\sigma}F_{\nu\sigma}\right). \tag{25.25}$$

下面我们利用电磁场张量与电磁场强度的关系式(14.14)：

$$F_{\alpha\beta}=\sqrt{\mu_0}\begin{bmatrix}0 & \sqrt{\mu_0}H_3 & -\sqrt{\mu_0}H_2 & -\mathrm{i}\sqrt{\varepsilon_0}E_1\\ \cdots & 0 & \sqrt{\mu_0}H_1 & -\mathrm{i}\sqrt{\varepsilon_0}E_2\\ \cdots & \cdots & 0 & -\mathrm{i}\sqrt{\varepsilon_0}E_3\\ \cdots & \cdots & \cdots & 0\end{bmatrix},$$

以及电磁场张量的缩并(15.6)式

$$F_{\alpha\beta}F_{\alpha\beta}=2\mu_0(\mu_0H^2-\varepsilon_0E^2),$$

由(25.25)式具体求出电磁场的能动张量,结果是

$$T_{44}=\frac{1}{\mu_0}\left(\frac{1}{4}F_{\alpha\beta}F_{\alpha\beta}-F_{4\sigma}F_{4\sigma}\right)=\frac{1}{2}(\varepsilon_0E^2+\mu_0H^2),$$

$$T_{4k}=T_{k4}=-\frac{1}{\mu_0}F_{4\sigma}F_{k\sigma}=-\frac{\mathrm{i}}{c}(\boldsymbol{E}\times\boldsymbol{H})_k,$$

$$T_{jk}=T_{kj}=\frac{1}{\mu_0}\left(\frac{1}{4}F_{\alpha\beta}F_{\alpha\beta}\delta_{jk}-F_{j\sigma}F_{k\sigma}\right)$$

$$=\varepsilon_0E_jE_k+\mu_0H_jH_k-\frac{1}{2}\delta_{jk}(\varepsilon_0E^2+\mu_0H^2).$$

根据能动张量的物理意义,最后得到电磁场的能量密度、能量流密度、动量密度以及应力张量分别为

$$\begin{cases}w=T_{44}=\dfrac{1}{2}(\varepsilon_0E^2+\mu_0H^2),\\ \boldsymbol{S}=\mathrm{i}cT_{4k}\boldsymbol{e}_k=\boldsymbol{E}\times\boldsymbol{H},\\ \boldsymbol{g}=\dfrac{\mathrm{i}}{c}T_{k4}\boldsymbol{e}_k=\dfrac{1}{c^2}\boldsymbol{E}\times\boldsymbol{H},\\ \overleftrightarrow{\boldsymbol{T}}=T_{jk}\boldsymbol{e}_j\boldsymbol{e}_k=\varepsilon_0\boldsymbol{EE}+\mu_0\boldsymbol{HH}-\overleftrightarrow{\boldsymbol{I}}w.\end{cases}\tag{25.26}$$

以上结论与16.1节完全一致.

利用麦克斯韦电磁场方程,不难验证它们满足能量动量守恒律(25.18)式、(25.19)和(25.21)式,建议读者一试.

附录A　固有洛伦兹变换的严格推导

为了明确看出洛伦兹变换与狭义相对论的两条基本原理的关系,我们根据这两条原理来严格推导固有洛伦兹变换(Weyl H,1923).

在本节中采用四维实坐标.设有两个惯性系 S 和 S',同一事件 P 在其中的坐标分别用(x_0,x_1,x_2,x_3)和(x'_0,x'_1,x'_2,x'_3)表示.规定第0坐标是时间分量,即

$$x_0 = ct,\ x'_0 = ct',$$

又规定希腊字母 $\mu,\nu,\cdots$代表0,1,2,3,拉丁字母 $i,j,\cdots$代表1,2,3,并采用爱因斯坦求和约定.

狭义相对论原理之一是一切惯性系均等效.这就是说,变换不改变惯性运动的性质,在 S 系中以速度 u_i 做匀速直线运动的粒子,在 S' 中观测必定是速度为 u'_i 的匀速直线运动,即匀速直线运动形式不变

$$\begin{cases} x_i = x_{i0} + u_i(t-t_0), \\ x'_i = x'_{i0} + u'_i(t'-t'_0). \end{cases} \tag{A.1}$$

原理之二是真空中光速恒为 c

$$\begin{cases} u_i u_i = c^2, \\ u'_i u'_i = c^2. \end{cases} \tag{A.2}$$

引入中间变量

$$\begin{cases} \beta_\mu = \beta_0 \dfrac{u_\mu}{c},(u_0 \equiv c), \\ S = \dfrac{c}{\beta_0}(t-t_0). \end{cases} \tag{A.3}$$

则条件(A.1)式变为

$$\begin{cases} x_\mu = \xi_\mu + \beta_\mu S, \\ x'_\mu = \xi'_\mu + \beta'_\mu S'. \end{cases} \tag{A.4}$$

当 $\mu=0$ 时为恒等式.其中 ξ_μ 和 ξ'_μ 是 x_μ 和 x'_μ 的初始值:

$$\xi_\mu = (ct_0, x_{i0}), \xi'_\mu = (ct'_0, x'_{i0}).$$

故 $x_\mu,\xi_\mu;x'_\mu,\xi'_\mu$ 是互相独立无关的.条件(A.2)式变为

$$\begin{cases} \eta_{\mu\nu}\beta_\mu\beta_\nu = 0, \\ \eta_{\mu\nu}\beta'_\mu\beta'_\nu = 0. \end{cases} \tag{A.5}$$

其中 $\eta_{\mu\nu}$是由(13.2)式定义的闵氏度规.

我们假设所求惯性系的变换是

$$x'_\mu = f_\mu(x_0, x_1, x_2, x_3), \tag{A.6}$$

f_μ 是待求的函数，它要符合条件(A.1)，(A.2)或(A.4)，(A.5)的要求．下面分四步求解．

(1)考虑惯性系条件对变换的限制

由惯性系的等价性可知变换(A.6)的逆变换应当唯一确定，其充要条件是雅可比行列式不等于零

$$\det\left(\frac{\partial f_\nu}{\partial x_\mu}\right) \neq 0. \tag{A.7}$$

由(A.4)式的第1式得

$$\frac{\mathrm{d}f_\mu}{\mathrm{d}S} = \frac{\mathrm{d}x_\nu}{\mathrm{d}S}\frac{\partial f_\mu}{\partial x_\nu} = \beta_\nu \frac{\partial f_\mu}{\partial x_\nu}. \tag{A.8}$$

由(A.4)式的第2式得

$$\mathrm{d}f_\mu = \mathrm{d}x'_\mu = \beta'_\mu \mathrm{d}S' = \frac{\beta'_\mu}{\beta'_0}\mathrm{d}f_0,$$

即

$$\frac{\mathrm{d}f_\mu}{\mathrm{d}f_0} = \frac{\beta'_\mu}{\beta'_0} = \frac{u'_\mu}{c} = \text{const.}.$$

利用(A.8)式将上式变形为

$$\frac{\beta'_\mu}{\beta'_0} = \frac{\mathrm{d}f_\mu/\mathrm{d}S}{\mathrm{d}f_0/\mathrm{d}S} = \frac{\beta_\nu \partial f_\mu/\partial x_\nu}{\beta_\sigma \partial f_0/\partial x_\sigma} = \text{const.}, \tag{A.9}$$

求对数后再求导得

$$\frac{\mathrm{d}}{\mathrm{d}S}\left[\ln\left(\beta_\nu \frac{\partial f_\mu}{\partial x_\nu}\right) - \ln\left(\beta_\sigma \frac{\partial f_0}{\partial x_\sigma}\right)\right] = 0,$$

最后得到

$$\frac{\beta_\nu\beta_\sigma \dfrac{\partial^2 f_\mu}{\partial x_\nu \partial x_\sigma}}{\beta_\nu \dfrac{\partial f_\mu}{\partial x_\nu}} = \frac{\beta_\nu\beta_\sigma \dfrac{\partial^2 f_0}{\partial x_\nu \partial x_\sigma}}{\beta_\nu \dfrac{\partial f_0}{\partial x_\nu}}. \tag{A.10}$$

(A.10)式共有4个等式，它们对独立变量 x_ν 和 β_ν 而言为恒等式，所以应当是 β_ν 的有理分式．由(A.7)式知，联立方程组

$$\beta_\nu \frac{\partial f_\mu}{\partial x_\nu} = 0 \quad (\mu = 0,1,2,3)$$

对于 β_ν 而言仅有零解．但是由于 $\beta_0 > 0$，所以 β_ν 不能全为0，亦即(A.10)式的4个分母 $\beta_\nu \partial f_\mu/\partial x_\nu$ 不能同时为0．假如某分母为零，由(A.10)式知此分式仍然有限，所以该分子必然同时为零，这仅当分母是分子的因子时才成立．

总之，(A.10)式中4个分式实际上是 β_ν 的有理整式．令此有理整式等于

$2\beta_\nu\psi_\nu$，其中 $\psi_\nu=\psi_\nu(x_0,x_1,x_2,x_3)$，则(A. 10)式化为

$$\beta_\nu\beta_\sigma\frac{\partial^2 f_\mu}{\partial x_\nu\partial x_\sigma}=2\beta_\nu\frac{\partial f_\mu}{\partial x_\nu}\beta_\sigma\psi_\sigma.$$

上式对 $\beta_\nu\beta_\sigma$ 而言是恒等式，故对某一对(ν,σ)有

$$\beta_\nu\beta_\sigma\frac{\partial^2 f_\mu}{\partial x_\nu\partial x_\sigma}=\beta_\nu\frac{\partial f_\mu}{\partial x_\nu}\beta_\sigma\psi_\sigma+\beta_\sigma\frac{\partial f_\mu}{\partial x_\sigma}\beta_\nu\psi_\nu$$

$$=\beta_\nu\beta_\sigma\left(\frac{\partial f_\mu}{\partial x_\nu}\psi_\sigma+\frac{\partial f_\mu}{\partial x_\sigma}\psi_\nu\right),$$

式中重复指标不求和. 最后得到

$$\frac{\partial^2 f_\mu}{\partial x_\nu\partial x_\sigma}=\frac{\partial f_\mu}{\partial x_\nu}\psi_\sigma+\frac{\partial f_\mu}{\partial x_\sigma}\psi_\nu. \tag{A. 11}$$

上式说明，若匀速直线运动在变换下保持不变，则函数 f_μ 应当满足此偏微分方程，但不一定是线性变换.

(2)考虑光速不变性对变换的限制

利用(A. 9)式可以把(A. 5)式的第 2 式化为

$$\eta_{\mu\nu}\beta'_\mu\beta'_\nu=\eta_{\mu\nu}\beta_\sigma\beta_\lambda\frac{\partial f_\mu}{\partial x_\sigma}\frac{\partial f_\nu}{\partial x_\lambda}=0,$$

由(A. 5)式的第 1 式，可知上式也应当等于

$$\eta_{\sigma\lambda}\beta_\sigma\beta_\lambda=0.$$

故上两式中 $\beta_\sigma\beta_\lambda$ 的二次式系数应成正比，令其为某一函数 $\lambda(x_0,x_1,x_2,x_3)$，则得

$$\eta_{\mu\nu}\frac{\partial f_\mu}{\partial x_\alpha}\frac{\partial f_\nu}{\partial x_\beta}=\lambda\eta_{\alpha\beta}. \tag{A. 12}$$

(A. 12)式对 x_ρ 微分并令$\partial\lambda/\partial x_\rho=2\lambda\varphi_\rho$，则有

$$\eta_{\mu\nu}\left(\frac{\partial^2 f_\mu}{\partial x_\rho\partial x_\alpha}\frac{\partial f_\nu}{\partial x_\beta}+\frac{\partial^2 f_\mu}{\partial x_\rho\partial x_\beta}\frac{\partial f_\nu}{\partial x_\alpha}\right)=2\lambda\eta_{\alpha\beta}\varphi_\rho,$$

以(A. 11)式取代上式中的二阶导数，再利用(A. 12)式得

$$2\eta_{\alpha\beta}\psi_\rho+\eta_{\rho\alpha}\psi_\beta+\eta_{\rho\beta}\psi_\alpha=2\eta_{\alpha\beta}\varphi_\rho.$$

上式对任意 α,β,ρ 均恒等，令 $\rho\neq\alpha,\rho\neq\beta$ $(\eta_{\rho\alpha}=\eta_{\rho\beta}=0)$，得

$$\psi_\rho=\varphi_\rho\quad(\rho=0,1,2,3);$$

再令 $\rho=\alpha=\beta$，得 $2\psi_\rho=\varphi_\rho$，联立上式可知

$$\psi_\rho=\varphi_\rho=0\quad(\rho=0,1,2,3),$$

以及

$$\frac{\partial\lambda}{\partial x_\rho}=2\lambda\varphi_\rho=0,\quad\lambda=\text{const.}.$$

于是(A. 11)式化为

$$\frac{\partial^2 f_\mu}{\partial x_\alpha \partial x_\beta} = 0. \tag{A.13}$$

此即变换函数所应满足的条件——线性条件.

所以,上面两步证明了惯性系之间,满足狭义相对论原理(A.1)、(A.2)要求的时空坐标变换一定是线性变换.

(3)确定线性变换的形式

由(A.12)式知道,f_μ 中应含有因子$\sqrt{\lambda}$.令线性变换为

$$x'_\mu = f_\mu = \sqrt{\lambda}(a_\mu + \eta_{\nu\nu} a_{\mu\nu} x_\nu), \tag{A.14}$$

这里及以下的因子 $\eta_{\nu\nu}$ 只是一个符号,即

$$\eta_{00} = 1, \eta_{11} = \eta_{22} = \eta_{33} = -1.$$

引入该符号可以使得表述简洁.将(A.14)式代入(A.12)式得

$$\begin{cases} \eta_{\mu\nu} a_{\mu\alpha} a_{\nu\beta} = \eta_{\alpha\beta}, \\ \eta_{\mu\nu} a_{\alpha\mu} a_{\beta\nu} = \eta_{\alpha\beta}, \end{cases} \tag{A.15}$$

此即 $a_{\mu\nu}$ 应满足的正交条件.

利用正交条件由(A.14)式解出

$$x_\mu = \eta_{\nu\nu} a_{\nu\mu} \left(\frac{x'_\nu}{\sqrt{\lambda}} - a_\nu \right). \tag{A.16}$$

从 S 系看 S' 系中的固定点($\mathrm{d}x'_i = 0$)以速度 v_i 运动,由(A.16)式得

$$\mathrm{d}x_i = \frac{1}{\sqrt{\lambda}} a_{0i} \mathrm{d}x'_0, \mathrm{d}x_0 = \frac{1}{\sqrt{\lambda}} a_{00} \mathrm{d}x'_0,$$

所以

$$\frac{v_i}{c} = \frac{\mathrm{d}x_i}{\mathrm{d}x_0} = \frac{a_{0i}}{a_{00}}.$$

上式表示惯性系 S 和 S' 之间的相对速度与 λ 无关.如令 $v_i = 0$,就是说 S 和 S' 重合而无运动.但是利用正交条件(A.15)式,由(A.14)式可得

$$\eta_{\mu\nu} \mathrm{d}x'_\mu \mathrm{d}x'_\nu = \lambda \eta_{\alpha\beta} \mathrm{d}x_\alpha \mathrm{d}x_\beta, \tag{A.17}$$

令 $\mathrm{d}x'_i = 0$,则有

$$\mathrm{d}x'^2_0 = \lambda \mathrm{d}x_0^2 \left(1 - \frac{v^2}{c^2} \right),$$

当 $v = 0$ 时应该 $\mathrm{d}x'_0 = \mathrm{d}x_0$,故系数 $\lambda = 1$.

于是(A.17)式表示为 $\mathrm{d}x_\mu$ 的二次齐式

$$\mathrm{d}s^2 = \eta_{\mu\nu} \mathrm{d}x_\mu \mathrm{d}x_\nu = \eta_{\alpha\beta} \mathrm{d}x'_\alpha \mathrm{d}x'_\beta, \tag{A.18}$$

这就是时空间隔不变性,正好是闵可夫斯基空间时空度规的显式表示式.将 $\lambda = 1$ 代入(A.14)和(A.16)式,就成为

$$\begin{cases} x'_\mu = a_\mu + \eta_{\nu\nu} a_{\mu\nu} x_\nu, \\ x_\mu = \eta_{\nu\nu} a_{\nu\mu} (x'_\nu - a_\nu). \end{cases} \tag{A. 19}$$

(A. 19)式就是惯性系之间的一般洛伦兹变换.

至此,我们严格证明了:惯性系之间所容许的时空坐标变换为一般洛伦兹变换;采用实数时间坐标时,闵氏空间的度规是伪欧氏度规.

(4)根据正交归一化条件确定变换系数

先令 $t=0$ 时 $t'=0$,且原点 O 和 O' 重合,则 $a_\mu=0$.(如果是坐标微分的变换 $dx_\mu \to dx'_\mu$,这一条件可取消.)于是(A. 19)式化为

$$\begin{cases} x'_\mu = \eta_{\nu\nu} a_{\mu\nu} x_\nu, \\ x_\mu = \eta_{\nu\nu} a_{\nu\mu} x'_\nu. \end{cases} \tag{A. 20}$$

再设 S' 系相对于 S 系以速度 v_i 作惯性运动,则从 S 系观测 S' 系的固定点($dx'_i=0$)的速度为 v_i. 又在 S' 系观测,S 系的固定点($dx_i=0$)以速度 v'_i 运动,故从上式得

$$\begin{cases} a_{00} v_i = a_{0i} c, \\ a_{00} v'_i = a_{i0} c. \end{cases} \tag{A. 21}$$

另外,根据实践我们引入单向顺时性条件,此条件要求洛伦兹变换不改变时间进程的方向,即

$$a_{00} = \frac{\partial t'}{\partial t} > 0. \tag{A. 22}$$

根据上面两式和正交规一化条件(A. 15)式即可确定变换系数.

在(A. 15)式中令 $\alpha=\beta=0$,得

$$\begin{cases} a_{00}^2 - (a_{10}^2 + a_{20}^2 + a_{30}^2) = 1, \\ a_{00}^2 - (a_{01}^2 + a_{02}^2 + a_{03}^2) = 1. \end{cases} \tag{A. 23}$$

将(A. 21)式代入(A. 23)式可得

$$v'_i v'_i = v_i v_i = v^2. \tag{A. 24}$$

尽管两系相对速度的分量不同,但速度的大小是相等的,这一点和直观相符合. 考虑到条件(A. 22)式,由(A. 21)和(A. 23)两式可以解出变换系数为

$$\begin{cases} a_{00} = \dfrac{1}{\sqrt{1-v^2/c^2}} \equiv \gamma, \\ a_{0i} = \gamma \dfrac{v_i}{c}, \\ a_{i0} = \gamma \dfrac{v'_i}{c}. \end{cases} \tag{A. 25}$$

当(A. 15)式中的 α,β 中一个为 0,利用(A. 25)式中的 a_{0i} 和 a_{i0} 推导出

$$\begin{cases} a_{00} v'_i = a_{ik} v_k, \\ a_{00} v_i = a_{ki} v'_k. \end{cases} \tag{A. 26}$$

当(A.15)式中的 α,β 均不为0,又得

$$a_{ki}a_{kj}=-\eta_{ij}+a_{0i}a_{0j}=\delta_{ij}+\gamma^2\frac{v_iv_j}{c^2}. \tag{A.27}$$

定义

$$d_{ik}=-a_{ik}+\frac{a_{i0}a_{0k}}{a_{00}+1}=-a_{ik}+(\gamma-1)\frac{v'_iv_k}{v^2}, \tag{A.28}$$

根据上面三式得到

$$\begin{cases}d_{ik}v_k=-v'_i,\\ d_{ik}v'_i=-v_k,\\ d_{ki}d_{kj}=\delta_{ij}.\end{cases} \tag{A.29}$$

故所定义的 d_{ik} 乃是三维空间的正交变换矩阵. 如果坐标系对应平行,则 $d_{ij}=\delta_{ij}$,(A.29)式的第1和第2式成为

$$\delta_{ik}v_k=v_i=-v'_i,\quad \delta_{ik}v'_i=v'_k=-v_k.$$

综合(A.25)式、(A.26)和(A.28)式,我们终于求得一般固有洛伦兹变换的系数为

$$\begin{cases}a_{00}=\gamma,\\ a_{0i}=\gamma\dfrac{v_i}{c},\\ a_{i0}=-\gamma\dfrac{d_{ij}v_j}{c},\\ a_{ik}=-d_{ik}-(\gamma-1)\dfrac{d_{ij}v_jv_k}{v^2}.\end{cases} \tag{A.30}$$

讨论如下:

(a)如果 S 和 S' 系的坐标轴对应平行,即不存在空间转动或反射,这时的正交变换矩阵为单位矩阵,$d_{ij}=\delta_{ij}$. 再设坐标系的相对速度沿 $x_1(x'_1)$ 轴方向,即 $v_1=v$,$v_2=v_3=0$. 则变换系数简化为(记作 $\tilde{a}$)

$$\begin{cases}\tilde{a}_{00}=-\tilde{a}_{11}=\gamma,\\ \tilde{a}_{01}=-\tilde{a}_{10}=\gamma\dfrac{v}{c},\\ \tilde{a}_{22}=\tilde{a}_{33}=-1,\text{其余为 }0.\end{cases} \tag{A.31}$$

代入(A.20)式,即得到特殊洛伦兹变换(5.3)式.

(b)如果 S 和 S' 系的坐标轴对应平行($d_{ij}=\delta_{ij}$),但坐标系的相对速度沿任意方向,则变换系数为(记作 $\bar{a}$)

$$\begin{cases} \bar{a}_{00} = \gamma, \\ \bar{a}_{0i} = -\bar{a}_{i0} = \gamma \dfrac{v_i}{c}, \\ \bar{a}_{ik} = -\delta_{ik} - (\gamma - 1)\dfrac{v_i v_k}{v^2}. \end{cases} \tag{A. 32}$$

代入(A. 20)式,即得到无空间转动的固有洛伦兹变换(17. 24)式

$$\begin{cases} \bar{x}_k = x_k + v_k\left[(\gamma - 1)\dfrac{v_i x_i}{v^2} - \gamma t\right], \\ \bar{t} = \gamma\left(t - \dfrac{v_i x_i}{c^2}\right). \end{cases} \tag{A. 33}$$

(c)如果 S 和 S'系的坐标轴不是对应平行,可对上式的空间坐标再作一次三维空间转动或反射变换 d_{ij},即

$$\begin{aligned} x_i' &= d_{ik}\bar{x}_k = d_{ik}x_k + d_{ik}v_k\left[(\gamma - 1)\frac{v_i x_i}{v^2} - \gamma t\right] \\ &= d_{ik}x_k - v_i'\left[(\gamma - 1)\frac{v_i x_i}{v^2} - \gamma t\right], \end{aligned} \tag{A. 34}$$

其中利用了(A. 29)式. 事实上,因为

$$x_i' = d_{ik}\bar{x}_k = d_{ik}(\eta_{\nu\nu}\bar{a}_{k\nu}x_\nu) = \eta_{\nu\nu}a_{i\nu}x_\nu,$$

其中 $\bar{a}_{k\nu}$ 由(A. 32)式给出,$a_{i\nu} = d_{ik}\bar{a}_{k\nu}$ 即为(A. 30)式. 这个过程相当于分两步进行

$$S(x_\mu) \rightarrow \bar{S}(\bar{x}_\mu) \rightarrow S'(x_\mu'),$$

$S \rightarrow \bar{S}$ 代表空间坐标轴无转动且无反射的洛伦兹变换;$\bar{S} \rightarrow S'$ 代表纯空间轴的转动或反射的变换. 令 D 代表正交变换矩阵 d_{ik},则一般固有洛伦兹变换为

$$\begin{cases} \boldsymbol{x}' = D\boldsymbol{x} - \boldsymbol{v}'\left[(\gamma - 1)\dfrac{\boldsymbol{v} \cdot \boldsymbol{x}}{v^2} - \gamma t\right], \\ t' = \gamma\left(t - \dfrac{\boldsymbol{v} \cdot \boldsymbol{x}}{c^2}\right). \end{cases} \tag{A. 35}$$

这一结果与我们在 17. 4 节求得的变换式(17. 27)相同.

附录 B 关于“时间机器”

人类不断地制造出越来越先进的交通工具，可以供人们在三维空间内自由地旅行，那么是否可以制备一种“机器”沿时轴在一维时间内旅行呢?

早在二千多年前，我国大思想家惠施(B. C. 380～B. C. 300)就提出过逆时间旅行的可能性，所谓“今日适越而昔来”，就是说“今天出发到越国去，昨天就到达了”. 1895 年，英国科幻作家威尔斯(Wells)在他的《时间机器》一书中也提到了这一想法. 如果说这些还只是一些想像，美国作家萨根(Sagan)在 1985 年根据当时的一些研究成果创作的《接触》，就有了一定的物理基础. 该书提出利用黑洞作为快速旅行的工具，可以进入“时间隧道”回到自己的过去. 三年后，以托恩(Thorne)为首的几位物理学家从现代理论物理学出发认真研究了时间机器的可能性，他们发现，现代理论物理不能完全排除将来的先进文明有可能制造出时间机器. 这一惊人结论立即引起了理论物理学界和哲学界的广泛兴趣和激烈争论，到现在为止也仍然是一个有待解决的研究热点. 下面我们对此作一个简单介绍(刘辽，1995).

要了解“**时间机器**(time machine)”或“时间隧道”，必须知道“**虫洞**(wormhole)”的概念，它是指连接两个不同宇宙或同一个宇宙的两个不同部分的通道或捷径.

我们知道，狭义相对论讨论的是无引力的平直时空，它是一个处处均匀、各向同性的单连通流形(“单连通”是指任意一条闭合曲线可以收缩为一点). 但是，根据爱因斯坦的广义相对论，存在引力的真实时空是弯曲的，当引力非常强时(例如黑洞)时空的涨落相当厉害，我们没有理由认为宇宙的时空流形拓扑一定是平凡的单连通的. 例如，由弯曲时空量子场论知道，在普朗克尺度附近，物质场的量子涨落将使得时空发生涨落，其结果是时空流形出现泡沫结构或多连通结构，从而在时空各处出现手柄(handle)或虫洞. 霍金也曾经指出，当黑洞由于霍金蒸发而完全消失时，一个最自然的解释是掉入黑洞的粒子将进入一个由我们的母宇宙分岔出去的子宇宙中去. 无论是前一例中出现的微观虫洞或后一例中的宏观子宇宙，皆足以说明宇宙可能具有复杂的多连通结构，可能存在虫洞.

早在 1935 年，爱因斯坦和罗逊(Rosen)就曾研究了史瓦西时空镶嵌图的拓扑性质，发现史瓦西时空内部存在一种连接两个宇宙的通道，即爱因斯坦-罗逊桥，这是第一个洛伦兹虫洞(Einstein A，Rosen N，1935). 但是研究表明，任何信号都不可能通过这样的虫洞，所以也称这种虫洞为“不可通过的虫洞”. 那么，是否存在可以通过的虫洞呢? 1988 年，托恩等提出了一个可以通过的洛伦兹虫洞(又称永久虫洞、三维虫洞)，通过适当制备可以用来制造时间机器，实现逆时间旅行或产生一个含有闭合类时曲线的时空(Morris M S，Thorne K S，Yurtsever U，1988).

如图 B.1 所示，洛伦兹虫洞有两个连接于我们大宇宙的开口 A 和 B，大宇宙称作外空间，我们假设它是平直的闵可夫斯基时空的一个类空超曲面. 虫洞内称作内空间，一般是弯曲的. A，B 两个口在外空间的距离为 L，在内空间的距离是 l. 根据虫洞的含义应有 $l \ll L$，因而从 A 到 B 在内空间所用时间比在外空间的时间要少得多. 现在我们证明：如果存在这样的可以顺利通过的虫洞，让 A，B 两口在外空间作适当的相对运动，就可以制备一个时间机器.

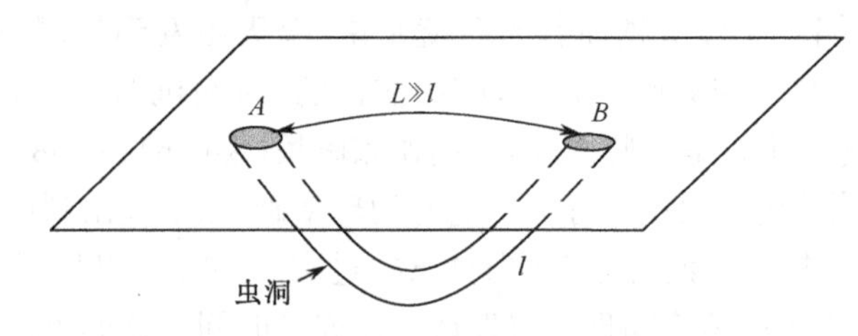

图 B.1　三维虫洞示意图

如图 B.2，在外空间选取惯性坐标系(T，X，Y，Z). 当 $T<0$ 时，A，B 两口都静止；$T=0$ 时 B 开始运动，高速离开 A 后再返回原来位置，当 $T>T_B$ 时 B 重新与 A 相对静止. 我们假设在运动过程中虫洞内部的几何没有发生明显变化. 用 T 和 τ 分别表示外空间和内空间的时钟读数，在 $T=0$ 时将内、外空间的所有钟调整到 $T=\tau=0$. 那么，当 B 经过运动又重新停下来后，由于狭义相对论的时间延缓效应，B 的固有时比 A 的固有时要"年轻"，即 B 时钟读数 τ_B 和外空间时钟读数 T_B 满

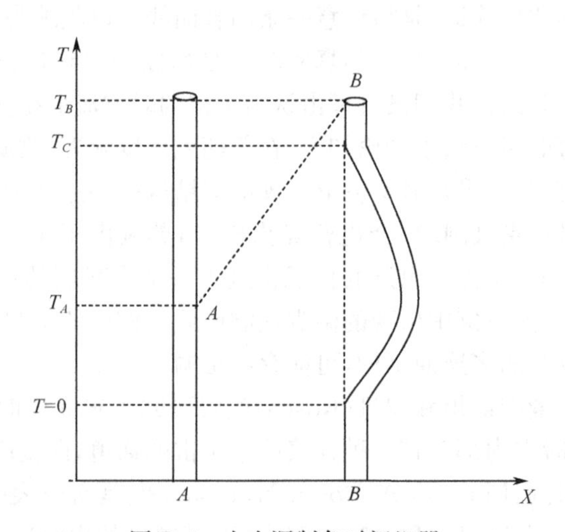

图 B.2　由虫洞制备时间机器

足关系

$$\tau_B = T_B - \delta\tau, \tag{B.1}$$

$$\delta\tau = T_C\left(1-\sqrt{1-\frac{\bar{v}^2}{c^2}}\right) > 0, \tag{B.2}$$

其中 $\bar{v}$ 为 B 的平均运动速度,因此有 $\tau_B < T_B$.

现在我们假设某观测者在 $T=T_B$ 时从 B 进入虫洞,经内空间再由 A 走出,那么当观测者走到 A 时内空间的时钟读数则为 $\tau_A=\tau_B+\Delta\tau$,$\Delta\tau$ 是在内空间经历的时间,由于 l 很小,$\Delta\tau$ 也很小. 因为 A 一直静止,A 口内外时钟始终同步,所以当观测者从 A 口出来时外空间时钟的读数为

$$T_A = \tau_A = \tau_B + \Delta\tau = (T_B - \delta\tau) + \Delta\tau,$$

或

$$T_B - T_A = \delta\tau - \Delta\tau. \tag{B.3}$$

可见只要

$$\Delta\tau < \delta\tau, \tag{B.4}$$

就有

$$T_A < T_B. \tag{B.5}$$

从外空间的角度来看,观测者是在 T_B 时刻进入虫洞,而在 $T_A(<T_B)$ 时刻走出洞口的. 只要 B 的平均运动速度 $\bar{v}$ 足够大,制备时间 T_C 足够长,式(B.5)总是可以满足的. 而且只要 $c(T_B-T_A)\geqslant L$,则外空间直线 AB 为非类空的. 这样我们就有了一条闭合的类时曲线,构造了一个时间机器.

我们看到,对一个三维虫洞进行适当的制备,就可以产生闭合类时曲线,造成时间机器. 这个时空具有这样的特点:它可以分成两部分,一部分是因果性比较好的,不含闭合类时或类光曲线,比如虫洞制备之前就是这样;另一部分含有闭合类时曲线. 人们计算了一些含有闭合类时曲线的时空的真空极化能动张量,结果发现:如果时空中有闭合类时曲线,那么真空极化能动张量在此曲线上总是发散的,而且这个发散和坐标的选择无关. 霍金指出,由此产生的反作用会破坏时空结构,从而使得闭合类时曲线也将被破坏掉,因此这样的时空是不稳定的. 于是霍金在1992 年提出了一个**“时序保护猜想”**:物理规律不允许出现闭合类时曲线(Hawking S W,1992). 然而同年年底,北京师范大学的研究小组举出了一个反例,认为即使真空极化能量在柯西(Cauchy)视界上是发散的,闭合类时线仍然有可能存在,这表明霍金的时序保护猜想毕竟只是一个猜测(Li Li-Xin,Xu Jian-Mei,Liu Liao,1993).

经验告诉我们,时间机器或时间隧道的出现将导致违背因果律. 一般认为因果律是一条普遍规律,它的失效将动摇我们对客观世界的认识标准. 例如霍金曾经指出,如果时间机器成为现实,一个小孩就可以回到过去出生前杀害他的母亲,形成

严重的逻辑或因果上的困难. 为此,诺维可夫(Novikov)又提出了一个**自洽性原理**:在现实世界中,凡是局域存在的物理规律的解只能是那些整体自洽的. 根据这个原理,小孩可以回到过去但不能影响过去(Novikov I D,1992).

人们不禁要问:因果律是绝对不可动摇的先验规律吗? 从哲学上讲,因果律意味着因先于果,同因生同果;从物理上说,对一个系统完全的因果描述,要求能明确给定系统的全部初始条件,否则因果描述是不可能的. 量子物理学告诉我们,同一个初态可以产生不同的末态,这意味着同因可以生异果. 事实上,不确定关系使得我们不可能对系统作拉普拉斯决定论式的因果描述. 在这个意义上,因果律有可能并非自然界不可怀疑的先验规律. 有一种可能的新表述:因果律并不要求"因"先于"果",也不要求同"因"生同"果",但"果"绝不可能影响"因".

总之,即使存在因果律方面的严重困难,但至少到目前为止,现代物理学并未排除存在时间机器的可能性. 另一方面,对于时间机器的深入研究,有可能帮助我们弄清楚哪一些物理规律是不容动摇的,哪一些是可以修改的,甚至可能成为新物理学的一个生长点.

附录C 狭义相对论大事记

1818 在深入研究波动光学的基础上，菲涅耳假设光的传播需要一种介质，它就是可以穿透任何物体的所谓“光以太”. 当有质介质在以太中运动时将部分地拖动以太，拖曳系数取决于介质的折射率，为 $\alpha=1-1/n^2$.

1845 斯托克斯认为菲涅耳将所有介质对于以太都是透明的假设不合理，提出介质完全拖动以太说，即介质在以太中运动时将拖动以太一起运动.

1859 为了鉴别介质如何拖动以太，斐佐进行了著名的流水实验，在一阶精度 $O(v/c)$ 内与菲涅耳的部分拖动说相符. 他得到的光在介质中的运动速度公式 $c_S=c/n+\alpha v$，直到相对论建立后才认识到是洛伦兹速度变换的一阶效应(Fizeau H S，1859).

1868 霍克所进行的实验也否定了完全拖动以太假说，但不排除部分拖动说. 实验表明在一阶精度 $O(v/c)$ 内不可能检测到地球相对于以太的运动效应(Hoek M，1868).

1873 麦克斯韦在多年研究的基础上，综合法拉第等的研究成果，出版了著名的《电磁通论》，建立起电磁场的基本方程组，并预言电磁波的存在. 爱因斯坦认为这是“物理学公理基础的最伟大变革”. 但麦克斯韦也承认绝对静止的以太是电磁波的载体，建议在二阶精度 $O(v^2/c^2)$ 内检测地球和以太的相对运动(Maxwell J C，1868，1873).

1887 迈克耳孙和莫雷在 1881 年实验的基础上，一起设计了著名的迈克耳孙-莫雷实验，以便测量出地球在以太中的运动速度，但在二阶精度内得到零结果. 该实验设计精巧，后来重复进行了十多次，虽然精度不断提高，结果仍然为零(Michelson A A，1881；Michelson A A，Morley E W，1887).

伏依特在研究均匀介质中弹性波的传播时，发现在某种时间、空间坐标变换下波方程保持不变，这个变换与洛伦兹变换式类似但并非一回事(Voigt W，1887).

1888 赫兹进行了一系列电磁实验，终于证实麦克斯韦关于电磁波的预言，电磁波和光波是同一的，电磁波的传播速度即为光速. 他还完善了麦克斯韦电磁场理论，得到现在通用的麦克斯韦方程组(Hertz H，1892).

1889 为了解释迈克耳孙-莫雷实验的零结果，菲茨杰拉德在《以太和地球大气》一文中提出了长度收缩假设，认为有质量的物体以速度 v 通过以太时长度将发生变化,收缩因子为 $\gamma^{-1}=\sqrt{1-v^2/c^2}$,但没有具体计算(FitzGerald G F,1889).

1892　洛伦兹在《麦克斯韦电磁学理论及其对运动物体的应用》中试图建立电子论,他希望将电磁学的复杂情况简化为弥漫在以太中的正负电子(离子)构成的基本现象,而绝对静止的以太参考系是一个特殊的优越参考系(Lorentz H A,1892).

1895　洛伦兹发表《论地球的运动对光学现象的影响》,在解释迈克耳孙-莫雷实验中也提出长度收缩假设,后来人们将其称之为洛伦兹-菲茨杰拉德收缩. 在长度收缩和静止以太假设的基础上,得到了洛伦兹变换的初步形式(Lorentz H A,1895).

1900　开尔文在 20 世纪之初,作了一篇重要演讲《在热和光动力理论上空的 19 世纪乌云》,提出了当时笼罩在物理学领域的两朵"乌云",其中之一就是菲涅尔以太假说的种种矛盾,导致物理学面临深刻的危机. 实际上也预示了近代物理学的革命即将到来(Kelvin L,1901).

拉莫尔出版的《以太和物质》系统讨论了以太和物质的相互联系,得到了洛伦兹变换中的时间变换公式,并应用洛伦兹变换首次导出洛伦兹-菲茨杰拉德收缩(Larmor J,1897,1900).

1902　瑞利在分析洛伦兹-菲茨杰拉德收缩后指出,如果收缩导致真实的密度变化,在以太中运动的物体将在二阶精度内产生双折射. 然而,他试验了几种液体和固体,均没有发现这一现象,布雷斯在 1904 年的实验也得到零结果(Rayleigh L,1902;Brace D B,1904).

1902～1903　阿伯拉罕试图用麦克斯韦的电动力学取代牛顿力学来作为物理学的基础,提出电子的电量是均匀分布的不变量,但电子的质量随着在以太中的速度 u 的增加而增大,$m=\alpha(u)m_0$,这里的函数 $\alpha(u)$ 不同于相对论中的因子 γ_u. 这个观点可以解释迈克耳孙-莫雷实验,得到了他的同事考夫曼的支持(Abraham M,1902,1903).

1903　特鲁顿和诺伯尔认为地球通过以太时荷电的电容器应该显示不同的行为,并设计出特鲁顿-诺伯尔实验,但没有测出地球通过以太的速度(Trouton F T,Noble H R,1903).

1904　洛伦兹发表著名论文《速度小于光速运动系统中的电磁现象》,提出洛伦兹变换公式的最终形式,证明麦克斯韦方程对于该变换保持形式不变. 但他对该变换的物理解释仍然依赖于以太假设,认为"地方时间" t' 只是一种数学辅助量,式中的 t 才是具有物理意义的真实时间. 他还得到电子质量与速度的关系式 $m=\gamma_u m_0$,与阿伯拉罕提出的公式不同(Lorentz H A,1904,

1909).

庞加莱在著名的演讲《数学物理原理》中,正式提出“相对性原理”的概念. 他将洛伦兹提出的公式命名为“洛伦兹变换”,认为该变换反映的是参考系在数学上的等价性,从而说明相对性原理是正确的(Poincaré H,1904a,1904b).

1905　爱因斯坦共发表五篇具有重大影响的论文,两篇是关于相对论的. 人们将1905年称作“爱因斯坦奇迹年”.

具有划时代意义的《论运动物体的电动力学》是狭义相对论诞生的标志. 爱因斯坦快刀斩乱麻地彻底否定了以太的存在,提出两条基本“公设”,即相对性原理和光速不变原理. 在文章的第一部分,根据两条公设建立起狭义相对论时空观和运动学理论体系,然后在第二部分应用新的运动学结论,解决了困惑物理学界许多年的光学和电磁学现象. 爱因斯坦还预言电子的质量随速度变化,其速度不可能超过光速. 虽然相对论某些结论的数学形式与洛伦兹理论相同,例如惯性系的时空坐标变换,长度收缩,质量-速度关系等,但物理含义却大相径庭.

第二篇论文《物体的惯性是否与它所含的能量有关?》认为物体的质量与能量是同一的,提出了著名的质量-能量关系式,并预言可以通过核反应来检验这一结论(Einstein A,1905a,1905b).

1905～1906　庞加莱在多年研究的基础上,发表了两篇同名论文《论电子的动力学》,认为应该建立一个全新的力学,惯性将随速度变换,光速不可逾越. 他还将洛伦兹变换扩展为庞加莱变换群. 但他一直没有摆脱以太的阴影(Poincaré H,1905,1906).

1906　普朗克发表第一篇支持相对论的论文,提出了相对论动量与速度的关系式以及动量的洛伦兹变换式. 他的肯定对相对论的传播发挥了重大作用(Planck M,1906).

考夫曼根据他的β射线实验宣称,电子质量随速度的变化关系支持阿伯拉罕的理论但与相对论不符. 他的质疑没有被普遍接受,后来的实验(例如Rogers M M et al.,1940)证明这一结论有误(Kaufmann W,1901,1902,1906).

1906～1907　爱因斯坦发表一系列评论文章,分析了考夫曼的β射线实验,认为实验结果有待重复证实,回复了埃伦费斯特关于刚体的疑问(事实上,在相对论中不存在经典意义上的绝对刚体),还讨论了横向多普勒效应等问题(Einstein A,1906,1907a,1907b).

1908　爱因斯坦的老师闵可夫斯基作了著名演讲《空间与时间》(发表于1909年),

将三维空间和一维时间结合为四维闵可夫斯基空间，既充分体现了相对论的时间和空间相互关联的思想，又为相对论提供了优美的几何图像. 爱因斯坦认为它"大大促进了相对论的发展"，成为现在广泛使用的数学工具(Minkowski H，1909，1915).

里兹连续发表三篇论文，试图建立波源发射电磁波的发射理论，认为爱因斯坦的光速不变性应该修改为真空中光相对于光源的速度才是恒为 c. 由于该理论也可以解释迈克耳孙实验等一些疑难问题，在当时具有一定的影响(Ritz W，1908a，1908b，1908c).

1910　索末菲对闵可夫斯基的工作进行了深入研究，连续发表两篇论文，分别论述相对论的四维矢量代数和矢量分析(Sommerfeld A，1910a，1910b).

1911　普朗克的学生劳厄是相对论的坚定支持者，出版了第一部相对论专著《相对性原理》，包括他发表的一些研究相对论的文章，为相对论的推广作出了重要贡献(Laue M，1911).

朗之万首先明确提出了"双生子佯谬"问题. 这个问题爱因斯坦曾经在 1905 年提到过，但一直是相对论讨论的课题(Langevin P，1911).

1913　爱因斯坦完成论文《相对论》(发表于 1915 年)，为了阐明建立相对论理论的合理性，对 19 世纪以太假说的兴衰、狭义相对论的建立以及相对论的现状给予了详细的评述. 此后爱因斯坦主要致力于将狭义相对论推广到广义相对论(Einstein A，1915).

德西特发表了两篇论文，根据双星观测的实验证据证实光速与光源的运动无关，符合爱因斯坦的光速不变假设，同时也推翻了里兹的发射理论. 次年，Zurhellen 提供出更精确的双星观测数据支持德西特的观点(de Sitter W，1913a，1913b；Zurhellen W，1914).

1915　索末菲将相对论理论应用于玻尔的氢原子模型，正确地解释了原子谱线的精细能级分裂现象，同时也证实了相对论质量-速度关系的正确性(Sommerfeld A，1914，1916).

居伊和拉旺希所做的实验推翻了考夫曼的结论，证明电子的相对论质量随速度的变化关系与相对论的结论一致(Guye C E，Lavanchy C，1915).

1916　爱因斯坦完成著作《狭义与广义相对论浅说》，这是爱因斯坦的代表作，被翻译成 10 多种文字，仅英译本在 40 年中就再版了 15 次，在世界各地流传相当广泛(Einstein A，1955).

1921　泡利为德国《数学百科全书》撰写《相对论》部分并出版了单行本，归纳整理了 1921 年之前所有关于相对论的较有价值的文献，并根据自己的见解进行分析评论，是一本名副其实的相对论百科全书(Pauli W，1958).

1922 爱因斯坦出版了《相对论的意义》，它是爱因斯坦 1921 年在普林斯顿大学的演讲集，在狭义相对论部分着重讨论了时间和空间概念(Einstein A, 1922).

1923 外尔在他的《空间问题的数学分析》中，从爱因斯坦的两条基本原理出发严格推导了固有洛伦兹变换.外尔对相对论的数学分析比较透彻，在 1918 年初版的《空间、时间和物质》已再版多次(Weyl H, 1918, 1923).

康普顿和吴有训等发现光子散射的康普顿效应，运用相对论能量动量守恒律可以对该效应作出圆满解释(Compton A H, 1923).

1924 德布罗意将相对论理论应用于量子论，在他的博士论文中提出了德布罗意波假设，并根据相对论的时间延缓效应，得到相位不变性，建立起量子理论的波动力学(de Broglie L, 1924).

1926 克莱因和戈登根据相对论的能量动量关系式，提出了克莱因-戈登方程，后经狄拉克改造为狄拉克方程，成为量子场论中描述自旋为 $\hbar/2$ 粒子的相对论性波动方程(Klein O, 1926; Gordon W, 1926; Dirac P A M, 1930).

1927 托马斯在研究电子自旋过程中，根据相对论运动学定理计算出托马斯进动，成功地解决了电子自旋理论与实验的矛盾(Thomas L T, 1926, 1927).

1931 柯克罗夫特和瓦尔顿进行了快质子束打在锂靶上产生 α 核子的实验，计算出核反应的质量亏损符合爱因斯坦的质能公式(Cockcroft J D, Walton E T S, 1932).

1932 肯尼迪和桑代克用不等臂迈克耳孙干涉仪做实验，进一步否定了洛伦兹的收缩理论，支持爱因斯坦的相对论(Kennedy R J, Thorndike E M, 1932).

1933 米勒利用太阳光源作迈克耳孙实验，发现有干涉条纹的移动，并试图复活以太否定相对论，在当时引起过一场争议，但后来的分析(Shankland R S et al., 1955)表明米勒的实验和观点是错误的(Miller D C, 1933).

1938 爱因斯坦和英费尔德出版《物理学的进化》，“试图说明是什么样的一种动力迫使科学建立起符合于客观实在的观念”. 它是爱因斯坦杰出的物理思想和哲学思想的体现，在某种程度上可以将它看成一部自然哲学著作(Einstein A, Infeld L, 1938).

1940 罗格等在所进行的实验中，通过测量 β 粒子的荷质比，精确证实了相对论质量-速度关系式，彻底消除了考夫曼的疑难. 后来的实验(Grove D J, Fox J G, 1953)在更高精度内证实了这个关系(Rogers M M et al., 1940).

1941 罗斯和霍耳首次进行了 μ 子实验，通过测量宇宙射线 μ 子的半衰期，证实了爱因斯坦的时间延缓效应. 这个实验的精确度不高，但后来的类似实验(McGowan R W et al., 1993)在很高的精度内验证了该效应(Rossi B, Hall

D B,1941).

1945 在第二次世界大战即将结束时,美国成功地爆炸了世界上第一颗原子弹.在它的强大威力面前,人们不得不惊叹爱因斯坦的质量-能量关系式所显示的巨大应用价值.

1955 阿尔伯特·爱因斯坦于4月18日在美国普林斯顿病逝,享年76岁.他的一生为建立狭义相对论、广义相对论和量子理论做出了杰出贡献,为人类文明提供了巨大财富,被公认为世界上“最伟大的科学家”和“最伟大的人”!

参 考 文 献

爱因斯坦全集(第四卷). 2002. 刘辽,主译. 长沙:湖南科学技术出版社.

刘辽,赵峥. 2004. 广义相对论. 第 2 版. 北京:高等教育出版社.

刘辽. 2003. 量子场论(平直时空). 北京:北京师范大学出版社.

刘辽. 1995. "今日适越而昔来"新释. 自然辩证法通讯,17(5):20.

张元仲. 1979. 狭义相对论实验基础. 北京:科学出版社.

张宗燧. 1957. 电动力学及狭义相对论. 北京:科学出版社.

Abraham M. 1902. Dynamik des elektron. Gött. Ges. Wiss. Nachr.,20.

Abraham M. 1903. Die prinzipale der dynamik des elektron. Annalen der Physik ,10: 105.

Ackeret J. 1946. Zur theorie der raketen. Helv. Phys. Acta,19: 103.

Bertozzi W. 1964. Speed and kinetic energy of relativistic electrons. Am. J. Phys.,32: 551.

Born M. 1962. Einstein's theory of relativity. New York:Dover.

Brace D B. 1904. On double refraction in matter moving through the ether. Phil. Mag.,6: 3176.

Brecher K. 1977. Is the speed of light independent of the velocity of the source? Phys. Rev. Lett., 39: 1051.

Brillouin L. 1960. Wave propagation and group velocity. New York:Academic Press.

Chase C T. 1926. A repetition of the trouton-noble ether drift experiment. Phys. Rev.,28:378.

Cockcroft J D,Walton E T S. 1932. Artificial production of fast protons. Nature,129: 242.

Compton A H. 1923. A quantum theory of the scattering or X-rays by light elements. Phys. Rev., 21: 483.

Das A. 1993. The special theory of relativity (a mathematical exposition). Berlin: Springer-Verlag.

De Broglie L. 1924. Recherches sur la théorie des quanta. PhD Thesis.

De Sitter W. 1913a. A proof of the constancy of the velocity of light:Proceedings of the Section of Sciences,Koninklijke Akademie van Wetenschappen,15: 1297.

De Sitter W. 1913b. On the constancy of the velocity of light:Proceedings of the Section of Sciences. Koninklijke Akademie van Wetenschappen,16: 395.

Dingle H. 1956a. Relativity and space travel. Nature,177: 782.

Dingle H. 1956b. Relativity and space travel. Nature,178: 680.

Dirac P A M. 1930. Principles of quantum mechanics. London:Oxford.

Eddington A S. 1924. The mathematical theory of relativity. Cambridge: Cambridge University Press.

Einstein A. 1905a. Zur elektrodynamik bewegter körper. Annalen der Physik,17: 891.

Einstein A. 1905b. Ist die trägheit eines körpers von seinem energic-inhalt abhängig? Annalen der

Physik,18:639.

Einstein A. 1905c. Über einen die erzeugung und verwandlung des lichtes betreffenden heuristischen gesichtspunkt. Annalen der Physik,17:132.

Einstein A. 1906. Das prinzip von der erhaltung der schwerpunktsbewegung und die trägheit der energie. Annalen der Physik,20: 627.

Einstein A. 1907a. Über die möglichkeit einer neuen prüfung des relativitätsprinzips. Annalen der Physik,23:197.

Einstein A. 1907b. Über das relativitätsprinzip und die aus demsellben gezogenen. Folgerungen Jahrbuch der Radioaktivität und Elektronik,4: 411.

Einstein A. 1915. Die Relativitätstheorie. In Warburg: 703.

Einstein A. 1916. Zur Quantentheorie der strahlung. Physikalische Gesellschaft Zürich,Mitteilungen.

Einstein A. 1955. The special and general relativity (a popular exposition). London:Methuen.

Einstein A. 1922. The meaning of relativity. Princeton:Princeton University Press.

Einstein A. Lorentz H,Minkowski H,et al,1923. The principle of relativity. London:Methuen.

Einstein A. Rosen N,1935. The particle problem in the general theory of relativity. Phys. Rev., 48: 37.

Einstein A,Infeld L. 1938. The evolution of physics. Cambridge:Cambridge University Press.

Feinberg G. 1965. Possibility of faster than light particles. Phys. Rev.,159: 1089.

FitzGerald G F. 1889. The ether and the earth's Atmosphere. Science,13.

Fizeau H. 1859. Sur les hypothèses relatives à léther lumineux et sur une expérience qui parait démontrer que le mouvement des corps change la vitesse avec laquelle la lumière se propage dans leur intérieur. Ann. Chim. Phys.,57: 385.

Foley K J,Jones R S,Lindenbaum S J,et al.,1967. An experimental test of the pion-nucleon forward dispersion relations at high energies. Phys. Rev. Lett.,19: 622.

Gordon W. 1926. Der comptoneffekt nach der schrödingerschen theorie. Phys. Zeits,40:117.

Grove D J,Fox J G. 1953. Phys. Rev. Lett.,90: 378.

Guye C E,Lavanchy C. 1915. Vérfication expérmentale de la formule de Lorentz-Einstein per les rayons cathdiques de grande vitesse. Compt. Rend.,161: 52.

Hafele J C, Keating R E. 1972. Around-the-world atomic clocks: Predicted Relativistic Time Gains. Science,177:166.

Hawking S W. 1992. Chronology protection conjecture. Phys. Rev.,D46: 603.

Hertz H. 1892. Untersuchungen ueber die ausbreitung der elekrischen kraft. Leipzig.

Hoek M. 1868. Compt. Rend.,2: 189.

Holton G J. 1963. Selected reprints on special relativity theory. New York:American Institute of Physics.

Huang Chao-Guang, Zhang Yuan-Zhong. 2002a. Poynting vector, energy density and energy velocity in anomalous medium. Phys. Rev.,A65: 015802.

Huang Chao-Guang, Zhang Yuan-Zhong. 2002b. Propagation of a rectangular pulse in anomalous medium. Comm. Theo. Phys., 38: 224.

Landau L D, Lifshitz E M. 1975. The classical theory of Fields. 4ed. Pergamon Press.

Landau L D, Lifshitz E M. 1976. Mechanics. 3ed. Pergamon Press.

Langevin P. 1911. L'évolution de l'espace et du temps. Scientia, 10: 31.

Larmor J. 1897. On a dynamical theory of the electric and luminiferous medium. Phil. Trans. of the Royal Society: 190.

Larmor J. 1900. Aether and matter. Cambridge: Cambridge University Press.

Laue M. 1911. Das Relativitäsprinzip. Braunschweig Vieweg.

Li Li-Xin, Xu Jian-Mei, Liu Liao. 1993. Complex geometry, quantum tunneling and time machines. Phys. Rev., D48: 4735.

Lorentz H A. 1892. La théorie electromagnétique de maxwell et son application aux corps mouveants. Archives Néerlandaises des Sciences Exactes et Naturelles, 25: 363.

Lorentz H A. 1895. Versuch einer theorie der electrischen und optischen erscheinungen in bewegten körpern. Leiden.

Lorentz H A. 1904. Electromagnetic phenomena in a system moving with any velocity less than that of light. Proc. Acad. Sci., 6: 809.

Lorentz H A. 1909. Theory of electrons. Leipzig.

Luo Jun, Tu Liang-Cheng , Hu Zhong-Kun. 2003. New experimental limit on the photon rest mass with a rotating torsion balance. Phys. Rev. Lett., 90: 081801.

Kaufmann W. 1901. Die magnetische und die elektrische abklenbarkeit der becquerelstrahlen und die scheinbare masse des elektrons. Gött. Ges. Wiss. Nachr., 143.

Kaufmann W. 1902. Die elektromagnetische masse des elektrons. Phys. Zeits, 4: 54.

Kaufmann W. 1906a. Uber die konstitution des elektrons. Annalen der Physik, 19: 487.

Kaufmann W. 1906b. Uber die konstitution des elektrons. Annalen der Physik, 20: 639.

Kelvin L. 1901. Nineteenth century clouds over the dynamical theory of heat and light. Phil. Mag. VI, 2: 1.

Kennedy R J, Thorndike E M. 1932. Experimental establishment of the relativity of time. Phys. Rev., 42: 400.

Klein O. 1926. Quantentheorie und fünfdimensionale relativitätstheorie. Phys. Zeits., 37: 895.

Maxwell J C. 1865. A dynamical theory of the electromagnetic field. Royal Society of London, Philosophical Transactions, 155: 459.

Maxwell J C. 1873. A treatise on electricity and magnetism. Oxford: Clarendon Press.

McCrea W H. 1956a. Relativity and space travel. Nature, 177: 784.

McCrea W H. 1956b. Relativity and space travel. Nature, 178: 681.

McCrea W H. 1956c. A problem in relativity theory: Reply to H Dingle. Proc. Phys. Soc. A 69: 935.

McGowan R W, Giltner D M, Sternberg S J, et al. 1993. New measurement of the relativistic

Doppler shift in neon. Phys. Rev. Lett.,70: 251.

Michelson A A. 1881. The relative motion of the earth and the luminiferous ether. Am. J. Sci.,22: 120.

Michelson A A, Morley E W. 1887. On the relative motion of the earth and the luminiferous ether. Am. J. Sci.,34: 333.

Miller D C. 1933. The ether-drift experiment and the determination of the absolute motion of the earth. Rev. Mod. Phys.,5: 203.

Minkowski H. 1908. Die grundgleichungen für die elektromagnetischen vorgange in bewegten körpen. Nachr. Ges. Wiss. Gottingen,53-111.

Minkowski H. 1909. Raum und zeit. Phys. Zeits.,10:104.

Minkowski H. 1915. Das relativitatprinzip. Annalen der Physik,47: 927.

Morris M S, Thorne K S, Yurtsever U. 1988. Wormholes, time machines, and the weak energy condition. Phys. Rev. Lett.,61: 1446.

Møller C. 1952. The theory of relativity. Oxford:Clarendon Press.

Newton I. 1934. Mathematical principles of natural philosophy. Cambridge:Cambridge University Press.

Noether E. 1918. Invariante varlationsprobleme. Nachr. Akad. Wiss. Math-Phys,2: 235.

Novikov I D. 1992. Time machine and self-consistent evolution in problem with self-interaction. Phys. Rev.,D45: 1989.

Pauli W 1958. The theory of relativity. Oxford:Pergamon Press.

Planck M. 1906. Das prinzip der relativität und die grundgleichunggen der mechanik. verh. Dtsch. Phys. Ges.,4 :136.

Poincaré H. 1952. Science and hypothesis. New York:Dover Publications Inc.

Poincaré H. 1904a. The principle of mathematical physics. St. Louis Congress.

Poincaré H. 1904b. The present state and the future of mathematical physics. Bull. Sci. Math.,28: 302.

Poincaré H. 1905. Sur la dynamique de l'electron. C. R. Acad. Sci.,140 : 1504.

Poincaré H. 1906. Sur la dynamique de l'electron. R. C. Circ. Mat.,21 : 129.

Rayleigh L. 1902. Does motion through the aether cause double refraction? Phil. Mag.,4: 678.

Ritz W. 1908a. Recherches critiques sur l'électrodynamique généraley. Ann. Chim. Phys.,13.

Ritz W. 1908b. Sur les théories électromagnétiques de Maxwell-Lorentz. Arch. Sci. Phys. Nat., 16: 209.

Ritz W. 1908c. Du role de I'éther en physique. Riv. Sci. Bologna,3: 260.

Rogers M M, McReynolds W, Rogers F T. 1940. A determination of the masses and velocities of three radium beta-particles the relativistic mass of the electron. Phys. Rev. 57: 379.

Rosser W G V. 1971. Introductory special relativity. Butterworth.

Rossi B, Hall D B. 1941. Variation of the rate of decay of mesotrons with momentum. Phys. Rev.,59: 223.

Schrödinger E. 1950. Spacetime structure. Cambridge：Cambridge University Press.

Schwarz P M，Schwarz J H. 2004. Special relativity (from Einstein to strings). Cambridge：Cambridge University Press.

Shankland R S，McCuskey S W，Leone F C，et al. 1955. New analysis of the interferometric observations of dayton C. Miller. Rev. Mod. Phys.，27：167.

Sherwin C W. 1960. Some recent experimental tests of the "clock paradox". Phys. Rev.，120：17.

Sommerfeld A. 1910a. Zur relativitätstheorie I，vierdimsionale vektoralgebra. Annalen der Physik，32：749.

Sommerfeld A. 1910b. Zur relativitätstheorie II，vierdimsionale vektoranalysis. Annalen der Physik，33：649.

Sommerfeld A. 1914. Uber die fortpflanzung des lichtes in dispergierenden medien. Annalen der Physik.，44：177.

Sommerfeld A. 1916. Zur quantentheorie der spektrallinien. Annalen der Physik，51：1.

Terrell J. 1959. Invisibility of the Lorentz contraction. Phys. Rev.，116：1041.

Thomas L T. 1926. Motion of the spinning electron. Nature，117：514.

Thomas L T. 1927. The kinematics of an electron with an Axis. Phil. Mag.，3：1.

Tomaschek B. 1926. Concerning an experiment on the location of electrodynamic effects of the movement of the earth at high altitudes. Annalen der Physik，78：743；80：509.

Trouton F T，Noble H R. 1903. Reporting attempts to find torque on a charge capacitor. Phil. Trans. Roy. Soc.，202：165.

Voigt W. 1887. Über das Dopper'sche princip. Gött. Ges. Wiss. Nachr.，41.

Wang Li-Jun，Kuzmich A，Dogariu A. 2000. Gain-asisted superluminal light propagation. Nature，406：277.

Weyl H. 1918. Raun-zeit-materie. Berlin：Springer.

Weyl H. 1923. Mathematische analyse des raumproblems. Berlin：Springer.

Weyl H. 1952. Symmetry. Princeton：Princeton University Press.

Wigner E P. 1939. On the unitary representations of the inhomogeneous Lorentz group. Ann. Math. 40：149.

Wu Ta-You，Lee Y C. 1972. The clock paradox in the relativity theory. International Journal of Theoretical Physics，5(5)：307.

Zurhellen W. 1914. Zur frage der astronomische kriterien für die konstanz der lichtgeschwindigkeit. Astronomische Nachrichtungen，198：1.

索　引

J

K

L

M

N

《现代物理基础丛书·典藏版》书目

1. 现代声学理论基础　马大猷　著
2. 物理学家用微分几何（第二版）　侯伯元　侯伯宇　著
3. 计算物理学　马文淦　编著
4. 相互作用的规范理论（第二版）　戴元本　著
5. 理论力学　张建树　等　编著
6. 微分几何入门与广义相对论（上册·第二版）　梁灿彬　周　彬　著
7. 微分几何入门与广义相对论（中册·第二版）　梁灿彬　周　彬　著
8. 微分几何入门与广义相对论（下册·第二版）　梁灿彬　周　彬　著
9. 辐射和光场的量子统计理论　曹昌祺　著
10. 实验物理中的概率和统计（第二版）　朱永生　著
11. 声学理论与工程应用　何　琳　等　编著
12. 高等原子分子物理学（第二版）　徐克尊　著
13. 大气声学（第二版）　杨训仁　陈　宇　著
14. 输运理论（第二版）　黄祖洽　丁鄂江　著
15. 量子统计力学（第二版）　张先蔚　编著
16. 凝聚态物理的格林函数理论　王怀玉　著
17. 激光光散射谱学　张明生　著
18. 量子非阿贝尔规范场论　曹昌祺　著
19. 狭义相对论（第二版）　刘　辽　等　编著
20. 经典黑洞和量子黑洞　王永久　著
21. 路径积分与量子物理导引　侯伯元　等　编著
22. 全息干涉计量——原理和方法　熊秉衡　李俊昌　编著
23. 实验数据多元统计分析　朱永生　编著
24. 工程电磁理论　张善杰　著
25. 经典电动力学　曹昌祺　著
26. 经典宇宙和量子宇宙　王永久　著
27. 高等结构动力学（第二版）　李东旭　编著
28. 粉末衍射法测定晶体结构（第二版·上、下册）　梁敬魁　编著
29. 量子计算与量子信息原理　Giuliano Benenti　等　著
——第一卷：基本概念　王文阁　李保文　译

30. 近代晶体学（第二版）　　张克从　著
31. 引力理论（上、下册）　　王永久　著
32. 低温等离子体
　——等离子体的产生、工艺、问题及前景　　B. M. 弗尔曼　И. M. 扎什京　编著
　　邱励俭　译
33. 量子物理新进展　　梁九卿　韦联福　著
34. 电磁波理论　　葛德彪　魏　兵　著
35. 激光光谱学
　——第 1 卷：基础理论　　W. 戴姆特瑞德　著
　　姬　扬　译
36. 激光光谱学
　——第 2 卷：实验技术　　W. 戴姆特瑞德　著
　　姬　扬　译
37. 量子光学导论（第二版）　　谭维翰　著
38. 中子衍射技术及其应用　　姜传海　杨传铮　编著
39. 凝聚态、电磁学和引力中的多值场论　　H. 克莱纳特　著　姜　颖　译
40. 反常统计动力学导论　　包景东　著
41. 实验数据分析（上册）　　朱永生　著
42. 实验数据分析（下册）　　朱永生　著
43. 有机固体物理　　解士杰　等　著
44. 磁性物理　　金汉民　著
45. 自旋电子学　　翟宏如　等　编著
46. 同步辐射光源及其应用（上册）　　麦振洪　等　著
47. 同步辐射光源及其应用（下册）　　麦振洪　等　著
48. 高等量子力学　　汪克林　著
49. 量子多体理论与运动模式动力学　　王顺金　著
50. 薄膜生长（第二版）　　吴自勤　等　著
51. 物理学中的数学方法　　王怀玉　著
52. 物理学前沿——问题与基础　　王顺金　著
53. 弯曲时空量子场论与量子宇宙学　　刘　辽　黄超光　编著
54. 经典电动力学　　张锡珍　张焕乔　著
55. 内应力衍射分析　　姜传海　杨传铮　编著
56. 宇宙学基本原理　　龚云贵　编著
57. B 介子物理学　　肖振军　著